Eberhardt Hofmann

Personalentwicklung:
Wie es in der Praxis wirklich läuft

: Haupt

Eberhardt Hofmann

Personalentwicklung: Wie es in der Praxis wirklich läuft

Von der Illusion zur Wirksamkeit

Haupt Verlag
Bern · Stuttgart · Wien

Dipl.-Psychologe Eberhardt Hofmann:
Jahrgang 1959; Technisches Abitur; Ausbildung zum Fallschirmjägeroffizier; Studium der Arbeits-, Betriebs- und Organisationspsychologie in Tübingen; Gutachter für Aus- und Weiterbildung beim TÜV; Personalentwicklung und -betreuung in der internationalen Automobilbranche. Lehraufträge an der Universität Tübingen, Hochschule Weingarten und Technischen Akademie Esslingen.
Zahlreiche Veröffentlichungen zu Themen der Personalentwicklung.

1. Auflage 2008

Bibliografische Information der Deutschen Nationalbibliothek

Die Deutsche Nationalbibliothek verzeichnet diese Publikation in der Deutschen Nationalbibliografie; detaillierte bibliografische Daten sind im Internet über http://dnb.d-nb.de abrufbar.

ISBN 978-3-258-07393-4

www.haupt.ch

Vorwort

Die Beispiele und Beobachtungen in diesem Buch entstammen einer fast zwanzigjährigen beruflichen Tätigkeit im Bereich Personal und Personalentwicklung in verschiedenen Großorganisationen, einer intensiven theoretischen Auseinandersetzung mit Personalentwicklungsthemen sowie einer Fülle von Beobachtungen aus der bunten (manchmal auch nur bunt erscheinenden, in Wirklichkeit aber eher grauen) Welt der Personalentwicklung auf Kongressen, Fortbildungen etc.

Das Buch soll zu einer kontroversen Diskussion anregen. Neben einer manchmal eher drastischen Beschreibung der Situation gibt es am Ende eines jeden Kapitels und auch zusammengefasst am Ende des Buches jeweils ein Fazit, in dem aufgezeigt werden soll, welche Implikationen das vorher Dargestellte für eine konstruktive Weiterentwicklung der Personalentwicklung hat. Es geht darum, für das jeweilige Thema einen archimedischen Punkt zu identifizieren, an dem die Personalentwicklung effiziente Hebel ansetzen kann.

Die Realität der Personalentwicklung versuche ich zunächst nur zu beschreiben. Dies versuche ich, jeweils sehr streng anhand der empirischen Forschung zu tun. Die Frage, ob die jeweilige Realität schön ist oder nicht, ist irrelevant. Es geht stattdessen um die Frage, ob man ein genaues Abbild der Realität hat, so wie sie eben ist, oder ob man mit einem verzerrten Bild der Realität leben kann.

Die Intention dieses Buches ist es, wegzukommen von den verbalen Luftschlössern und hinzukommen zu einer bodenständigen Realitätsbeschreibung, die dann den Ausgangspunkt für ein effizientes Handeln darstellen kann. Es wird für eine allgemeine verbale Abrüstung plädiert.

Als ich das Manuskript im Vorfeld einigen Personen zum Lesen gab, haben mich einige gefragt: »Wie kann man mit dieser Sicht auf die Personalentwicklung in der Personalentwicklung arbeiten?« Diese Frage überraschte mich sehr, denn die Frage müsste eigentlich lauten: »Wie kann man in der Personalentwicklung arbeiten, ohne gewissen Realitäten, auch wenn diese nicht immer sehr schön sind, ins Auge zu sehen?« Am Anfang jeden effizienten Handelns steht eine ungetrübte

Diagnose der Istsituation. Alles andere wäre Realitätsverzerrung und würde den Blick auf effiziente Handlungsstrategien verstellen.

Der Lektor eines Verlages, mit dem ich im Vorfeld der Entstehung zu diesem Buch gesprochen habe, sagte mir, dass die Inhalte des Buches ja alle richtig seien, dass es sich aber auf dem Buchmarkt zur Personalentwicklung so verhalte, dass sich nur sogenannte »Erfolgsbeispiele«, also Selbstdarstellungen, verkaufen ließen, für eine eher kritische Abhandlung zu diesem Thema würde kein Markt bestehen, etwas Kritisches zum Thema Personalentwicklung würde niemand lesen wollen.

Genau dieses *Fehlen kritischer Abhandlungen* einerseits und die exzessive *Selbstdarstellungsliteratur* andererseits sind der *Gegenstand* dieses Buches.

Es würde mich freuen, wenn dieses Buch eine kontroverse Diskussion anregen würde, die in der Personalentwicklung gelegentlich zu kurz kommt.

Die Cartoons in dem vorliegenden Buch stammen von Frau Alexandra Strehlau.

Inhalt

Einführung und Überblick

»Wenn hoch bezahlte Führungskräfte in firmenfinanzierten Seminaren barfuß über glühende Kohlen und durch Scherben laufen oder sich als Kleingruppen in Hochseilgärten von Ast zu Ast schwingen und dabei kollektiv »Tschakka« brüllen, hätte man ihnen noch vor zwanzig Jahren mit Blick auf therapeutische Hilfe, regressives oder schlicht infantiles Verhalten unterstellt. Heutzutage hingegen geht man wie selbstverständlich davon aus, dass diese Menschen gerade dabei sind, eine Lernerfahrung im Sinne sozialer Kompetenz zu machen.«
(Olaf Germanis)

Als Außenstehender, der ich solche Berichte über etwas seltsam anmutende Personalentwicklungsaktivitäten nur aus den Medien kannte, sah ich mich am Beginn meiner Tätigkeit im Personalwesen und in der Personalentwicklung ähnlichen Erscheinungen gegenüber und konnte mir nicht erklären, was das Ganze soll. Heute, nach ziemlich vielen Jahren Tätigkeit in diesem Bereich, hat sich diese Ratlosigkeit eher noch verstärkt. So manches, was im Bereich der Personalentwicklung passiert, erscheint auf den ersten Blick eher seltsam. Dieser Eindruck verstärkt sich leider bei näherem Hinsehen. Man fragt sich unweigerlich, wie solch seltsame Dinge in Organisationen geschehen, die ja in aller Regel gewinnorientiert arbeiten und in denen die übrigen (Produktions-)Prozesse permanent auf ihre Effizienz und Sinnhaftigkeit überprüft werden, in denen (scheinbar) die Rationalität und die Effektivität die obersten Werte darstellen. Wenn man sich mit Personalentwicklung beschäftigt, wird man sehr schnell mit zwei Welten konfrontiert. Die eine Welt ist die der offiziellen Verlautbarungen, der Selbstdarstellungsbroschüren, der Konzepte, der Kongressbeiträge, der Managementbücher, der Managementzeitschriften etc. Die andere Seite ist die der gelebten Realität. Beide Welten haben oft nur sehr bedingt etwas miteinander gemein. Der Dualismus zweier Welten, einer »öffentlichen« und »offiziellen« sowie einer eher »geheimen« und »verleugneten« Welt, ist natürlich nicht neu, wurde schon sehr früh von Platon (natürlich nicht in Bezug auf die Personalentwicklung) beschrieben:

Platon lässt Sokrates sagen (Platon: Sämtliche Werke. Bd. 1, Berlin 1940, S. 458f):

> *»Also das Wahre an ihr ist glatt und göttlich und wohnt oberhalb unter den Göttern, das Falsche aber unterhalb unter dem großen Haufen der Menschen und ist rau und böckisch, was tragisch auch bedeutet, wie denn auch die meisten Fabeln und Unwahrheiten sich finden auf dem Gebiet des Tragischen. Mit Recht ist der alles andeutende und immer wandelnde Pan Aipolos genannt worden, der zwitterhafte Sohn des Hermes, oberhalb glatt, unterhalb aber rau und bocksähnlich.«*

Wir haben es also nach Platon generell im Leben oft mit einer doppelten Welt zu tun, einer eher götterähnlichen und einer eher rauen und bocksähnlichen. Dies trifft auch auf die Personalentwicklung zu. Für die meisten Menschen – so Platon – reicht es, wenn sie sich mit dem gottähnlichen Teil der Realität beschäftigen. Es gibt jedoch auch eine Gruppe von Menschen, die die ganze Wahrheit kennen müssen, um ihren Job zu erfüllen, da ihre Entscheidungen sonst zu realitätsfern sind. Dies sind die Herrschenden, die Entscheidungsträger. Diese müssen, um nicht in Panik zu geraten, wenn sie auch die hässliche Unterseite der Realität sehen, auch die raue und bocksähnliche Welt kennen. Diese Herrschenden waren die eigentliche Zielgruppe seiner Akademie. Platon hielt seine Lehren konsequenterweise auch weitgehend geheim.

Das vorliegende Buch hat zum Gegenstand weniger den »gottähnlichen« Teil der Personalentwicklung als vielmehr ihren »rauen, bocksähnlichen« Teil. Diesen wollen wir näher betrachten. Zum »gottähnlichen« Teil der Personalentwicklung gibt es viel Gedrucktes, das jedoch hauptsächlich der Selbstdarstellung der jeweiligen Autoren dient. Dieses Buch versteht sich dagegen eher als eine Beschreibung der rauen Seite der Personalentwicklung. In dem vorliegenden Buch geht es um eine Erklärung, weshalb es offensichtlich in der Personalentwicklung besonders wichtig ist, einen Dualismus der beiden Welten zu pflegen und wem dieser Dualismus letztendlich nützlich ist. Erst diese Erklärung macht die manchmal sehr seltsamen Beobachtungen im Bereich der Personalentwicklung interpretierbar.

Aufbau des Buches

Das erste Kapitel beschäftigt sich mit der Rolle der Personalentwicklung zwischen Allmachtsfantasie und Minderwertigkeitskomplex. In dieser Analyse wird die Selbst- und die Fremdwahrnehmung des Personalwesens betrachtet. Im zweiten Kapitel geht es dann um Floskeln und Trends, die im Bereich der Personalentwicklung eine große Rolle spielen, besonders dann, wenn es darum geht, das eigene Dasein und die eigenen Aktivitäten zu begründen. Mit der Frage, wann denn ein Training als gut zu bezeichnen ist, und mit den Schwierigkeiten, vor denen viele Personalentwickler bei der Bewertung von Trainingsmaßnahmen kapitulieren, beschäftigt sich das dritte Kapitel. Einige besonders krasse Auswüchse im Trainingsgeschäft werden im Kapitel vier dargestellt. An diesen Extrembeispielen kann man einige Prinzipien, die auch für viele andere Personalentwicklungsmaßen gelten, gut erkennen. Gegenstand des fünften Kapitels ist der sogenannte Barnum-Effekt, der sehr gravierende Auswirkungen auf viele Bereiche der Personalentwicklung hat. Wie man mit sehr wenig materiellem und noch geringerem geistigem Aufwand Trainer oder Berater werden kann, wird im Kapitel sechs beschrieben. Dem Thema systemische Prozessberatung ist das Kapitel sieben gewidmet. Das achte Kapitel beleuchtet eines der neben dem Training wichtigsten Themengebiete der Personalentwicklung, die Führungskräfteentwicklung, insbesondere die dabei wirksamen soziologischen Aspekte. Das hierfür besonders wichtige Instrument der Potenzialeinschätzung wird im neunten Kapitel betrachtet. Im Kapitel zehn werden Teamarbeit und Teambildung thematisiert. Zum

Schluss wird im Kapitel elf der Versuch unternommen, die bis dahin beschriebenen Phänomene und Seltsamkeiten der Personalentwicklung zu erklären. Dieser Versuch muss bruchstückhaft bleiben, bietet jedoch einige Orientierungshilfen.

In der Zusammenfassung für die Praxis werden die Konsequenzen aus den einzelnen Kapiteln zu einem »Entwicklungsprogramm für die Personalentwicklung« zusammengefasst.

Im folgenden Text wird oft von »der Personalentwicklung« im Singular gesprochen, die es natürlich in dieser Form nicht gibt. Es handelt sich dabei um eine Verallgemeinerung, die die jeweiligen individuellen Unterschiede und Ausprägungen nicht berücksichtigt. Diese Unschärfe nehme ich jedoch für eine deutliche Darstellung in Kauf, wohl wissend, dass sie eine Vereinfachung der Realität darstellt.

Zentrale These

Die zentrale These dieses Buches lautet:

Die Personalentwicklung sollte sich nicht in verbale Luftschlösser flüchten, wenn es um die Einschätzung der eigenen Möglichkeiten geht. Das setzt jedoch eine schonungslose Bilanz der Istsituation sowie die Bereitschaft voraus, sich kritisch mit dem eigenen Tun zu befassen und sich der mannigfachen Fehlentwicklungen bewusst zu werden und sich ihrer zu entledigen. Nur dann wird es der Personalentwicklung gelingen, die ihr zustehende Rolle innerhalb des Wirkungsgefüges der jeweiligen Organisation auch einzunehmen und sich nicht lediglich Machtfantasien hinzugeben.

Anders gesagt: Die Personalentwicklung muss sich des mannigfachen verbalen, theoretischen und praktischen Gestrüpps entledigen, um zu einem archimedischen Punkt zu gelangen, an dem sie die Hebel zur Wirksamkeit ansetzen kann.

Dieses Gestrüpp, die vielen Dornen daran sowie die archimedischen Punkte, die sichtbar werden, wenn man sich dieses Gestrüpps entledigt, sollen in den nachfolgenden Kapiteln beschrieben werden.

1. Personalentwicklung zwischen Allmachtsfantasie und Minderwertigkeitskomplex

Kapitel 1

Personalentwicklung zwischen Allmachtsfantasie und Minderwertigkeitskomplex

Betrachten wir zunächst einmal die Selbstdefinition der Personalentwicklung und ihr Selbstbild hinsichtlich ihrer Rolle in der Organisation. Bei dieser Betrachtung stellt man schnell fest, dass sich die Personalentwicklung irgendwo zwischen *Allmachtsfantasie* und *Minderwertigkeitskomplex* bewegt. Wie kann man sich dies erklären?

Das Personalwesen kommt historisch gesehen stark aus der Personalabrechnung und der Personalverwaltung. Erst in den 80er- und 90er-Jahren des letzten Jahrhunderts hat sich die Personalentwicklung als Zweig der Personalarbeit etabliert. Das Personalwesen der 80er-Jahre wollte weg von der Rolle des Verwalters hin zu der Rolle des Gestalters. Ein Zwischenschritt sollte damals die Rolle des Dienstleisters sein. Dieser Begriff war zu damaliger Zeit sehr beliebt, der Abschied von der Produktions- hin zur Dienstleistungsgesellschaft wurde ausgerufen. Zudem war wohl sogar im idealisierten Selbstbild der Personaler der direkte Schritt vom Verwalter zum Gestalter eine Nummer zu groß. Später verstieg man sich dazu, auch die Organisationsentwicklung mit übernehmen zu wollen. Über die letzten 20 Jahre hinweg galt die »klassische« Personalarbeit als eher minderwertig, ja fast überflüssig. Die »richtige«, die »edle« Personalarbeit dagegen war die Personalentwicklung und die Beratung der »Fachabteilungen« in Personalfragen. Die Prognose, dass mittel- bis langfristig die Personalarbeit fast nur noch aus solch »edlen« Themen bestehen würde, galt als gesichert. Die »klassischen« Themen würden nach dieser Prognose dagegen eher von Hilfskräften (z. B. aus der IT) bearbeitet oder am besten gleich ganz ausgelagert, was zu dieser Zeit sehr in Mode war. Die Bilder vom Auslaufmodell des mit Ärmelschonern bekleideten, leicht autistisch wirkenden Personalverwalters einerseits und des »wirklichen«, sozial kompetenten Personalers, dem flipchartbeschreibenden und pinnwandbeklebenden Personalentwicklers andererseits wurden oft bemüht. Die Personalverwalter versuchten, den Begriff »Verwaltung« in ihrer Tätigkeitsbeschreibung zu verbergen, »Verwaltung« galt als Stigma. Es schien ja auch ausgemacht, dass es in Kürze keine solchen klassischen Personaler mehr geben würde, sondern nur noch Personalstrategen. Die immer noch vorhandenen Exemplare des klassischen Personalers, der eben auch zu einem gewissen Teil ein Verwalter ist, sahen sich bald selber nur noch als aussterbende Spezies.

Randolf Jessl schreibt im Personalmagazin 2/2005:

»Bürokraten verwalten, setzen um und überwachen. Die Vorgaben, aus denen Vorschriften werden, machen andere. Menschen, die glauben, die Richtung zu kennen, das Richtige zu tun. Die viel gepriesenen Strategen eben. Jene Spezies, die die Zukunft gestaltet und der die Zukunft gehört. Das jedenfalls hat uns der amerikanische Managementguru Dave Ulrich gelehrt. Sein ›Strategic Business Partner‹ ist zum Wunschbild einer ganzen Generation von Personalprofis geworden.«

In der jüngsten Zeit ist eine Entwicklung in die gegensätzliche Richtung zu beobachten. Die klassische Personalfunktion gewinnt wieder mehr an Bedeutung. Diese Rückwendung zur eigentlichen Stärke des Personalbereiches hat natürlich auch einen wohlklingenden Namen und wird als »operative Exzellenz« bezeichnet.

Thomas Sattelberger, selbst jahrelang ein Protagonist »innovativer« Personalentwicklung, gibt jüngst (in der Personalführung 3/2005) zu Protokoll:

»Die Despektierlichkeit, mit der vielerorts zumindest hinter vorgehaltener Hand über Personalarbeit gesprochen wird, steht in einem auffälligen Gegensatz zu der Selbstbeweihräucherung in den Personal-Gazetten und auf Personal-Kongressen.«

»Echte, strategieorientierte Personalpraxis ist vielerorts mehr Imagination als Realität. Konstanter Einsatz für solides Umsetzungs- und

Veränderungsmanagement muss her, statt unverständlicher Faselei über systemisches Management.«
»Wer hartes Arbeitskostenmanagement nicht anpackt, braucht zum Thema Humankapital den Mund nicht aufzumachen.«

Sattelberger liefert auch hier ein Musterbeispiel dafür, wie man gute PR auch mit sich widersprechenden Ideen machen kann. Vielleicht hat sich aber auch nur sein Blickwinkel verschoben, seit er nach langen Jahren ausschließlicher Tätigkeit in der Personalentwicklung plötzlich für das gesamte Personalmanagement einer Organisation verantwortlich ist. An dieser Stelle soll kein Loblied auf die Personalverwaltung gesungen werden. Jedoch soll versucht werden, die Rolle des Personalwesens realistisch einzuschätzen und Prozesse aufzuzeigen, mit denen sich die Personalentwicklung so weit von der Realität entfernt hat, dass sie sich oftmals selbst lächerlich macht. In dem vorliegenden Buch geht es um die Divergenz im Selbstbild und im Anspruch des Personalbereichs, insbesondere der Personalentwicklung einerseits und ihrer Wahrnehmung durch andere und ihren begrenzten Möglichkeiten andererseits. Dabei tut sich oft eine große Lücke auf. Sattelberger schreibt:

»Wahrgenommene Güte von Personalarbeit spiegelt sich letztendlich auch darin wider, ob der Fabrikarbeiter, die Büroangestellte oder der Ingenieur die Personalarbeit und ihre praktischen Konsequenzen überhaupt erlebt.«

Für viele Mitarbeiter eines Unternehmens kann dies wohl getrost verneint werden. Darin unterscheidet sich die Personalentwicklung sehr von anderen Bereichen eines Unternehmens. Niemand wagt ernsthaft die Rolle des Vertriebs, der Produktion oder der Entwicklung zu bezweifeln (vielleicht deren einzelne Ausprägung, aber nicht deren prinzipielle Notwendigkeit). Ob die Rolle und damit auch die innerbetriebliche Rechtfertigung der Personalentwicklung jedem Mitarbeiter bekannt und verständlich ist, kann bezweifelt werden. Um diese wenigstens für sich selbst zu definieren, dreht sich ein guter Teil der »Arbeit« der Personal- und Organisationsentwicklung um die eigene Rolle, die strategische Ausrichtung etc. Diese verzweifelte Suche nach einer tragfähigen Selbstdefinition wird dabei oft noch als »interne Strategiearbeit« euphemisiert. Zu einer der Standardargumentationsfiguren, die in der

Personalentwicklung auch von fast jedem Laientrainer verwendet werden, zählt das JOHARI-Window. Es gehört zu der Ironie bzw. der Tragik der Personalentwicklung, dass dieses zugegebenermaßen sehr einfache Modell auf die Personalentwicklung selbst eher nicht angewandt wird, obwohl sich auch hier sehr viele »blinde Flecken« befinden. Einige dieser blinden oder zumindest sehr stumpfen Flächen sollen nachfolgend beschrieben werden. Dabei wird auch deutlich werden, warum die Personalentwicklung viele ihrer Ansprüche an sich selbst nicht erfüllen kann und warum sie in der Außenwahrnehmung weniger Bedeutung hat, als sie sich selbst gerne zubilligen würde. Nachfolgend sollen zwei Untersuchungen referiert werden, die die Rolle der Personalentwicklung zwischen Minderwertigkeitskomplex und Größenwahn näher beleuchten. Der BDU (Berufsverband Deutscher Unternehmensberater) hatte eine Studie bei 483 Unternehmen durchgeführt, bei der die Personalleiter und die jeweilige Geschäftsleitung zur Qualität des Personalwesens befragt wurden. Die unten stehenden Ergebnisse der Studie sprechen für sich.

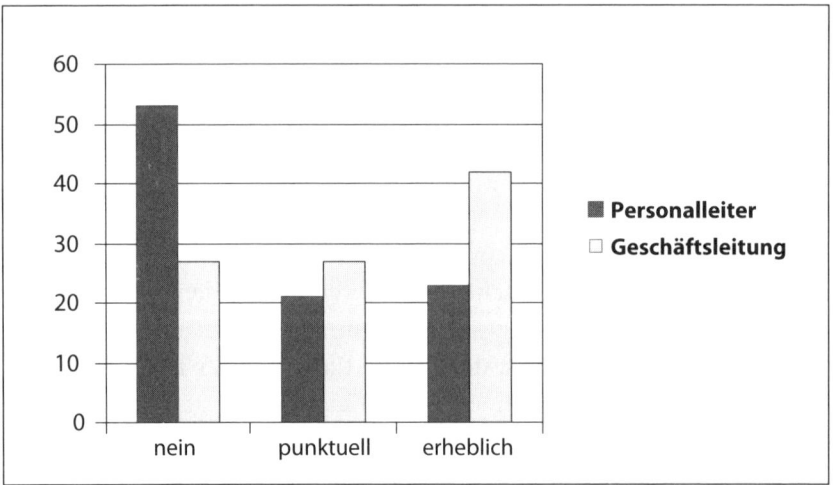

Abb. 1: BDU-Umfrage

Nun könnte man diese Ergebnisse als die »normale« Selbstüberschätzung betrachten, die es ja in fast allen Lebensbereichen gibt, in denen die Selbsteinschätzung eine Rolle spielt. Im Falle des Selbstbildes des Personalwesens gibt es jedoch aus meiner Sicht einen zusätzlichen Faktor, der deutlich über diesen unspezifischen Effekt hinausgeht. Dieser zusätzliche Effekt wird in einer zweiten Untersuchung sehr deutlich, die sogenannte »Global Human Capital Study 2005«, die von der IBM Business Service durchgeführt wurde. In ihr wurden über 300 Unternehmen und über 100 Personalleiter unter anderem über die Rolle des Personalbereiches bei zentralen Entscheidungen des Unternehmens und der Wertschöpfung des Unternehmens befragt. Die Personalmanager sehen sich dabei (wer hätte das erwartet?) als strategische Berater, die einen erheblichen Beitrag zur Wertschöpfung des Gesamtunternehmens leisten. Dem stellt Böning Consult eine Studie aus dem Jahr 2003 gegenüber, bei der gefragt wurde, in welchem Ausmaß die Personalentwicklung an der Umsetzung zentraler Unternehmensziele beteiligt ist. Die Auswertung dieser Befragung ist im nächsten Diagramm dargestellt.

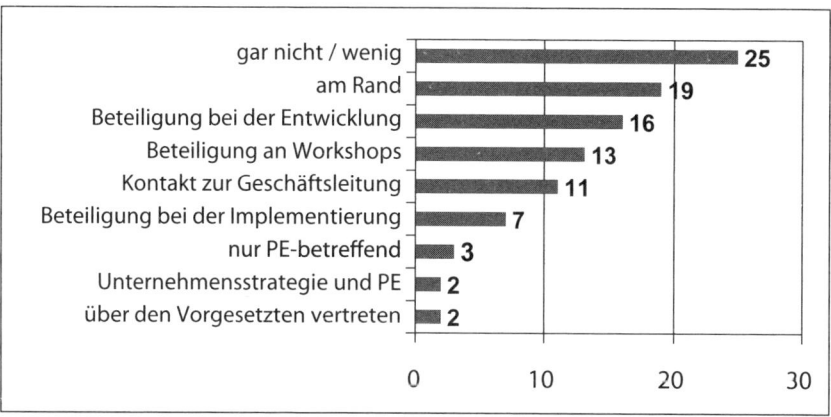

Abb. 2: Global Human Capital Study

Danach ist die Personalentwicklung so gut wie gar nicht an relevanten Entscheidungen beteiligt. Wie passen nun beide Befunde zusammen? Böning Consult nennt mehrere Hypothesen dazu:

- Der Einfluss der Personalleiter könnte in der kurzen Zeit zwischen den zwei Studien massiv zugenommen haben (was wohl niemand ernsthaft glauben kann).
- Da nicht exakt die gleichen Unternehmen befragt wurden, kann es Unterschiede in der Bedeutung des Personalwesens geben (was bei der Größe der Stichproben eher unwahrscheinlich ist).
- Die Personaler überschätzen ihre Rolle gewaltig.

Die wahrscheinlichste Erklärung ist natürlich die dritte. Nun ist eine Befragung sicherlich nicht die valideste Form, mit der man reale Verhältnisse erfassen kann, man kann jedoch aus den beiden Ergebnissen der durchgeführten Befragungen etwas Interessantes ablesen. Offenbar schaffen es Personaler, einerseits wahrzunehmen, dass ihr Einfluss in der Organisation sehr begrenzt ist und dass sie wenig Beteiligung an zentralen Unternehmensentscheidungen haben, andererseits können sie gleichzeitig mit Freude darüber reden, dass sie ungeheuer wichtige »Strategische Business Partner« sind. Dabei geht es natürlich weniger um die Erfassung des Fremdbildes, sondern um die Erfassung eines idealisierten Selbstbildes der Personaler. Offenbar existiert dieses sehr überhöhte idealisierte Selbstbild, das in den Personalzeitschriften und Personalerkongressen verbreitet wird, und die einigermaßen realistische, deutliche pessimistischere Selbstwahrnehmung gleichzeitig nebeneinander. Der Personaler weiß offenbar relativ genau wie hoch sein Einfluss ist, fühlt sich gleichzeitig aber offensichtlich dazu genötigt, trotz besseren Wissens der Monstranz seines oftmals eher idealisierten Selbstbildes nachzurennen.

Vielleicht versucht das Personalmanagement auch nur den scheinbaren Notwendigkeiten gerecht zu werden, mit denen es glaubt, sich konfrontiert zu sehen. Jeder Personaler kennt sehr wahrscheinlich die Darstellungen, nach denen heute das Personalmanagement 80% der Zeit mit Administration und nur 20% mit Beratung beschäftigt, dass dies jedoch in Zukunft genau anders herum sein soll. Dies wird als eine Art Dogma einfach unhinterfragt hingenommen. Vielleicht erklärt dieses unreflektierte Akzeptieren von Behauptungen (die natürlich von Beratern, die damit auch noch Geld verdienen, aufgestellt werden) einen Teil der starken Divergenz zwischen Anspruch und Wirklichkeit im Personalwesen (besser natürlich: im Personalmanagement). Alles, was bisher über »das Personalmanagement« allgemein gesagt wurde, gilt noch in weit besonderem Maße für die Personalentwicklung, die sich ja seit jeher als etwas Besseres versteht, als die »Personalverwalter«, schon alleine deshalb, weil das Wort »Entwicklung« einen gewissen Bezug zur Produktentwicklung suggeriert, die ja schon immer eine besondere Stellung im Betrieb innehatte. Die Personaler schaffen es nach meiner Erfahrung sehr gut, gleichzeitig quasi in zwei Welten zu leben. Die eine Welt ist die Welt des realen Tuns, diese besteht viel aus Administration, Verantwortung für die Zeitwirtschaft, die Abrechung, die Formalitäten bei der Einstellung neuer Mitarbeiter etc. Die andere Welt, die Welt der Personalmagazine, der Kongresse, der Selbstdarstellung, besteht aus »Strategischem Personalmanagement«, »Kulturstiftung«, »Wertschöpfungscentern«, »Organisationsentwicklung«, »Beratung«, »Change Agents« etc. Die Bezeichnung »Dienstleister« wird heute nicht mehr so gerne gebraucht, da sie die Sichtweise unterstellt, dass das Personalwesen keine originäre, sondern überwiegend eine abgeleitete Aufgabe darstellt. Das Selbstbild des »Dienstleisters« war nur in der Zeit attraktiv, in der sich das Personalwesen von seiner Rolle als »Verwalter« abheben wollte. In dieser Phase war der Begriff des Dienstleisters noch der attraktivere. Da diese verbale Umbenennung in der Organisation offensichtlich toleriert wurde (vielleicht auch nur deshalb, weil sich außerhalb des Personalwesens niemand dafür interessierte), ging man einen Schritt weiter. Wenn man sich schon unwidersprochen als »Dienstleister« bezeichnen durfte, ginge es ja vielleicht auch mit dem Begriff »Gestalter«. Besonders gut zur Aufpolierung des Images des Personalwesens sind dabei scheinbar die Funktionen der Personal- oder sogar der Organisationsentwicklung. Man rückt sich damit zumindest verbal-assoziativ in die Nähe der Produktentwicklung, die innerhalb der Organisation deutlich höher steht als die Personalverwaltung. Offensichtlich wird auch diese Umbenennung in der Hackordnung der Organisation klag- und widerspruchslos hingenommen, solange sie auf einem rein verbalen Niveau bleibt. Sobald sie jedoch die Form von Handlungen oder gar die Form der Mitsprache bei relevanten Entscheidungen annehmen will, schlägt ihr massive Gegenwehr oder schlicht Ignoranz entgegen. Die Organisation scheint sich zu sagen: »Solange Ihr schöne Begriffe zu Eurer Selbstbeschreibung generiert, könnt Ihr das gerne tun, aber lasst die Finger von den wirklich wichtigen Dingen.« Ein Bild, das sich dabei aufdrängt, ist die Situation, in der ein Kind Auto fahren will, der umsichtige Erwachsene wird den Zündschlüssel abziehen und die Handbremse anziehen, dann kann sich das Kind an das Steuer setzen und so tun, als ob es Auto fahre.

Warum wird nun dieser Zustand des Personalwesens und insbesondere der Personalentwicklung zwischen Größenwahnsinn und Bedeutungslosigkeit toleriert oder vielleicht sogar absichtlich erzeugt? Eine Erklärung könnte sein, dass man das Personalwesen einfach links

liegen lässt nach dem Motto: »Was interessiert uns das Selbstbild noto-
risch irrelevanter Leute?«. Es kommt jedoch noch eine zweite, fatalere
Dimension dazu: Man kann das Personalwesen, insbesondere die Per-
sonal- und noch mehr die Organisationsentwicklung sehr gut ge- bzw.
missbrauchen, wenn man sie nur mit geeigneten Suggestionen lockt.
Ein solcher Mechanismus besteht darin, dass man den normalerweise
externen, im Falle der Personal- und Organisationsentwicklung aber
internen Berater dazu instrumentalisiert, sich selbst vor Misserfolgen zu
schützen. Das geschieht dadurch, dass man den Berater für eine Fragestellung hinzuzieht, sich dann im Falle eines Erfolges die Verdienste
selbst an das Revers heftet, bei Misserfolgen die Verantwortung jedoch
an den Berater abgibt. Ein externer Berater kann dann das Unternehmen
verlassen, ein interner muss jedoch mit seinem schlechten Image leben.
Es schmeichelt natürlich den chronisch eher ignorierten Personalern,
wenn man sie einlädt, als »Berater« mitzuwirken. Mit dieser Suggestion
kann man viele Personaler dazu bringen, sich auch um die aussichtslo-
sesten Projekte zu kümmern. Neben der Delegation von Verantwortung
bei Misserfolgen hat es für die Organisationseinheiten außerhalb des
Personalbereiches noch einen weiteren, vielleicht wichtigeren Vorteil,
eine zahnlose Organisationsentwicklungsabteilung zu besitzen. Eine
solche Konstruktion trägt nämlich dazu bei, dass die realen Machtverhältnisse verschleiert werden. Dadurch werden der Mikropolitik man-
nigfaltige Möglichkeiten eröffnet. Man schafft eine offizielle Einheit, die
jedoch faktisch eher wenig Einfluss hat, dadurch stellt man sicher, dass
ein potenziell bedrohliches Thema zwar prinzipiell bearbeitet wird, dies
jedoch auf eine Art und Weise geschieht, dass sie den normalen Fort-
gang der Geschäfte (d.h. die Gestaltungsfreiräume der wirklich relevanten Akteure innerhalb der Organisation) nicht berührt. Eine eher
einflussarme Personalentwicklung hat aus dieser Sicht für die anderen Bereiche eine machtstabilisierende Funktion, die sich die anderen
Bereiche durchaus etwas kosten lassen, indem sie eine derartige Perso-
nal- bzw. Organisationsentwicklungsabteilung bereitwillig mitfinanzie-
ren, solange sie nicht wirklich einflussreich ist.

Vielleicht liegt ein Teil der mangelnden Akzeptanz des Personalwesens aber auch in der Tendenz, jedem (oft von Beratern neu kre-
ierten) Trend hinterherzulaufen. Solche vermeintlichen Trends und
Floskeln sollen im nächsten Kapitel näher betrachtet werden.

Fazit

Die Personalentwicklung täte gut daran, ihr manchmal sehr idealisiertes und oft rosarot gefärbtes Selbstbild ihrer realen Macht bzw. Ohnmacht innerhalb von Organisationen anzupassen. Der Dualismus zwischen Selbst- und Fremdbild ist ja eine in der Personalentwicklung oft bemühte Argumentationsfigur. Wenn man diese auf die eigene Tätigkeit anwenden würde, wäre manchmal schon viel gewonnen. Die Personalentwicklung sollte einen archimedischen Punkt suchen, an dem sie ansetzen kann, und dabei selbstkritisch den eigenen Stellenwert innerhalb der Organisation erkennen. Solange sie jedoch Zuflucht in idealisierten Selbstbildern und sozial erwünschten Begrifflichkeiten sucht, um ihre eigene Rolle zu beschreiben, macht sie sich nur lächerlich. Die Personalentwicklung sollte den Bereich der wolkigen Selbstbeweihräucherung verlassen und sich zurück auf den Boden der (wenn auch manchmal nicht sehr schönen) Tatsachen, also der eigenen Relevanz, begeben.

2. Floskeln und Trends

Kapitel 2

Floskeln und Trends

Im folgenden Kapitel geht es um die Rolle von Trends und Floskeln in der Personalentwicklung. Die Personalentwicklung lebt wie jede Branche natürlich auch von der Innovation. Häufig bezieht sich jedoch die Innovation im Bereich der Personalentwicklung mehr auf Begriffsschöpfungen und weniger auf Inhalte. Ein fast untrügliches Zeichen für eine neue Bezeichnung, die meist ziemlich inhaltsleer ist, ist die Endsilbe »-ing«. Sie scheint besonders gut dazu geeignet zu sein, neue Worte zu schöpfen. Außerdem suggeriert man durch ihren Gebrauch, dass man der englischen Sprache zumindest rudimentär mächtig sei. Das prominenteste Beispiel ist derzeit sicher das Coaching, das Malik (2004) zu Recht auf die Liste der »gefährlichen (weil nichtssagenden) Managementwörter« gesetzt hat. Vor einigen Jahren war der Begriff »Mobbing« sehr populär. Er ist heute fast schon wieder von der Bildfläche verschwunden. Andere Beispiele für diesen Effekt sind: »Mentoring«, »Precensing«, »Business Process Reengeneering«, »Downsizing«, »Cost Cutting«, »Outsourcing«, »Knowlege Sharing« etc. In relativ kurzer Zeit wurden oder werden auch sie wohl auf den Müllhaufen der Personalentwicklungsfloskeln geworfen. Interessant ist es in diesem Zusammenhang, dass es auch ein Begriff ohne die Endung »ing-« vor einigen Jahren geschafft, »in« zu sein: das Systemaufstellen. Vielleicht auch ein

Grund dafür, dass es schon nach überdimensional kurzer Zeit wieder von der Bildfläche verschwunden ist. Vielleicht wäre der Begriff »System Positioning« erfolgreicher gewesen. Es muss offenbar immer wieder eine neue Sau gefunden werden, die durch das (Personalentwicklungs-) Dorf getrieben wird. Das ist jedoch kein Problem, da es eine riesige frei flottierende Beraterenergie gibt, die sich selbst darstellen und auf dieser Selbstdarstellung aufbauend natürlich Geld verdienen möchte. Oft müssen dabei die Probleme erst noch erfunden werden, für die man dann die passenden Lösungen (in der Regel sind das Beraterleistungen) hat. Auch die vielen Hochglanzzeitschriften mit ihren ansonsten gähnend leeren Seiten zwischen den Werbeanzeigen wollen ja gefüllt werden. Ganz zu schweigen von den vielen Fortbildungsinstituten, die Fortbildungen für Personalentwickler anbieten. Nachfolgend soll anhand der Begriffe »Coaching« und »Mobbing« verdeutlicht werden, wie versucht wird mit Worthülsen ein Geschäft zu machen und warum dies dann in manchen Fällen (zumindest temporär) auch gelingen kann. Danach sollen ein paar Worte zur Orientierung an Trends gesagt werden und am Schluss wird der Frage nachgegangen, warum es die beschriebenen Phänomene überhaupt gibt.

2.1   Beispiel: Coaching

Im Moment ist der Begriff »Coaching« in der Personalentwicklung sehr en vogue (das kann jedoch zu dem Zeitpunkt, an dem Sie dieses Buch lesen, schon wieder ganz anders sein). Es gibt so gut wie keinen Berater mehr, der sich heute nicht »Coach« nennt. Außer dem Begriff »Coaching« hat diese Entwicklung allerdings nichts Neues in die Welt gebracht. Die Berater und Trainer tun in der Regel genau das Gleiche, was sie auch vorher schon getan haben, erhoffen sich aber von der Umbenennung ihres Tuns in »Coaching« eine Möglichkeit an die sagenhaften Geldtöpfe zu gelangen, die in den vielen angebotenen Coachingausbildungen versprochen werden. Der Geldsegen ist zumindest den Anbietern dieser in der Praxis oft ziemlich wertlosen, weil inhaltlich meist eher flachen und formal völlig ungeschützten Ausbildungen sicher. Warum sollte ein Unternehmen auch einen Coach beschäftigen? Es gibt aus meiner Sicht dafür eigentlich nur zwei Gründe. Der erste ist, dass der Coach über eminentes unternehmerisches Managementwissen verfügt. Der zweite ist der, dass der Coach spezielle Kenntnisse in Persönlichkeitspsychologie besitzt. Was sollte jemand, der (wenn überhaupt) irgendein Studium absolviert hat und dann vom Arbeitsamt eine »Weiterbildung« zum Coach erhalten hat, einem Manager auch beibringen können? Wie gelingt es einer Unzahl von sogenannten Ausbildungsinstituten genügend Teilnehmer für Kurse zu finden, indem sie genau dieses suggerieren? Genau dazu braucht es einer Verbreitung des Begriffes in möglichst vielen Medien, am besten ist der Begriff dann schon so weit verbreitet, dass man ihn schon als festen Bestandteil des Anzeigenblocks in bestimmten Zeitschriften findet.

Die folgende Abbildung zeigt die Entwicklung der Anzahl der »Google«-Treffer bei der Eingabe »Coaching«:

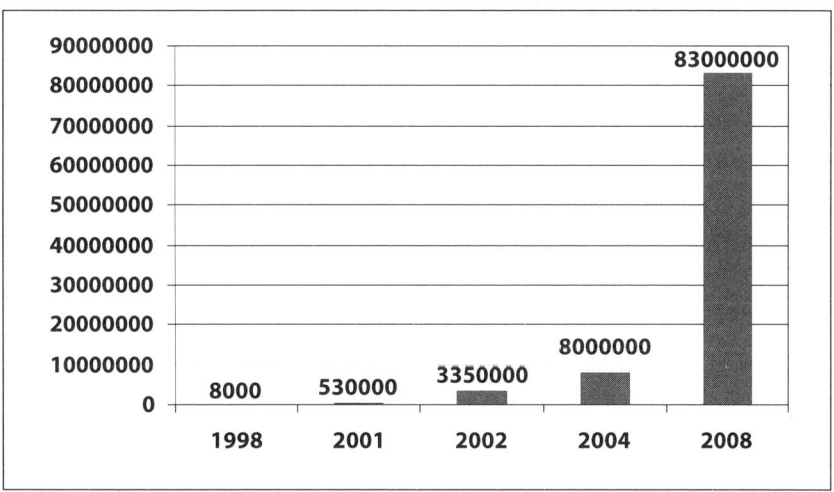

Abb. 3: Google-Treffer beim Begriff »Coaching«

Selbst wenn man den Suchbegriff auf »Coaching«, »Frankfurt« einschränkt, erhält man immer noch mehr als 400 000 Treffer. Der Begriff »Coaching« hat also eine sehr rasante Entwicklung hinter sich. Schaut man sich einmal an, was die vielen Anbieter von Coaching denn nun tatsächlich anbieten, so stellt man sehr schnell fest, dass sie genau das anbieten, was sie seit Jahren schon anbieten: Gruppendynamik, Gestalttherapie, Organisationsaufstellung, Gesprächsführung, selbst Uraltideen, deren Grundannahmen schon seit Jahrzehnten als haltlos nachgewiesen wurden, wie z. B. das NLP werden wieder versucht, unter neuen Bezeichnungen an den Mann gebracht zu werden. Geradezu konstituierend für Themen wie Coaching etc. ist die völlige Unklarheit des Begriffs, dadurch wird es ermöglicht, dass der Begriff alles abdeckt und für jeden (Marketing-) Zweck verwendbar wird. So gibt es zum Thema: »Coaching« z. B. die Varianten »Werkstatt-Coaching«, eine IT-Firma nennt sich »Netcoach«, es gibt »Personal Coaching und Gesundheitsmanagement«, der Skilehrer ist jetzt ein »Skicoach«, es gibt sogar auch ein »SM-Coaching«. Die Evolution und die für viele Berater anscheinend hohe Attraktivität des Begriffs Coaching erklärt sich wohl aus der damit verbundenen Versprechung, man könne mit dieser Art von Dienstleistung ein gutes Geschäft machen. Bernhard Kuntz beschreibt im Deutschen Vertriebs- und Verkaufsanzeiger 211/06 den Sachverhalt treffend: »Perspektiven-Sucher coachen Perspektivlose«, das trifft auch noch auf jede Menge anderer sogenannter Ausbildungen zu. Kuntz:

> *Welche Person, die vor 10, 15 Jahren eine Suggestopädieausbildung absovierte, verdient heute noch ihr Geld mit Suggestopädie? Welche Person, die sich als Moderator ausbilden ließ, arbeitet heute noch als Moderationskartenbeschrifter und -sortierer? Bei welchem Trainer, der eine NLP-Practicioner-Ausbildung durchlief, ist dies heute mehr als eine Fußnote im Lebenslauf? Und was ist aus all den Frauen und Männern geworden, die eine Mediatorenausbildung durchliefen? Wie viele verdienen heute ihr Geld als Mediatoren? Der Autor kennt keinen einzigen – sofern er nicht zugleich Anbieter einer Mediatorenausbildung ist.«*

Ein schönes Beispiel für ziemlich unverdeckte Eigenwerbung in sich selbst so bezeichnenden Fachzeitschriften bietet der »Coach Guide 2006«, ein Sonderheft der Zeitschrift »managerSeminare«, die generell den Eindruck erweckt, die ganze Welt bestünde nur aus Coaching. Zuerst werden dem Leser ein paar Begriffe erläutert. So wird ihm z. B. erläutert, dass der Unterschied zwischen Fachberatung und Prozessberatung darin besteht, dass bei der Fachberatung der Berater … dem Klient genau vorgibt, was zu tun ist …« (vgl. Abschnitt 7.1). Über die Hypnosetherapie wird berichtet: »Da während der Trance die Kontrolle des Klienten über das eigene Bewusstsein geschwächt ist, kann der Thera-

peut kreative Veränderungen im Bewusstsein des Patienten anregen.«
So oder so ähnlich stellt sich wohl Lieschen Müller eine Fachberatung
oder eine Hypnose vor. Vielleicht würde eine Trance- bzw. Beratungs-
erfahrung hier zu einer differenzierteren Weltsicht verhelfen. Mit diesem fundierten Halbwissen ausgestattet, wird der Leser dann auf den
folgenden Seiten auf die Reise durch den Markt der Coachinganbieter
geschickt. Dort präsentieren sich dann alle möglichen »Coaches«. Nachfolgend sind einige beliebte Elemente dieser Selbstdarstellung notiert,
selbst ernannte Berater nennen sich gerne auch:

- Systemische Organisationsberater
- Kommunikations- und Verhaltenstrainer
- Transaktionsanalytiker
- Gruppendynamiker
- Organisationsentwicklungsberater
- Trainer
- Persönlichkeitstrainer
- Systemischer Coach
- Gestaltberater
- Strukturaufsteller
- Supervisor
- Mediator
- Gesundheitscoach
- Integrativer Gestaltberater
- Performance Coach
- Outdoortrainer
- Hochseilgartentrainer
- Psychologischer Berater
  etc.

Ein Sammelsurium schöner Begriffe, die Qualität vorgaukeln. Tatsächlich handelt es sich dabei jedoch um völlig inhaltsleere und absolut
ungeschützte Begriffe, die sich jede Hausfrau auf das Türschild bzw. die
Visitenkarte schreiben kann.

Noch lustiger wird es, wenn man sich dann die mitgelieferten
Selbstbeschreibungen dieser Menschen durchliest.

- tough and tender
- analytisch

- intuitiv
- konzeptionell
- charismatisch
- kreativ empathisch
- integrierend
- humorvoll
- konstruktiv-provokativ
- flexibel
- klar
- mutig zielorientiert
- analytischer Praktiker
- effizient und lösungsstark
- sensibler Analytiker
- lösungsorientierte Mentor
- strukturiert
- lebensnah
- undogmatisch
- origineller Denker
- motiviert und motivierend
- kreativ-reflexiv

Eine solche Ballung von Begriffen, von denen man sich offensichtlich erhofft, dass sie den Geschmack der Kunden treffen, findet man sonst nur noch in Heiratsanzeigen oder Anschreiben zu Bewerbungen. Diese Begriffssammlung liefert jedoch ein gutes Bild vom Stereotyp, dem die »Coaches« wohl entsprechen wollen.

2.2   Beispiel: Mobbing

Der Begriff »Mobbing« hatte eine ebenso steile Karriere hinter sich wie der Begriff »Coaching«. Er wurde erst 1992 von Leymann geprägt, 1996 wurde er dann bereits in den Duden aufgenommen. An seinem Beispiel kann man auch den schnellen Aufstieg und noch schnelleren Niedergang eines Modebegriffes betrachten. Nach einer kurzen Zeit der (über-) intensiven Diskussion, in der der Begriff »in Mode« war, konnte ihn schon bald keiner mehr hören. Die Entwicklung des Themas »Mobbing« und ähnlicher (Mode-) Themen folgt dabei oft demselben Muster: Anfangs wird ein oftmals berechtigtes Thema nicht zur Kenntnis genommen, einfach ignoriert oder vielleicht sogar totgeschwiegen. Es wird nicht mit der ihm eigentlich angemessenen Bedeutung bedacht. Das kann seinen Grund z. B. darin haben, dass man keine zufriedenstellende Strategie sieht, mit dem Thema umzugehen. Eine Nichtbeachtung ist dann immer noch besser als das Aufwühlen einer Problematik ohne eine Lösungsstrategie. Irgendwann wird das Thema dann »zu einem Thema gemacht«. Das Thema wird dadurch aus der Versenkung gehoben. In dieser Phase erfolgt dann auch meist die Begriffsschöpfung, vorzugsweise natürlich mit der Endung »-ing«. Leymann (1995) beschreibt die Rolle der Journalisten in dieser Phase in Bezug auf das von ihm forcierte Thema »Mobbing«:

> *»Ich bin den Journalisten großen Dank schuldig, dass sie es im Wesentlichen gewesen sind, die das Mobbingkonzept verbreitet haben. Ich habe bewusst auf die publizistische Schiene gesetzt, um meine Forschungsergebnisse zu verbreiten.«*

Ähnlich wie beim Thema Mobbing gibt es bei jedem Modethema natürlich eine reale Problematik, es gibt Vorkommnisse im Arbeitsleben, die am besten mit dem Begriff Mobbing zu beschreiben sind. Das jeweilige Modethema wird jedoch dadurch, dass es »zum Thema gemacht« wird, in seiner Bedeutung stark überbetont, es wird allgegenwärtig, ist in aller Munde. Dann werden auch Sachverhalte, die eigentlich nichts mit dem Thema Mobbing im engeren Sinne zu tun haben, als solches bezeichnet. Werden in dieser Phase der Popularität eines Themas jedoch keine handhabbaren Konzepte entwickelt, kommt es nach einiger Zeit zu Resignation und Überdruss am jeweiligen Thema. Das ehemalige Modethema kommt außer Mode, es ging dann den Weg vieler Modethemen, es wirkt abgedroschen, man kann es nicht mehr hören. Durch eine unangemessene Aufblähung eines Themas vergibt man sich dabei oft die Chance, das Thema in einer ihm angemessenen Art und Weise zu bearbeiten. Man hat dann also durch die Aufblähung des Themas das Gegenteil dessen bewirkt, was man eigentlich erreichen wollte. Anstatt ein relevantes Thema mit der ihm zustehende Reichweite in die Diskussion zu bringen, katapultiert man dieses Thema dann wieder in den Zustand der Nichtbeachtung oder gar Verdrängung.

Das Thema Mobbing hat diese Schwelle schon längere Zeit überschritten. Das Muster, dem ähnliche Modethemen folgen, ist dabei immer gleich.

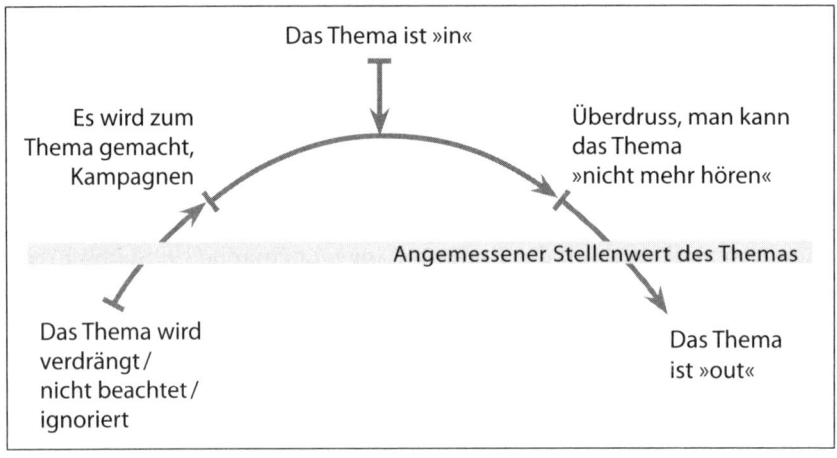

Abb. 4: Evolution eines (Mode-) Themas

2.3 Beispiel: Soziale Kompetenz

Die potenzielle Inhaltsleere wohlfeiler Begriffe und Trends lässt sich auch am Beispiel des Begriffs der »Sozialen Kompetenz« und der Kompetenzen allgemein sehr gut verdeutlichen. Der Begriff: »Soziale Kompetenz« wird in den letzten Jahren geradezu inflationär benutzt. In nahezu jedem Anforderungsprofil und jeder Stellendefinition taucht er auf. Jede Führungskraft reklamiert für sich soziale Kompetenz. Jeder Bewerber gibt an, über soziale Kompetenz zu verfügen. Auch eine Großorganisation wie die Deutsche Angestellten-Gewerkschaft reklamiert für sich in einem Flugblatt soziale Kompetenz. Diese absolut heterogene und unpräzise Benutzung des Begriffes lässt vermuten, dass sich seine wahre Bedeutung nicht aus inhaltlichen Überlegungen ableiten lässt, sondern eher in formalen Kategorien zu suchen ist. Die Untersuchung dieser eher formal-grafischen Kategorien ist Gegenstand des folgenden, eher humoristisch zu verstehenden, Abschnitts.

Die Benutzung des Begriffes »soziale Kompetenz« scheint in den zurückliegenden Jahren zu einer allseits beliebten Argumentationsfigur geworden zu sein, die in etwa folgendermaßen funktioniert: Mit der Häufigkeit der Benutzung des Begriffes und der Verwendung möglichst komplexer Qualifikationsmodelle erweckt derjenige, der den Begriff benutzt erstens den Eindruck, er könne etwas mit dem Begriff anfangen und zweitens suggeriert er damit, er verfüge natürlich über die jeweiligen Kompetenzen. Daher ist die exzessive Benutzung des Begriffes »soziale Kompetenz« (mindestens) zweifach nützlich.

Nachfolgend soll nun dargelegt werden, wie die Evolution im Gebrauch des Begriffes »soziale Kompetenz« strikt geometrischen Gesetzmäßigkeiten und weniger inhaltlichen Überlegungen gefolgt ist. Dabei beziehe ich mich auf die Darstellung der verschiedenen Kompetenzen in den verschiedensten Fachzeitschriften.

Die Integrationsleistung der Modellentwicklung zeigt sich an den geometrischen Merkmalen des Kompetenzmodells. In diesem »Modell« werden die Kompetenzen genannt, die man braucht, um erfolgreich durchs (Berufs-) Leben zu gehen, nämlich die Fachkompetenz, die Methodenkompetenz und die Sozialkompetenz. Je höher der Erkenntnisgrad des Erkennenden, desto größer ist wohl die Komplexität und Symbolhaftigkeit der Darstellung der Kompetenzen im jeweiligen Kompetenzmodell. Bei der Entwicklung des Qualifikationsmodells sind fünf Stufen charakteristisch. Die einzelnen Stufen werfen dabei natürlich auch ein Licht auf die Integrationsleistung der Personen, die in der Lage sind, diese Modelle anzuwenden. Ebenso kommt darin die Kreativität der Anwender zum Ausdruck, die Modelle in den unterschiedlichsten Kontexten zu erwähnen und damit den Eindruck zu erwecken, die Begrifflichkeiten auch geistig zu durchdringen. Diese fünf Stufen der Integrationsleistung sind nachfolgend beschrieben:

Stufe eins

Auf der ersten Stufe der Integration der beruflichen Kompetenzen erfolgt noch eine sehr einfache grafische Darstellung. Die jeweils nötigen Kompetenzen werden einfach aufgelistet. Sie stehen bezugslos neben- oder untereinander. Der Inhalt besteht in einer bloßen Nennung der Kompetenzen. Die Darstellung ist dabei meist vertikal ausgerichtet.

Handlungskompetenz

- Fachkompetenz
- Methodenkompetenz
- Sozialkompetenz

Stufe zwei

Die Stufe zwei stellt die Ausdifferenzierung der Stufe eins dar. Es gibt nun Beispiele zu den einzelnen Kompetenzen. Die bevorzugt horizontale Darstellung der Kompetenzen ermöglicht eine Matrixdarstellung, die Kompetenzbereiche stehen jedoch immer noch sehr bezugslos nebeneinander.

Fachkompetenz	Methodenkompetenz	Sozialkompetenz
Produktkenntnis	Moderation	Freundlichkeit
Marktkenntnis	Projektmanagement	Teamfähigkeit
BWL	Zeitmanagement	Kommunikation
Qualität	PC	Kooperation
Umwelt	Präsentation	Verhandlung
etc.	Planung	Beratung

Stufe drei

Auf der Stufe drei werden die einzelnen, bisher nicht integrierten Kompetenzbereiche nun in Beziehung zueinander gesetzt. Den Hintergrund bildet die Zusammenfassung aller Kompetenzen zur »Handlungskompetenz«. Es bietet sich dabei an, das Dreieck als Symbol der Verbundenheit zu wählen, das ja auch sonst weit verbreitet ist. Nicht zufällig erfolgt diese Integrationsleistung auf der Stufe drei!!!

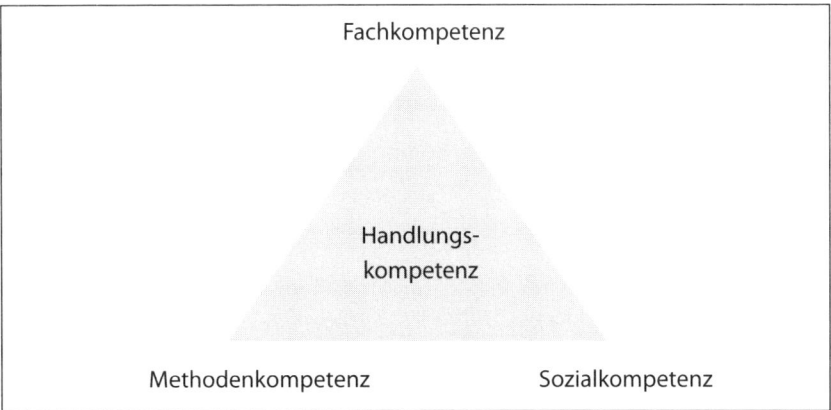

Stufe vier

Die Integrationsleistung wird auf Stufe vier noch dadurch gesteigert, dass sich die einzelnen Elemente nun gegenseitig durchdringen. Diese grafische Durchdringung geht dabei einher mit einer verstärkten geistigen Durchdringung des Sachverhaltes.

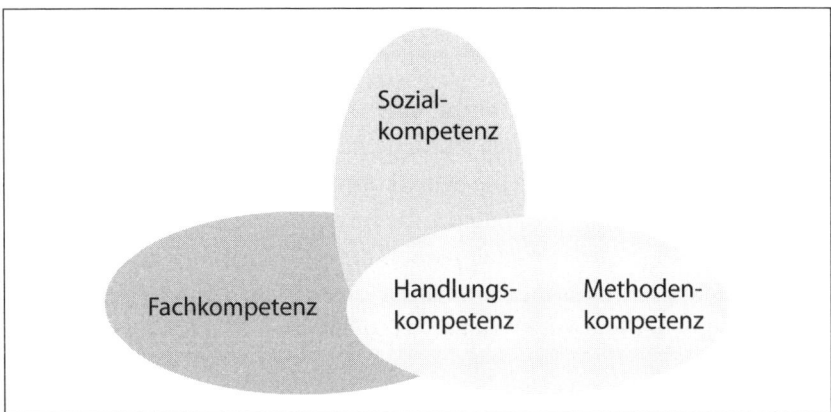

Stufe fünf

Auf der Stufe fünf wird nun endlich die Zweidimensionalität verlassen und man begibt sich quasi in eine neue (grafische) Dimension und damit natürlich auch in eine neue Dimension der Erkenntnis. Die Darstellung ähnelt auf dieser Stufe einem Atomium und verweist damit auf die Unverzichtbarkeit der dahinterstehenden Erkenntnis. Die ganze Welt der Kompetenz ist wahrscheinlich auf solche Grundelemente der Kompetenzen zurückzuführen.

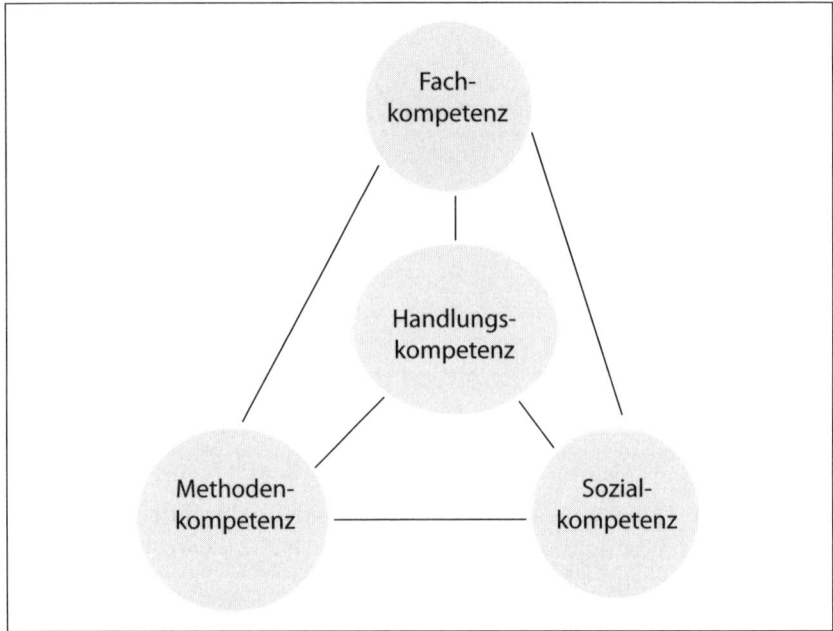

Ausblick

In jüngster Zeit werden im Sinne einer noch weiteren Steigerung der Komplexität bei Bedarf noch zusätzliche Kompetenzen hinzugefügt, z. B. die Medienkompetenz, die Selbstkompetenz, die personale Kompetenz, die Veränderungskompetenz, die interkulturelle Kompetenz etc.

Da mit dem Atommodell jedoch die Idealform der zweidimensional darstellbaren Dreidimensionalität erreicht zu sein scheint, gibt es noch keine neueren geometrischen Modelle.

2.4   Andere Trends

»Innerhalb weniger Jahre hat eine neue Kommunikationstechnik Räume und Entfernungen zunichte gemacht und den Globus so klein gemacht wie nie zuvor. Ein weltweites Kommunikationsnetz überspannt Kontinente und Ozeane, Geschäftspraktiken werden revolutioniert.«

Was sich liest wie eine Beschreibung des Internetbooms stammt in Wirklichkeit aus dem Jahre 1840 und ist aus einem Zeitungsartikel zur Einführung des Telegraphen. Vermeintliche »neue« Trends sind oft bei genauerem Hinsehen uralte Entwicklungen oder aber universelle und daher oft ziemlich inhaltsleere Schlagworte, die in nahezu jedem Zusammenhang verwendet werden können, wie eben z. B. die Erhöhung der Kommunikationsdichte oder die Globalisierung.

Die Personalentwicklung orientiert sich leider oft auch an Trends. Das hat den Vorteil, dass man ja (vermeintlich) nicht falschliegen kann, denn man tut einfach das, was alle tun. Zum Glück kann man dieses Herdenverhalten dann auch noch pseudowissenschaftlich »belegen«, indem man sich der frei flottierenden Beraterindustrie der »Trendforscher« bedient. Die identifizierten Trends werden in einem zweiten Schritt dann als Grundlage für das eigene Handeln bzw. die eigenen Existenzberechtigung genommen. Man kann mittels exklusiven Wissens über die relevanten Trends antizipierte Probleme präventiv angehen. Natürlich geht das nur, wenn einem die Organisation auch die entsprechenden Ressourcen zu dieser strategisch-präventiven Problemlösung zur Verfügung stellt.

Peinlich wird es, wenn man konkrete Aussagen über Entwicklungen macht, die in relativ kurzen Zeiträumen stattfinden sollen. Dann besteht nämlich die Gefahr, dass man noch an derselben Stelle sitzt und es noch Leute innerhalb der Organisation gibt, die sich dann an eventuelle (und sehr häufig auftretende) Fehlprognosen erinnern. Diese Leute sind dann bei der nächsten Prognose nicht mehr bereit, die neue Argumentation zu akzeptieren, sondern strafen den selbst ernannten Propheten mit Nichtbeachtung. In diesem Kapitel wird beispielhaft an einigen Themen beschrieben, welche »Fehlschüsse« die Personalentwicklung in den letzten Jahren produziert hat. Es ist scheinbar bequem,

Trends und Entwicklungen als Grundlage, häufig auch als Legitimation für das Handeln in der Personalentwicklung zu nehmen. Darin liegt jedoch eine große Gefahr. Trends entpuppen sich oft als Schein-Trends. Hat man einmal mit (Schein-) Trends argumentiert, macht man sich das nächste Mal damit lächerlich. Man kann nun versuchen, dieses Problem dadurch zu umgehen, dass man sich an generellen Trends orientiert und sich dabei auf Entwicklungen beruft, die immer richtig sind.

So findet sich bei Beckhard (1969) eine Liste von Trends, die man 1:1 auch heute und wahrscheinlich auch noch in 50 Jahren so verwenden kann. Sie enthält unter anderem folgende Punkte:

- die Wissensexplosion
- die Technologieexplosion
- die Explosion der Kommunikationsmöglichkeiten
- die Internationalisierung der Märkte
- kürzere Produktzyklen

Die Tatasche, dass schon jahrzehntelang mit diesen scheinbar »neuen« Trends argumentiert wird, führt dazu, dass diese Argumentation nicht mehr wahrgenommen wird. Selbst wenn sie inhaltlich richtig sein sollte, ist sie nach einigen Jahren sehr trivial und taugt daher auch nicht zur Begründung irgendwelcher Personalentwicklungsaktionen. An dieser Stelle seien noch exemplarisch einige andere »Trends« genannt, die in der Vergangenheit diskutiert wurden bzw. immer noch werden:

Halbwertszeit des Wissens / Wissensmanagement

Ein sehr schönes Beispiel für einen Trend – neuerdings muss ein Trend jedoch eher schon ein Megatrend sein, um ein »wirklich« relevanter Trend zu sein – ist die vielfach beschworene *Halbwertszeit* des Wissens. Es handelt sich dabei um einen für die Personalentwicklung sehr günstigen Trend, denn es gibt nur ein Mittel, um auf diese existenzbedrohende Situation zu reagieren: mit Personalentwicklung. Der Begriff »Halbwertszeit« wurde in den letzten Jahren in unzählige Kontexte übertragen. Nahezu allem wird mittlerweile ein solcher Zerfall zugeschrieben. Man bringt natürlich auch seine umfassenden Kenntnisse der Kernphysik zum Ausdruck, wenn man von Halbwertszeiten spricht.

Wie verhält es sich nun mit der oft bemühten Halbwertszeit des Wissens? Man kann sie schon deshalb nicht quantifizieren, weil man auch das ihr zugrunde liegende Wissen nicht quantifizieren kann. Man muss daher Ersatzkriterien entwickeln. Das relevante Ersatzkriterium ist in der Regel die Häufigkeit, in der eine Veröffentlichung zitiert wird. Wenn man sich nun mit dieser beschäftigt, so kommt man zu erstaunlichen Erkenntnissen. Werner Marx von der Informationsvermittlungsstelle des Max-Planck-Instituts für Festkörperphysik in Stuttgart hat alle Veröffentlichungen der Max-Planck-Gesellschaft von 1979 bis 1999 untersucht. Die Halbwertszeit des Wissens hat sich in der untersuchten Zeitspanne verlängert und nicht verkürzt! Helmut Klemm schließt in der Zeit vom 3. Januar 2002:

> *»Das öffentliche Jammern über den angeblichen Zerfall des Wissens wird vermutlich dennoch nicht so bald verstummen. Die Halbwertszeit sprachlicher Moden ist mitunter länger als die von vielen radioaktiven Elementen.«*

Was die scheinbar bedrohliche Halbwertszeit des Wissens für Personalentwickler so attraktiv macht, ist natürlich die Tatsache, dass dieses Wissen gemanagt werden muss, und zwar natürlich von der Personalentwicklung.

Dienstleistungsgesellschaft

In den 90er-Jahren des letzten Jahrhunderts war es sehr in Mode, von der Dienstleistungsgesellschaft zu reden. Dem produzierenden Gewerbe wurde keine langfristige Überlebensfähigkeit mehr zugesprochen. So wurde z. B. auch die Maschinenbaubranche in Baden-Württemberg damals von findigen Trendscouts als nicht mehr zukunftsfähig diagnostiziert. Die Arbeitslosenzahl liegt 20 Jahre später in Baden-Württemberg bei ca. 4%, und das, obwohl dieses Bundesland das Mutterland des Maschinenbaus darstellt. Eine Menge Zahlen schienen den prognostizierten Trend von der Produktionsgesellschaft zur Dienstleistungsgesellschaft jedoch tatsächlich zu belegen. Flugs wurden daraus natürlich die passenden Personalentwicklungsmaßnahmen entwickelt. Ein großer Teil des Umverteilungseffektes von Arbeitsplätzen in der Pro-

duktion zu Arbeitsplätzen in der Dienstleistung war dabei jedoch oft ein rein statistischer Effekt. Die Produktionsunternehmen der 80er-Jahre beschäftigten in der Regel den Werkschutz, die Kantinenmitarbeiter, die Werkspost, die Betriebsdruckerei, die Fotografen, die Gebäudereinigung, die Wohnungsvermittlung, die Hofkolonne und vieles mehr, was nicht zu der Produkterstellung und schon gar nicht zu der eigentlichen Produktion gehörte. In der Statistik waren all diese Mitarbeiter dann Mitarbeiter in der Produktionsbranche. In den 90er-Jahren wurden diese Funktionen häufig an Fremdfirmen (der zugehörige Trend hieß »Outsourcing«) vergeben. Damit wanderten all diese Funktionen in der Statistik vom Produktions- in den Dienstleistungssektor. Der Produktionssektor schrumpfte, der Dienstleistungssektor wuchs dagegen in der Statistik stark an. Es handelte sich dabei jedoch nur um einen statistischen Effekt, da in der konkreten täglichen Verrichtung kein Einziger der Betroffenen etwas anderes tat als vorher. Die Putzfrau putzte weiterhin die gleichen Büros, jetzt jedoch bei einer Firma, die als Dienstleistungsunternehmen in das Handelsregister eingetragen ist.

Lernende Organisation

Ein weiteres, besonders in der Personalentwicklung (vielleicht auch nur dort) populäres Konzept ist die Idee der »lernenden Organisation«. Es avancierte in kurzer Zeit zum Hoffnungsträger für mehr Wirtschaftlichkeit und Innovation. Jede Organisation, ob es sich um einen Sportverein, ein Unternehmen, eine Behörde etc. handelt, bezeichnet sich gerne als lernende Organisation. Es gibt eigentlich keine Organisation, die sich nicht als »lernend« bezeichnen würde.

Projektmanagement

Ein weiterer Trend ist die exzessive Benutzung des Begriffes »Projekt« oder besser noch: »Projektmanagement«. Jede noch so kleine Aufgabe wird neuerdings als »Projekt« bezeichnet. Was früher einfach eine Aufgabe war, wird heute zum »Projekt« hochgehoben.

Der Zwang, Projekte bearbeiten zu müssen, macht auch nicht mal mehr vor kleinen Kindern halt. Neulich kam mein Sohn vom Kindergarten nach Hause und teilte mit, dass in der nächsten Woche im Kindergarten ein Projekt durchgeführt wird. Es stellte sich dann sehr schnell heraus, dass das »Projekt« darin bestand, einen Tag in den Wald zu gehen. Man kann mit solchen Worthülsen aber auch handfeste Vorteile erzielen. Vor einigen Jahren, in den besten Zeiten der Elektronik, hatte ich die Aufgabe, einen Projektierungsingenieur für die Elektronik zu suchen. Das gestaltete sich sehr schwierig, denn der Job des Projektierers gilt z. B. im Vergleich mit dem des Elektronikentwicklers als ziemlich minderwertig. Da die Elektronik zu dieser Zeit boomte, war es fast unmöglich, diese Stelle zu besetzen. Mehrere Stellenausschreibungen blieben erfolglos. Dann passierte etwas Seltsames: Auf eine Anzeige in einer überregionalen Zeitung kamen plötzlich sehr viele und auch qualitativ hochwertige Bewerbungen. Was war passiert? Die Sekretärin hatte sich verschrieben und statt »Projektierungsingenieur« das Wort »Projektingenieur« verwendet und niemand hatte im Folgenden den Fehler bemerkt. Dies ist umso bemerkenswerter, da die nachfolgende Tätigkeitsbeschreibung genau die gleiche war, nur die Bezeichnung war verändert. Es scheint offensichtlich so zu sein, dass ein Ingenieur dieselbe Arbeit gleich viel lieber macht, wenn er sich »Projektingenieur« nennen darf. Fortan wurden natürlich alle Stellen mit dem Vorsatzwort »Projekt« versehen.

Wichtige Personalthemen

Im »Capgemini HR-Barometer« werden Personalverantwortliche befragt, welche Themen sie in der Zukunft im Personalwesen für wichtig halten. Wenn man die Ergebnisse dieser Umfrage aus dem Jahr 2002 mit denen vom Jahr 2004 vergleicht, so sind die Themen, die im Jahr 2002 am meisten überschätzt wurden, die Themen »eLearning« und »war for talents«. Solche Befragungen werden auch von der DGfP regelmäßig durchgeführt.

Das Ergebnis ist immer das gleiche. Personalentwickler schätzen sehr oft die relevanten Themen völlig falsch ein. Sie tun dies jedoch nicht ohne sofort eine neue Prognose über die Relevanz verschiedener Themen in der Zukunft abzugeben. In der Zeitschrift »Personalführung« 6/2005 wird eine Analyse vorgestellt, bei der die 2002 als wichtig angegebenen Personalthemen mit den real relevanten Personalthemen 2004 verglichen wurden. Fast alle PE-Themen, insbesondere »eLearning«, »war for talents«, »interkulturelle Kompetenz« wurden in ihrer Bedeutung massiv überschätzt. Es ist nun relativ einfach, prospektiv die Liste der überbewerteten Themen der nächsten Jahre zu erstellen. Man nimmt einfach die Themen, die heute als relevant erachtet werden, man kann mit sehr großer Sicherheit davon ausgehen, dass diese Themen zum Zeitpunkt der Überprüfung ihrer Wichtigkeit ziemlich irrelevant sind.

Managementkonzepte

Tim Hindle hat im Jahr 2001 ein Buch mit dem Titel »Die 100 wichtigsten Managementkonzepte« veröffentlicht. Interessant dabei ist weniger der Inhalt dieser Konzepte als die Tatsache, dass so ein Buch überhaupt geschrieben werden konnte. Dabei muss man auch die Tatsache im Kopf behalten, dass es sich bei den beschriebenen Konzepten ja nur um die 100 »wichtigsten« handelt, also offensichtlich noch deutlich mehr davon existieren.

2.5   Fazit

Trendige Aussagen zu Trends jeglicher Art sind sehr gut dazu geeignet, (Schein-) Begründungen für das zu liefern, was man gerne tun oder ändern möchte; das macht sie so beliebt. Man kann damit auch sehr gut von eigenen (Macht-) Interessen ablenken, da man ja nicht aus niederen eigenen Interessen handelt, sondern nur proaktiv auf die Anforderungen der Umwelt agiert. Der Prozess ist immer der gleiche. Ein »neues« Konzept wird in einer Firma ausprobiert, diesem Konzept wird dann ein schöner Name verpasst. Daraus wird dann (meist im amerikanischen Sprachraum) eine Erfolgsgeschichte geschrieben, die oft in einem Bestseller der populären Literatur mündet, der in griffiger Sprache geschrieben dem Leser die Lösung seiner vielgestaltigen Probleme verspricht. Schnell wird dann dieser Bestseller auch im deutschen Sprachraum bekannt und berühmt. Somit ist ein (scheinbarer) Standard geschaffen, an dem sich dann viele orientieren wollen (man kann auch »Benchmarking« sagen).

Phil Rosenzweig (2008) beschreibt in seinem Buch »Der Halo-Effekt. Wie Manager sich täuschen lassen« genau diesen Prozess anhand eines Buches, das in den 80er-Jahren genau diesem Muster folgte: »Auf der Suche nach Spitzenleistungen« von Peters und Waterman (1982). Dieses Buch war für einige Jahre ein absoluter Trendsetter. Bei einer genaueren Analyse zeigt sich jedoch sehr bald, dass die darin beschriebenen Handlungsempfehlungen nur eine Variante des schon in den 20er-Jahren beschriebenen »Halo-Effektes« (Thorndike, 1920) sind. Der Halo-Effekt beschreibt Verzerrungen bei der Urteilsbildung. Ein einziges Merkmal oder einige wenige Merkmale »überstrahlen« dabei viele relevante andere Merkmale, sie »blenden« den Urteilenden und andere Merkmale werden dann nicht berücksichtig, sondern ausgeblendet. Das alles überstrahlende Merkmal im Buch von Peters und Waterman war der damalige Erfolg der beschriebenen Unternehmen. Die Gegebenheiten, die bei den jeweiligen Unternehmen dabei herrschten, wurden als Grund für deren Erfolg angegeben. Bei vermeintlichen Erfolgsgeschichten handelt es sich bei näherem Hinsehen um eine Verdrehung der Kausalkette. Wird z. B. eine starke Mitarbeitermotivation als ein Erfolgsfaktor identifiziert, da diese mit dem Unternehmenserfolg korreliert ist, so ist unklar, ob diese Motivation nun die Ursache oder eher die Folge des Unternehmenserfolges ist.

Hat ein Trend, wie er bei Peters und Waterman beschrieben wurde, einmal eine gewisse Popularität erreicht, kann es weitergehen. Nun setzt der Zug der Lemminge ein. Es macht ja sogar Sinn, sich dem Zug der Lemminge anzuschließen, da man dann ja absolut im Trend ist, später kann einem dann niemand mehr vorwerfen, man hätte entscheidende Trends verpasst. Wenn sich der Trend dagegen nach einiger Zeit als Flop erweist, kann man getrost darauf verweisen, dass es sich um einen kollektiven Irrtum der Personalentwicklung gehandelt und man selbst keine Schuld an der Fehleinschätzung gehabt hat. Durch die Orientierung an Trends schützt man sich somit vermeintlich vor Fehlschlägen. Darüber hinaus hat man auch immer ein Betätigungsfeld, denn nach dem Flop des jeweiligen Trends steht ja schon eine komplette Industrie von Beratern und Trendscouts bereit, um neue Trends zu kreieren. Noch besser jedoch als die Orientierung an Trends ist die Orientierung an Megatrends, vielleicht kommt in Kürze auch eine Veröffentlichung, die einen »Gigatrend« beschwört. Dieses Kalkül geht jedoch nur in der Kurzfristbetrachtung auf. Spätestens dann, wenn man mit dem nächsten Trend daherkommt, wird man nur noch mit Ignoranz innerhalb der Organisation rechnen können. Personalentwicklung ist mehr als andere Bereiche gefährdet, solchen Trends aufzusitzen, da die Personalentwicklung ja die Organisation für neue Anforderungen und zukünftige Entwicklungen »fit« machen soll.

Die folgende Abbildung zeigt den Aufstieg und Fall von Managementmethoden. Als Indikator für deren Popularität dient die Anzahl der Veröffentlichungen zu dem jeweiligen Thema.

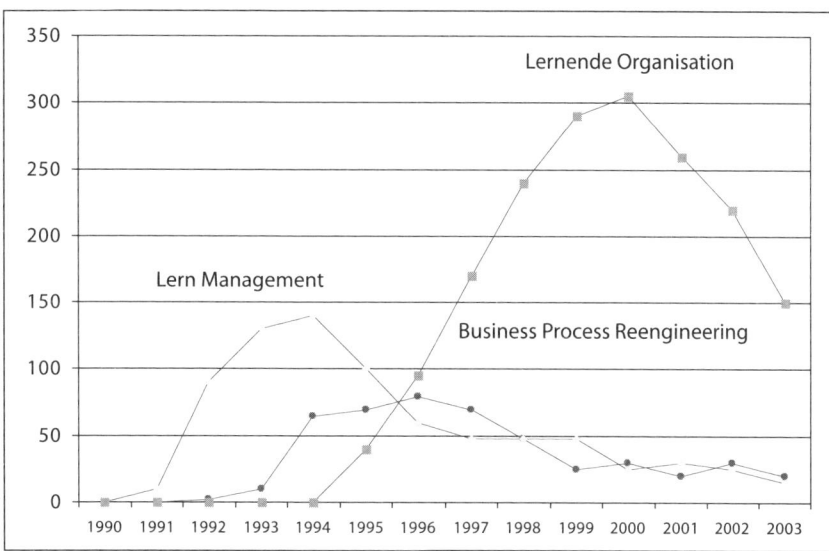

Abb. 5: Lebenszyklen von Trends

»Betrachten wir Konzepte, die dem Training in den letzten 20 Jahren zugrunde lagen, so waren bisher die Vorlieben der Unternehmens- bzw. Personalführung weichenstellend. Während in anderen Bereichen der Wissenschaft die Empirie und die rationalen Analysen der Praxis regierten, gaben sich hier irrationale Tradition und qualifizierte Forschung die Hand. Man denke nur daran, wie lange sich die völlig invalide Graphologie noch gehalten hat.

Doch ebenso wie in der Medizin müssen wir akzeptieren, dass eine Methode nicht nur durch ihre geprüfte Effektivität Wirkungen entfaltet, sondern auch durch den Glauben an die Methode. Wir haben heute Moden und Trends hinter uns gelassen, wie NLP und Systemisches Aufstellen, die sicher durch den Glauben an sie wirkten. Unsicher ist, ob auch systematische Effekte dabei waren. Auf alle Fälle gingen sie in die Historie des Managementtrainings ein.«

   (Hauke, 2004)

Eine Personalentwicklung, die meint am Puls der Zeit sein zu müssen, ist ja prinzipiell auch nicht schlecht. Im Gegensatz zu anderen Disziplinen wie etwa Produktion, Entwicklung, Marketing, Logistik etc. fehlt ihr dabei jedoch ein »hartes« Kriterium dafür, ob man tatsächlich etwas sinnvolles Neues entdeckt hat. Während sich die Richtigkeit oder Nicht-Richtigkeit von Ideen in den meisten Disziplinen eines Unternehmens relativ gut überprüfen und mit Zahlen belegen lässt, ist dies bei den Ideen zur Personalentwicklung trotz allem Gerede von Evaluation nicht der Fall (vielleicht liegt das auch daran, dass die Ideen der Personalentwicklung sowieso nur sehr begrenzte Durchdringung in der Organisation besitzen). Bei Kennwerten zur Personalentwicklung handelt es sich in aller Regel um rein deskriptive Werte (Anzahl der Teilnehmer an Personalentwicklungsmaßnahmen, Gesamtausgaben für die Personalentwicklung, Weiterbildungstage pro Mitarbeiter, Bildungsausgaben pro Mitarbeiter, Zahl der durchgeführten Trainings etc.). Darüber hinausgehende Analysen sind in aller Regel eher Pseudo-Controllingwerte, die bei etwas näherem Hinsehen sofort ihre »Aussagekraft« verlieren. Jemandem mit auch nur rudimentären statistischen Kenntnissen fällt es sehr leicht, die »Ergebnisse« wegzudiskutieren. Es ist ja auch sehr schwierig bis unmöglich, den Erfolg von Trainingsmaßnahmen zu belegen und zu messen (vgl. Kapitel 3).

Daher bedient man sich in der Personalentwicklung oft einfach anderer Kriterien, die man für die »Richtigkeit« des eigenen Tuns heranzieht. Ein solches Ersatzkriterium ist eben die Tatsache, dass man das tut, was die vielen anderen auch tun. Woher weiß man nun, was die anderen (scheinbar) gerade tun? Aus den »Fach-« Zeitschriften, aus den Programmen von Kongressen und aus den Buchtiteln, die »man« gerade liest. Glücklicherweise gibt es ja auch immer genügend Leute, die neue Trends kreieren wollen, die sich selbst darstellen wollen und die natürlich Geld damit verdienen wollen. Auf diese Weise ergibt sich für beide Seiten eine ersprießliche Symbiose. Die Personalentwickler haben immer »aktuelle« Themen, die sie bearbeiten können und die Berater haben immer Abnehmer für ihre »aktuellen« Produkte. Die Orientierung der Personalentwickler an dem, »was man gerade so macht im Bereich der Personalentwicklung« hat den Vorteil, dass man eigentlich gar nichts falsch machen kann. Ist der »Trend« erfolgreich, so hat man seinen Spürsinn für relevante Entwicklungen bewiesen. Entpuppt sich der neue »Trend« dagegen als eine Luftblase, so kann man darauf verweisen, dass sich »die ganze Branche« geirrt hat.

Eine besonders dogmatische Form des Trends besteht in einem eher ideologisch motivierten »Zeitgeist«. Eine auf breiter Basis akzeptierte Ideologie braucht keine weitere Begründung, was sehr bequem ist. Eine solche mächtige Strömung war die Strömung der Teamarbeit in den letzten Jahrzehnten (vgl. Kapitel 10). Eine weitere Ideologie – allerdings eine von nur erstaunlich kurzer Lebensdauer – war diejenige, dass alles, was mit »e«, also im weitesten Sinne mit Informatik zu tun hat, a priori gut ist. Eine aktuelle und sehr wahrscheinlich etwas dauerhaftere Ideologie, die derzeit sehr dominant ist, ist die der Globalisierung und der Internationalisierung. Man wird sehen, wie lange diese sich halten wird. Im Moment jedenfalls kann sie als (implizite) Letztbegründung für jegliche Art von Personalentwicklungsaktivitäten dienen.

Der tiefere machtpolitische Sinn des Gebrauchs von Floskeln und Trends wird im Kapitel 11 näher betrachtet, erst aus dieser Betrachtungsperspektive lässt sich das oben beschriebene ziemlich sinnlose Tun erklären, wenn man einmal von der schlichten Naivität des Gebrauchs dieser Floskeln und Trends absieht.

Natürlich gibt es Trends. Diese werden jedoch oft erst retrograd sichtbar. Die Begründung des eigenen Handelns bzw. der eigenen Wichtigkeit mit Trends (und sei es nur dem »Trend« das zu tun, was gerade alle tun) ist höchst problematisch. Gerade in der Personalentwicklung sind viele der »Trends« gar keine Trends, sondern oft nur Scheintrends. Wer sich darauf einlässt, dem jeweiligen »aktuellen« Trend hinterherzurennen, hat schon von vorneherein verloren. Das Sprichwort besagt: »Wer einmal lügt, dem glaubt man nicht«, das gilt natürlich auch für die Argumentation mit Trends. Dieser Gefahr des schnellen Verlusts der eigenen Glaubwürdigkeit durch die Orientierung an (Schein-) Trends sollte man sich nicht aussetzen. Es wäre viel produktiver, wenn sich die Personalentwicklung kompetent um die Lösung der Probleme im »Hier und Jetzt« kümmern würde, als das eigene Handeln mit Scheintrends begründen zu wollen. Oft werden Trends auch zu dem Versuch benutzt, sich durch die vermeintliche eigene Weitsichtigkeit Vorteile und Macht im organisationalen Gefüge zu ergattern. Dieser Versuch wird jedoch in der Regel von den anderen Organisationsmitgliedern schnell durchschaut.

3. Wann ist ein Training gut?

Kapitel 3

Wann ist ein Training gut?

> »Wir mögen Menschen, die so tun, als ob sie uns zum Nachdenken
> bringen. Wir hassen Menschen, die uns wirklich zum Nachdenken
> bringen.«
>   (Huxley)

Eine Erklärung dafür, warum im Bereich der Personalentwicklung so
viel Unsinn gemacht wird, liegt in der Tatsache, dass es schwer ist, den
Sinn dessen, was man glaubt zu machen, zu messen. Da ein Maßstab
für die Sinnhaftigkeit von Trainings oft fehlt, ist dem Unsinn natürlich
Tür und Tor geöffnet. Die Personalentwicklung sieht sich jedoch zunehmend einem innerbetrieblichen Rechtfertigungsdruck ausgesetzt. Das
führt dazu, dass man sich Methoden ausdenken muss, um die Wirksamkeit der eigenen Arbeit und natürlich auch der eingesetzten Ressourcen
nachzuweisen. Auf einige der Schwierigkeiten bei der (Pseudo-) Evaluation von Trainingsmaßnahmen soll nachfolgend eingegangen werden.
Insbesondere geht es dabei auch um die Frage, wie es passieren kann,
dass offensichtlich völlig unsinnige Trainingsformen und Trainingsin-

halte ver- und offensichtlich auch gekauft werden. In diesem Kapitel sollen zunächst die Schwierigkeiten beschrieben werden, die sich auftun, wenn man versucht ein Training zu evaluieren. Danach sollen analog zur Therapieforschung, die sich mit den prinzipiell gleichen Fragestellungen beschäftigt, Möglichkeiten aufgezeigt werden, wie eine gültige Evaluation erfolgen kann.

3.1   Kriterien

Man kann in einer ersten Näherung zur Bestimmung der Qualität eines Trainings versuchen, die Zufriedenheit der Teilnehmer mit der Trainingsmaßnahme zu erfassen, dies kann z. B. mit einer einfachen Bewertungsskala geschehen. Nun kann man als erfahrener Trainer die Beantwortung dieser Blätter sehr gut steuern. Eine einfache Methode besteht darin, dass man zuerst *offen in der Runde* das Feedback abfragt. Dabei beginnt man am besten mit denjenigen Personen, die mit hoher Wahrscheinlichkeit ein positives Feedback geben. Spätestens nachdem drei Personen ein positives Feedback gegeben haben, ist es sehr unwahrscheinlich, dass das weitere Feedback dann noch prinzipiell anders ausfällt. Mit hoher Wahrscheinlichkeit erhält man dann durchweg positives Feedback. Man nutzt dabei ganz einfach den Asch-Effekt aus (Asch 1957).

   Der Asch-Effekt ist ein in der Sozialpsychologie seit Langem bekannter Effekt. Der Name »Asch- Effekt« geht auf den amerikanischen Sozialpsychologen Solomon Asch zurück, der sich mit Forschung zum Thema Konformität beschäftigt hat. Eine typische Versuchsanordnung wird nachfolgend beschrieben. Zunächst werden tatsächlichen Probanden drei Linien und eine Vergleichslinie dargeboten. Diese haben dann die Aufgabe, zu entscheiden, welche der drei Linien gleich lang ist wie die Vergleichslinie. Die Längen der Linien sind dabei so gewählt, dass 95 Prozent der Probanden die Zuordnung richtig treffen können. Diese Versuche finden individuell statt.

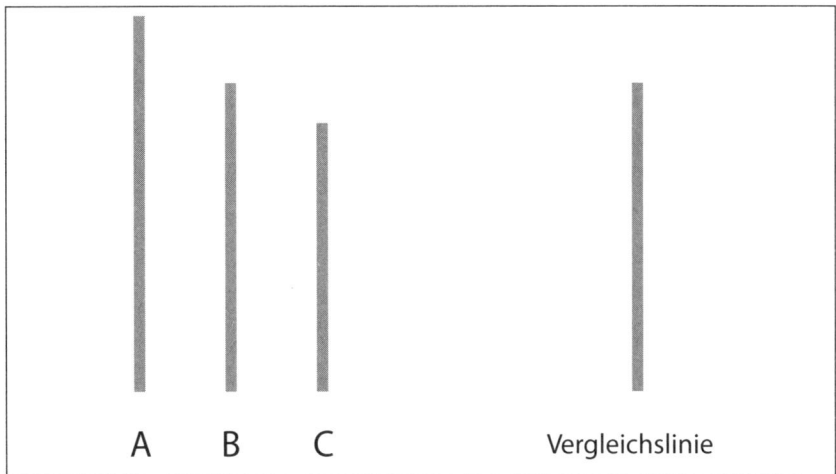

Abb. 6: Versuchslinien von Asch

In einer zweiten Versuchsreihe werden diese Zuordnungsversuche nun in einer Gruppe durchgeführt. Was die Probanden dabei nicht wissen ist, dass sich in dieser Gruppe nur ein einziger echter Proband befindet. Dieser wird so platziert, dass er immer die sechste von sieben Personen ist, die ihre Einschätzung abgibt. Die anderen Probanden sind keine echten Probanden, sondern Helfer des Versuchsleiters. In den Versuchen geben nun die ersten fünf falschen Probanden einstimmig eine falsche Vergleichslinie an. Die Zuordnungen, die die echten Probanden, die an sechster Stelle ihre Vergleichslinie angaben, ist unter dieser Versuchsbedingung verblüffend. Nur noch 25 Prozent der echten Probanden geben die richtige Vergleichslinie an, die anderen 70 Prozent passen sich den falschen Urteilen der vermeintlichen anderen Probanden an, obwohl »eigentlich« 95 Prozent der Probanden die richtige Lösung erkennen konnten.

Die 70 Prozent der Probanden, die ihre Schätzung den Urteilen der unechten Probanden anpassen, handeln aufgrund des Konformitätsdrucks, der durch die vorhergehenden falschen Zuordnungen entsteht.

Diese Ergebnisse konnten übrigens über Jahrzehnte immer wieder repliziert werden. Wie lässt sich dieser Effekt erklären? Natürlich wollen die Probanden richtig antworten. Aber welche Maßstäbe gibt es für die Richtigkeit der Antwort? Es gibt als einen Maßstab natürlich die eigene

Wahrnehmung, als anderen Maßstab aber auch noch die Urteile der anderen Probanden. Die daraus resultierende »Gesamtrichtigkeit« ist in der Regel eine Mischung aus beiden Maßstäben. Der Asch-Effekt wirkt selbst bei eindeutigen geometrischen Formen, bei der weitaus komplexeren und prinzipiell nicht an der »Realität« prüfbaren Beurteilung eines Trainings ist er noch wesentlich deutlicher ausgeprägt. Nach dem öffentlich geäußerten Feedback lässt man die Teilnehmer dann *individuell* (und natürlich ohne jede Art von Beeinflussung) die Beurteilungsblätter ausfüllen. Prinzipiell kann dabei natürlich jeder Teilnehmer das Feedback geben, das er tatsächlich geben möchte. In der Praxis findet das jedoch nur begrenzt statt. Dabei ist die sogenannte »kognitive Dissonanz« (Festinger 1957) wirksam. Wenn jemand in der Gruppe (und sei es auch unter dem subtilen, vielfach nicht einmal bewusst wahrgenommenen Druck des Asch-Effekts) ein positives Feedback gibt und dann individuell ein negatives Feedback abgibt, so würde das kognitive Dissonanz bei der Person erzeugen. Wie würde sich diese Person ihr dissonantes Verhalten erklären?

Die naheliegendste Erklärung für diese Dissonanz wäre, dass diese Person in der Gruppe zu feige war, um ihre ehrliche Meinung zu äußern. Mit einer solchen Erklärung kann diese Person jedoch sehr schlecht leben, da sich ein solches Verhalten nur schwer mit einem positiven Selbstbild vereinbaren lässt. Deshalb wird sehr oft ein anderer Weg begangen, um diese Dissonanz zu reduzieren. Man verändert einfach eine der dissonanten Kognitionen und das positive Selbstbild ist wieder in Ordnung. Diesen Anpassungsprozess nennt man Dissonanzreduktion. In unserem Beispiel kann eine Dissonanzreduktion am einfachsten dadurch erreicht werden, dass die Person ihre Meinung über das Seminar rückwirkend so abändert, dass diese zu dem offen gezeigten Verhalten, dem positiven Feedback, passt.

Eine weitere Schwierigkeit bei der Abfrage von der Zufriedenheit mit einer Trainingsveranstaltung stellt der Mechanismus der Vermeidung dar. Ein Training besteht oft in einem Fertigkeitsaufbau. Dieses Lernziel genügt auch, wenn es sich um relativ neutrale Fertigkeiten (z. B. das Bedienen von DV-Programmen) handelt. Immer dann jedoch, wenn das Training auch Aspekte der Persönlichkeit berührt (und das ist in den meisten Verhaltenstrainings der Fall), wird die Situation komplexer. Dann reicht der alleinige Fertigkeitsaufbau nicht aus, es muss dann zusätzlich zum Fertigkeitsaufbau noch zu einem Angstabbau kommen.

Nehmen wir z. B. ein Rhetoriktraining. In einem solchen Training werden Fertigkeiten, wie z. B. Argumentationstechniken, Aufbau einer Präsentation, Gestaltung von Medien etc., vermittelt. Für die meisten Menschen geht es jedoch primär darum, das unangenehme Gefühl zu bearbeiten, das sie haben, wenn sie vor einer Gruppe von Menschen etwas präsentieren müssen. Sofern dieses unangenehme Gefühl, das sich darin ausdrückt, dass die Personen die Präsentationssituation vermeiden, nicht bearbeitet wird, wird der Fertigkeitsaufbau ziemlich wirkungslos bleiben.

Ähnlich verhält es sich z. B. auch mit einem Training zum Durchsetzungsverhalten. Die Ausführung von angemessenem Verhalten ist nur ein Teil des Zieles. Wenn es nicht gelingt, die jeweilige zugrunde liegende Angst zu verändern, wird die Person das eventuell neu gewonnene Verhalten niemals anwenden.

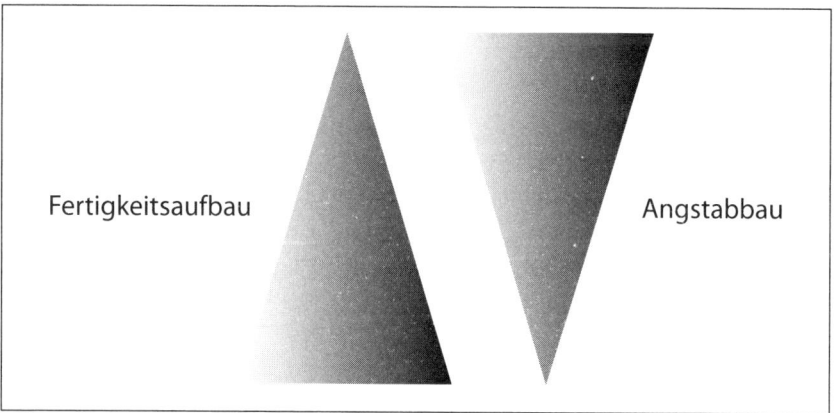

Fertigkeitsaufbau   Angstabbau

Abb. 7: Effizientes Verhaltenstraining erfordert Fertigkeitsaufbau und Angstabbau

Es ist ganz natürlich, dass man diejenigen Situationen, die einem unangenehm sind (oder einem sogar Angst machen) vermeidet. Der Angstabbau kann nur durch die Konfrontation mit der angstauslösenden und deshalb bisher vermiedenen Situation erfolgen. Damit befindet man sich beim effizienten Verhaltenstraining in einem Dilemma: Entweder man unterlässt die Konfrontation mit der angstauslösenden Situation und hat damit keinen Lerneffekt, aber die Teilnehmer finden das Training gut (weil sie der Konfrontation entgangen sind und in ihrem Vermeidungsverhalten verbleiben können) oder man konfrontiert sie mit der angstauslösenden Situation, was bei den Teilnehmern dann zur Aktivierung von Angst und Vermeidungsverhalten führt. Es gilt der Leitsatz: »Man muss manchmal das tun, was man nicht will, um zu erreichen was man will.« Das kann dann dazu führen, dass die Teilnehmer das im Prinzip wirksame Vorgehen des Trainers gar nicht so gut finden und eventuell eine schlechte Bewertung abgeben.

Im Bereich der Verhaltenstrainings hat man daher oft genau umgekehrte Effekte. Eine gute Seminarbeurteilung kann unter Umständen lediglich ein Beleg dafür sein, dass der Trainer die Teilnehmer in ihrer Vermeidungshaltung belassen hat und das Training daher wirkungslos war. Eine schlechte Beurteilung kann dagegen ein Beleg dafür sein, dass der Trainer den wirksamen Prozess der Konfrontation in Gang gesetzt hat, was die Teilnehmer aus ihrer bisher bequemen und erprobten Vermeidungshaltung brachte und für sie daher unangenehm war. Muss man nun davon ausgehen, dass in Verhaltenstrainings viele Teilnehmer sind, die Vermeidungsverhalten zeigen? Die Antwort ist eindeutig »Ja«, denn sonst wären sie falsch in einem Verhaltenstraining. Einen weiteren schlagenden Beweis für die Richtigkeit der Annahme, dass die Ausführung von gewissen Verhaltensfertigkeiten immer auch eine Angstkomponente beinhaltet, kommt aus der Assessment-Center-Forschung. Die blockierende Rolle von Angst bei der Produktion von Verhalten lässt sich dabei besonders gut mit den Ergebnissen zur Konstruktvalidierung von Assessment Centern belegen (Kleinmann 1997). In Assessment Centern werden verschiedene Verhaltensdimensionen in verschiedenen Situationen beobachtbar gemacht. Wenn ein Assessment Center konstruktvalide sein soll, so müsste die Korrelation der Bewertungen von gleichen Verhaltensdimensionen über verschiedene Übungen hinweg eher hoch sein. Die Korrelation von Verhaltensausprägungen einzelner Dimensionen innerhalb einer Übung müsste dagegen eher niedrig sein.

Die Empirie bestätigt jedoch genau das Gegenteil. Die Interkorrelationen zwischen einzelnen Verhaltensdimensionen innerhalb einer Übung sind hoch, die Korrelationen einzelner Verhaltensdimensionen bei verschiedenen Übungen dagegen gering. Es gibt weniger einen Verhaltensdimensionsfaktor, der die Bewertung in einer Übung beeinflusst, sondern eher einen Übungsfaktor. Assessment-Center-Kandidaten zeigen nicht konstantes Verhalten über verschiedene Dimensionen hinweg, sondern sie sind in einer Übung auf allen an sich unabhängigen Verhaltensdimensionen in dieser Übung gut oder weniger gut. Das Verhalten schwankt dagegen bei verschiedenen Übungen sehr stark. In einer Übung kann der Kandidat z. B. sehr gut kommunizieren, in einer anderen hingegen anscheinend weniger gut, in einer Übung kann er die Gruppe steuern, in einer anderen dagegen eher nicht. Das konkrete Verhalten in verschiedenen Situationen ist also eher durch die situativen Gegebenheiten determiniert als durch Verhaltenskompetenzen. Dies ist übrigens aus der Interaktionismusforschung (Mischel 1968) schon sehr lange bekannt.

Wenn man nun davon ausgeht, dass in Verhaltenstrainings lediglich Verhaltenskompetenzen vermittelt werden, so hat man nun ein praktisches Problem. Wie möchte man dann erklären, dass eine Person diese Kompetenzen manchmal besitzt und manchmal wieder nicht? Schickt man nun als Personalentwickler diesen Kandidaten auf ein Training, in dem diese Verhaltenskompetenzen (noch einmal) vermittelt werden oder nicht? Diese Fragen lassen sich nicht vernünftig beantworten, solange man davon ausgeht, man müsse im Verhaltenstraining nur die Verhaltenskompetenzen trainieren. Das Bild wird dann wesentlich klarer, wenn man sich fragt, was die Person daran hindert, die Verhaltensweisen, über die sie ja eigentlich verfügt, in der jeweiligen Situation zu aktivieren. Die Antwort darauf lautet, dass das potenzielle Verhalten in der jeweiligen Situation durch ausgelöste Angst in der Ausführung verhindert wird. Nur eine Bearbeitung dieser Angst, die die Ausführung relevanten und im Prinzip vorhandenen Verhaltens verhindert, erlaubt es, das Verhaltensrepertoire der Person zu erweitern.

Der Versuch, ein Verhaltenstraining durchzuführen, ohne gleichzeitig Angstabbau zu thematisieren, erinnert an den Versuch verkehrsauffälligen Autofahrern, die in der Stadt mit überhöhter Geschwindigkeit fahren, mit ausgereiften didaktischen Mitteln (heutzutage vielleicht mittels eLearning) beizubringen, dass man innerorts nur 50 km/h fahren darf. Nur einem sehr kleinen Kreis der Übeltäter dürfte dies nicht bekannt sein, der große Rest dagegen kennt natürlich das geforderte Verhalten (in der Ortschaft die Geschwindigkeit auf 50 km/h zu beschränken), führt es jedoch trotzdem nicht aus. Wenn man an dieser Situation etwas ändern möchte, muss man mit anderen Methoden arbeiten.

> Wie oben beschrieben, ist es daher schwierig, den Effekt eines Seminars, das die (notwendigen) Elemente der Angstkonfrontation enthält, zu beurteilen. Die Beurteilung durch die Teilnehmer wird sogar in einem gewissen Maße gegenläufig zu den erzielten Effekten sein. Man steckt als Trainer daher oft in einem Dilemma: Entweder man belässt die Teilnehmer in ihrer Vermeidung, was diese dann mit einer guten Beurteilung honorieren, aber keinen Veränderungseffekt erzielt oder man konfrontiert sie mit den bisher vermiedenen Verhaltensweisen, was zwar sehr effektiv aber für die Teilnehmer unbequem ist und oft mit einer eher negativen Beurteilung quittiert wird.

3.2   Wahrgenommene Einflussmöglichkeiten als Ersatzkriterium

Man braucht in Trainings gar keine realen effizienten Verhaltensweisen oder besondere Erkenntnisse zu vermitteln. Es reicht vollkommen aus, den Teilnehmern die Illusion zu vermitteln, sie hätten etwas Wichtiges gelernt. Was dann dabei in Wirklichkeit passiert ist, dass der Trainer die »subjektive Kontrollüberzeugung« der Teilnehmer erhöht. Diese subjektive Kontrollüberzeugung ist das Ausmaß, in dem eine Person glaubt, Kontrolle über eigene Handlungen oder die Handlungen anderer Personen zu besitzen, unabhängig davon, ob diese Kontrolle auch tatsächlich existiert. Die Vermittlung einer subjektiven Kontrollüberzeugung ist, wie nachfolgend gezeigt wird, durchaus ein positiver Effekt, den man auch dann erhält, wenn man objektiv völlig falsche oder irrelevante Inhalte vermittelt, solange die Teilnehmer nur von der Richtigkeit des Vermittelten überzeugt sind. Probleme entstehen jedoch sehr schnell dann, wenn die subjektive Kontrollüberzeugung in Widerspruch zu der Realität außerhalb des Seminars gerät. Dies wird jedoch in aller Regel erst einige Zeit nach dem Seminarbesuch eintreten, dann ist jedoch die Seminarbeurteilung längst erfolgt. Das Scheitern an der subjektiv vorhandenen, aber objektiv falschen Kontrollüberzeugung wird in aller Regel nicht in die Seminarbeurteilung einfließen können. Das bisher Behauptete soll nun anhand einiger Experimente belegt werden. Von Class und Singer wurde folgendes Experiment durchgeführt:

Versuchspersonen mussten Problemlöseaufgaben durchführen, die hohe Anforderungen an die Konzentration stellten. Während die Personen die Aufgaben zu bearbeiten hatten, wurden sie dabei durch Hintergrundgeräusche (Stimmen, Schreibmaschinen, Kopierer, …) gestört. Eine Gruppe von Versuchspersonen war dem Lärm ständig ausgesetzt, eine zweite Gruppe konnte den Lärm jeweils für eine bestimmte Zeit durch Drücken eines Knopfes abschalten. Die Leistungen der Personen aus der zweiten Gruppe waren besser als die der ersten Gruppe, was nicht weiter überrascht. Zusätzlich gab es aber noch eine dritte Gruppe von Versuchspersonen. Diese Gruppe hatte prinzipiell auch die Möglichkeit, den Lärm jeweils für eine bestimmte Zeit abzuschalten, den Personen wurde aber gesagt, dass man es lieber sähe, wenn sie von dieser Möglichkeit keinen Gebrauch machen. Bei dem Versuch drückte dann auch keine der Personen der dritten Gruppe den Knopf, um den Lärm zu unterbrechen, obwohl sie es ja prinzipiell gekonnt hätten. Die Leistung der dritten Gruppe bei den Problemlöseaufgaben war erstaunlicherweise gleich groß wie die der zweiten Gruppe, die den Lärm tatsächlich abgeschaltet hatte.

Die bessere Leistung der zweiten Gruppe gegenüber der ersten kann mit der geringeren Störung durch den Lärm objektiv erklärt werden. Die bessere Leistung der dritten Gruppe gegenüber der ersten Gruppe kann jedoch nicht mit dem objektiv geringeren Lärm während der Aufgabenbearbeitung erklärt werden. Der Lärm wurde ja nicht tatsächlich abgeschaltet. Die Verbesserung der Leistung ist anscheinend auf die prinzipielle Möglichkeit zurückzuführen, Einfluss auf den Lärmpegel ausüben zu können. Offenbar wirkt sich bereits diese potentielle Möglichkeit positiv aus, ohne den Einfluss tatsächlich ausüben zu müssen. Allein die Möglichkeit, die Situation beeinflussen zu können, bewirkt Veränderungen, ohne dass von der Möglichkeit Gebrauch gemacht werden muss!

Budzinsky (1973) führte Untersuchungen zum sogenannten Biofeedback durch. Beim Biofeedback geht es darum, körperliche Funktionen mit elektronischen Messgeräten sichtbar und beeinflussbar zu machen. In der konkreten Untersuchung von Budzinsky ging es darum,

Patienten mit Spannungskopfschmerz mittels Biofeedback zu trainieren, die Stirnmuskulatur zu entspannen. Die Hypothese bei diesem Vorgehen ist, dass der Spannungskopfschmerz ein Muskelschmerz der Stirn- und Nackenmuskulatur ist. Wird diese Muskulatur entspannt, verringert sich auch der Spannungskopfschmerz. Durch eine Entspannung der entsprechenden Muskulatur erzielt man in der Regel eine gute Reduktion der Spannungskopfschmerzen. Wenn die Patienten trainieren, die Stirnmuskulatur mittels Biofeedback zu entspannen, erreicht man im Prinzip die gleichen positiven Effekte wie mithilfe anderer Entspannungsverfahren.

Bei der o. g. Untersuchung ging man daher noch einige Schritte weiter. Ein Teil der Patienten wurde mittels Biofeedback darauf trainiert, die Muskulatur anzuspannen, was eigentlich den Kopfschmerz erhöhen müsste. Die Patienten wussten natürlich nicht, dass sie etwas der therapeutischen Veränderung eher Abträgliches trainierten, ihnen wurde gesagt, dass das Verfahren dazu diene, den Kopfschmerz zu reduzieren. Die Patienten schafften es erwartungsgemäß auch recht gut, den Spannungszustand der Stirnmuskulatur mittels Biofeedback zu verändern, jedoch genau in die therapeutisch entgegengesetzte Richtung. Es zeigte sich allerdings, dass sich der Kopfschmerz interessanterweise auch bei dieser Gruppe deutlich verbesserte, was eigentlich nicht zu erwarten war. (Natürlich wäre es denkbar, dass die Theorie über die Entstehung des Kopfschmerzes falsch ist. Wäre dies der Fall, so wären die Ergebnisse der ersten Gruppe allerdings schwer zu erklären.)

In einem weiteren Schritt wurde den Patienten vorgegaukelt (was mit der Elektronik einfach machbar ist), dass sie den Spannungszustand der Muskulatur verändern könnten, obwohl die Elektronik in Wirklichkeit gar nicht den Spannungszustand ihrer Stirnmuskulatur gemessen hatte. Es wurde einfach ein Standardprogramm zur Rückmeldung des Beeinflussungserfolges eingesetzt, bei dem die rückgemeldete Muskelspannung ohne jeden Bezug zu dem momentanen Spannungszustand der Muskulatur der übenden Person war. Das Ergebnis war: wenn man Erfolg bei der Entspannung der Stirnmuskulatur zurückmeldete (obwohl er objektiv gar nicht bestand), erreichten 53% der Patienten eine Verringerung der Kopfschmerzen. Die Erkenntnis aus diesem Experiment kann formuliert werden: Hat man die Überzeugung, die Situation beeinflussen zu können, so wirkt dies auch, wenn man »in Wirklichkeit« gar keinen objektiven Einfluss hat!

Auf diesen Effekt ist auch z. B. die Wirkung eines Talismans zurückzuführen. Ein Talisman hat natürlich keinerlei Effekt auf die dingliche Realität. Ist sich derjenige, der einen Talisman benutzt, jedoch sicher, dass der Talisman auch eine Wirkung hat, so kann dies einen positiven Effekt auf die subjektive Kontrollüberzeugung haben. Die Person besitzt dann eine erhöhte (wenn auch objektiv falsche) subjektive Kontrollüberzeugung, die sogar in manchen Situationen hilfreich sein kann. Hat man nun (wenn auch nur zufällig) bei der Verwendung eines Talismans Erfolg, so verstärkt sich natürlich der (objektiv falsche, aber subjektiv evtl. wichtige) Glaube an die Wirksamkeit des Talismans. Problematisch an der Verwendung solcher Talismane ist jedoch einerseits die Tatsache, dass man den Einfluss auf das Geschehen einem Objekt (dem Talisman) und nicht sich selber zuschreibt, daher besteht die Gefahr, dass man bei einem Verlust des Talismans auch die Wirksamkeitserwartung verliert. Andererseits verliert der Talisman natürlich dann jegliche Wirkung, wenn er einmal nicht funktioniert hat.

Allgemeine Formulierung der Zusammenhänge

Aus diesen Experimenten kann man einige allgemeingültige Überlegungen zu der zentralen Rolle der Wirksamkeitsüberzeugung formulieren. Ob eine Situation als schwierig empfunden wird, hängt nicht ausschließlich von den objektiven Gegebenheiten der Situation selber ab, sondern auch zu einem guten Stück von der Einschätzung der eigenen Einflussmöglichkeiten auf die jeweilige Situation. Der »Trainingserfolg« besteht dann in einer unspezifischen und unrealistischen Verbesserung der subjektiven Kontrollüberzeugung.

3.3 Bedeutung für die Personalentwicklung

Es kann also sein, dass man in einem Training Strategien vermittelt, die objektiv betrachtet völlig wirkungslos sind, die aber trotzdem die subjektive Kontrollüberzeugung der Teilnehmer erhöhen (z. B. indem man sie pseudowissenschaftlich einbettet oder auf »Knalleffekte« (vgl. Kapitel 4) setzt). Diese wenn auch nur sehr subjektiv bestehenden Kontrollüberzeugungen können im täglichen Leben der Teilnehmer durchaus positiv wirken, sie haben jedoch einen Nachteil: Irgendwann stößt man (ähnlich wie bei der Verwendung eines Talismans) an einen Teil der Realität, an dem die gelernten Techniken versagen, man wird durch die »Realität« auf den Boden der Tatsachen zurückgeholt. Dann wurde die Seminarbewertung jedoch schon längst abgegeben.

Die oben zitierten Untersuchungen stammen eher aus einem allgemeinpsychologischen Kontext. Von Winter und Kanning (2004) wurde eine Untersuchung durchgeführt, die sich speziell auf das Themengebiet der Personalentwicklung bezieht. Dabei ging es primär darum, die Wirkung von Outdoor- und Indoortrainings zu vergleichen. Dazu wurde mittels Indoor- bzw. Outdoortrainings versucht, gewisses Verhalten zu vermitteln, das dann in einer Aufgabe gemessen wurde, die dieses Verhalten voraussetzt. Es gab also nach den Trainings einen Verhaltenstest, der Lerneffekt konnte objektiv überprüft werden. Mit den Trainings, egal ob Indoor oder Outdoor, konnte keine Vermittlung des Verhaltens erreicht werden, das für den Verhaltenstest notwendig gewesen wäre.

Das ist an sich kein besonders interessantes Ergebnis, es beweist ja nur noch einmal, dass Trainings oft wirkungslos sind. Viel interessanter ist jedoch ein weiterer Befund: Die Teilnehmer wurden nach dem Training und dem Verhaltenstest nach ihrem subjektiven Lerngewinn befragt. Dieser wurde als sehr hoch eingeschätzt. Das erstaunt sehr, da der Lerngewinn objektiv nicht nachweisbar ist, dieser aber subjektiv als sehr stark empfunden wurde.

Es war also offensichtlich möglich, die Illusion eines Lerneffektes zu erzeugen. Vielleicht lautet die Logik: »Wenn man sich so viel Mühe gibt und ein so differenziertes und elaboriertes Training durchführt, MUSS ja ein Lerneffekt bestehen.« Worin dieser Effekt besteht, können dann die Teilnehmer leider nicht sagen und einen messbaren Lerneffekt kann man auch nicht feststellen. Die subjektive Gewissheit, etwas Wichtiges gelernt zu haben, wird dadurch jedoch nicht geschmälert.

Ein weiterer Grund für nicht adäquates Feedback des Trainingserfolges besteht darin, dass Trainings bevorzugt zur Förderung von »Potenzialträgern« eingesetzt werden. Es handelt sich bei der Gruppe derjenigen, die in den Genuss von Trainings kommen, in der Regel nicht um eine repräsentative Stichprobe der Organisationsmitglieder, sondern um selegierte Personen, die innerhalb der Organisation etwas zu gewinnen und natürlich auch etwas zu verlieren haben. Ihnen wird signalisiert, dass die Organisation in Form des Trainings etwas in ihre persönliche Weiterentwicklung investiert. Diese Investition ist nicht zufällig, sondern ein durch die Organisation ausgewähltes Training, also ein Training, das relevante Leute in der Organisation, nämlich solche, die für die Karriere zumindest mitverantwortlich sind, konzipiert und ausgewählt, vielleicht sogar selbst durchgeführt haben. Wer möchte unter diesen Rahmenbedingungen die Sinnhaftigkeit dieses Trainings infrage stellen? Dies würde ja bedeuten, dass man zumindest einen Teil des Fördermechanismus, von dem man selbst am meisten profitiert, für nicht gut befinden würde. Außerdem müsste man sich unter Umständen mit Personen anlegen, die im (Be-) Förderungsprozess eine Rolle spielen. Daher wird man von solchen Personengruppen eher eine positiver gefärbte Seminarbeurteilung erhalten.

> Die Bewertung von Trainingsmaßnahmen ist aus vielen oben beschriebenen Gründen eine sehr schwierige Aufgabe. Aus der Forschung zum Umgang mit komplexen Aufgaben (z.B. dem Führen eines Betriebes oder dem Regieren einer Stadt oder eines Staates) ist bekannt, dass die Tendenz besteht, die Komplexität einfach dadurch zu reduzieren, dass man sich einzelne Dimensionen herausgreift und die anderen nicht beachtet (Dörner 1992). Ein solcher Weg ist die Anwendung von Seminarbeurteilungen in Form einfacher Abfragen (»Haben Sie Ihre Lernziele erreicht?«, »Waren Sie mit dem Seminar zufrieden?« etc.). Man kann damit zumindest ein Pseudocontrolling und einen formalen Prozess installieren. Viele positive Rückmeldungen zum Seminarerfolg sind in Wirklichkeit nur die Reproduktion altbekannter, meist sozialpsychologischer Effekte, diese werden jedoch von den Personalentwicklern zu ihren eigenen Gunsten sehr gerne als Beleg für die Qualität der Trainingsmaßnahme missdeutet.

3.4   Evaluation, ROI & Co

Es ist modern geworden auch in der Personalentwicklung von Evaluation zu reden. Noch besser hört es sich an über betriebswirtschaftliche Kennziffern wie ROI etc. zu sprechen (wobei es meist auch beim Sprechen bleibt), da sich dies doch schon sehr betriebswirtschaftlich, selbstkritisch und effizient anhört. Wenn man sich dann jedoch auch nur ein wenig mit den Aussagen beschäftigt, wird man in der Regel sehr schnell feststellen, dass hinter den Begriffen, so wie sie in der Personalentwicklung verwendet werden, oft sehr wenig steckt.

Nachfolgend soll skizziert werden, wie sich denn PE-Maßnahmen prinzipiell evaluieren lassen und wie weit die Realität von dieser exakten Art der Evaluierung entfernt ist. Aus der Therapieforschung gibt es ein reichhaltiges Arsenal an Methoden, mit denen man objektiv die Wirkung von Interventionen messen kann. Dies geschieht mithilfe sogenannter Versuchspläne. Mit solchen Versuchsplänen kann man einzelne Wirkeffekte isolieren, indem man die Variablen, die die Messung dieser Effekte verhindern könnten, systematisch kontrolliert. Der Versuchsplan ist dabei das Gerüst, das angibt, wie die Beobachtungen zu analysieren und auszuwerten sind. Nachfolgend sollen solche Versuchspläne dargestellt und auf ihre Verbreitung und ihre Aussagekraft in der Evaluation von Personalentwicklungsmaßnahmen hin untersucht werden.

1. Die Einzelfallstudie

Im Rahmen einer Einzelfallstudie wird eine einzelne Person untersucht und es werden die Effekte beschrieben, die eine Intervention (z. B. der Besuch eines Trainings) auf das Verhalten oder Erleben dieser Person haben. Einzelfallstudien eignen sich zwar sehr gut zur Illustration des Vorgehens, sind aber nicht dazu geeignet, allgemeingültige Aussagen zu machen, da die Varianz und die statistische Relevanz fehlen.

Nur solche Aussagen machen einen Sinn, in denen die Anzahl der Personen pro Untergruppe, über die Aussagen gemacht werden sollen, mindestens 30 beträgt.

2. Die einmalige Untersuchung einer Gruppe nach einer Behandlung

Hierbei wird eine Gruppe von Individuen nach einer Intervention untersucht, ohne dass die Ausgangslage erfasst wurde. Aussagen in Form eines kontrollierten Vergleiches sind hierbei nicht möglich. An die Stelle exakter logischer und statistischer Ableitungen aus dem Versuchsplan treten dann oft die »allgemeine Erfahrung« oder der »gesunde Menschenverstand«, um die Ergebnisse zu interpretieren. Diese Kriterien sind jedoch natürlich keineswegs verbindlich und scheiden als objektive Bewertungsinstrumente aus.

1. Gruppe: X ----- O

3. Vortest – Intervention – Nachtest

Bei dieser Art des Versuchsplans wird eine größere Anzahl von Personen vor einer Intervention im Hinblick auf das zu erlernende oder zu verändernde Verhalten getestet (Vortest). Danach erfolgt die Intervention (z. B. ein Training) und nach der Intervention erfolgt eine zweite Messung (Nachtest). Aus der statistischen Analyse zwischen Vor- und Nachtest kann man auf die Effekte der Intervention schließen. Man kann jedoch nicht erkennen, ob die Veränderung durch die Intervention entstanden ist oder durch andere Einflüsse. Solche Einflüsse können Zeit- oder Störfaktoren sein.

4. Vergleich einer Gruppe mit Intervention mit einer Gruppe ohne Intervention aufgrund eines Nachtests

1. Gruppe: X -----   O
2. Gruppe: O

In diesem Versuchsplan erfolgt bei einer Gruppe eine Intervention, bei einer anderen Gruppe nicht. Nun kann man die Ergebnisse beider Gruppen vergleichen, um Hinweise darauf zu erhalten, ob die Gruppe mit Intervention der Gruppe ohne Intervention überlegen ist. Bei dieser Variante ist nicht eindeutig zu klären, ob ein eventuell unterschiedlicher Messwert beider Gruppen tatsächlich auf der Intervention oder auf schon bereits vorher bestehenden Unterschieden beruht.

Die ersten vier »Versuchspläne« sind aus den dargelegten Gründen eher nicht geeignet, irgendetwas zu evaluieren. Wie sieht nun ein effizienter Versuchsplan aus? Die Mindestanforderung stellt ein Viergruppenver-

suchsplan dar. Er beinhaltet eine Experimentalgruppe und eine Kont-
rollgruppe sowie jeweils zwei Messungen, eine vor dem Training, die
andere nach dem Training. Die Gruppen müssen dabei mindestens 30
Teilnehmer haben und die Teilnehmer müssen per Zufall auf die Gruppen aufgeteilt werden.

$$
\begin{array}{lcc}
 & \text{Vorher} & \text{Nachher} \\
\text{1. Gruppe:} & \text{O ----- X -----} & \text{O} \\
\text{2. Gruppe:} & \text{O} & \text{O}
\end{array}
$$

Nur eine Gruppe erhält ein Training, der Messwert in der Nachhermessung muss dann 1. statistisch signifikant gegenüber der Vorhermessung
verändert sein und 2. muss die Veränderung statistisch signifikant größer sein als die Veränderung der Vorher- und Nachherwerte der Kont-
rollgruppe. Nun könnte jedoch schon die Vorhermessung einen Effekt
auf die Nachhermessung haben oder der Trainingseffekt auf Teilnehmer
beschränkt sein, die die Vorhermessung durchliefen. Um diese Konta-
mination der Ergebnisse zu kontrollieren kann man nun zwei weitere
Gruppen hinzunehmen, dadurch entsteht ein klassischer Solomon-
Vier-Gruppen-Versuchsplan:

$$
\begin{array}{lcc}
 & \text{Vorher} & \text{Nachher} \\
\text{1. Gruppe:} & \text{O ----- X -----} & \text{O} \\
\text{2. Gruppe:} & \text{O} & \text{O} \\
\text{3. Gruppe:} & \text{X -----} & \text{O} \\
\text{4. Gruppe:} & & \text{O}
\end{array}
$$

Bei diesem Versuchsplan muss auch eine zweite »Intervention« durchgeführt werden, diese Intervention ist jedoch in Wirklichkeit eine Pseudointervention, die »eigentlich« gar nichts mit dem angestrebten Verän-
derungsziel zu tun hat. Nun weiß man aus der Placeboforschung, dass
auch solche Pseudointerventionen Effekte haben können. Der Verände-
rungseffekt der tatsächlichen Intervention muss daher nicht nur statistisch messbar sein, sondern sich auch noch signifikant von dem Effekt
der Pseudointervention unterscheiden.

Natürlich muss auch hier wiederum die Zusammenstellung der
einzelnen Gruppen nach dem Zufallsprinzip erfolgen, d.h., eine Mes-

sung von Trainingseffekten ist also mit guten Versuchsplänen prinzipiell möglich.

Ein wichtiger Punkt dabei ist die Frage, welche Daten in den Versuchsplänen erhoben und miteinander verglichen werden. Sehr oft werden nur verbale Daten (Beantwortung von Fragen, multiple choice etc.) verwendet. Die Aussagekraft einer Untersuchung nimmt stark zu, wenn auch noch nicht verbale Daten erhoben werden (Verhaltensdaten, physiologische Daten etc.). Will man wirklich aussagekräftige Daten haben, so müssen die Daten eines Versuchsplans auch noch von einer anderen Stelle repliziert werden können.

Es existieren im Bereich der Personalentwicklung so gut wie keine Untersuchungen, die der Logik der oben dargestellten Versuchspläne folgen. Gleichzeitig besteht jedoch der zunehmende Druck, das eigene

Tun in Form einer Evaluation zu legitimieren. Das führt dazu, dass man sich sehr oft mit Pseudoevaluationen zufriedengibt. Eine ähnliche Situation findet man auch im Bereich der Pädagogik vor. Die PISA-Studie hat in Deutschland eine intensive Diskussion über die Pädagogik erzeugt. Dabei wurde erstmals einer breiteren Öffentlichkeit bewusst, dass es in der Pädagogik nur sehr wenige tatsächlich empirisch fundierte Resultate und stattdessen viele subjektive Sichtweisen gibt. Nur sehr langsam kommt man dazu, auch hier empirisch exakt vorzugehen und daraus dann zwingende Handlungsempfehlungen ableiten zu können.

3.5   Vorabevaluation bei Verhaltenstrainings

Speziell für den Bereich des Verhaltenstrainings kann man eine andere Art der Evaluation anwenden, die Vorabevaluation.

Das Vorgehen zur Evaluation von Verhaltenstrainings ist oftmals Folgendes: Man plant ein Training, führt es durch und fragt sich dann: »War das Training auch tatsächlich effektiv?« Diesem Vorgehen möchte ich die Methode der Vorabevaluation gegenüberstellen. Bei dieser Art der Evaluation stellt man sich VORAB die Frage der Evaluation. In einer Personalentwicklungsmaßnahme kommen nach diesem Prinzip nur solche Inhalte, deren Wirksamkeit in empirischen Studien bereits nachgewiesen wurde. Man sollte sich daher im Vorfeld eines Trainings die Inhalte sehr genau ansehen und nur solche Inhalte in ein Training aufnehmen, die durch saubere empirische Untersuchung ihre Wirksamkeit nachgewiesen haben. Besteht ein Training aus solchen Elementen, kann eine nachfolgende Evaluation des Trainings ebenfalls nur sehr positiv ausfallen.

Bei der Vorabevaluation wird die Evaluationsfrage sehr stark auf den Einkäufer einer Trainingsleistung übertragen. Ein solches Vorgehen erfordert jedoch ein fundiertes methodisches Wissen sowie den Überblick über die Forschung zum Thema Verhaltensänderung und Lernpsychologie. Der Prozess der Evaluation findet dann schwerpunktmäßig in dem Akquisitionsgespräch mit dem vorgesehenen Trainer statt. Dabei stellt sich natürlich die Frage der Expertenbeurteilung durch Nichtexperten, sofern der Einkäufer von Trainingsleistungen nicht über eminentes Wissen in den oben genannten Bereichen verfügt. Genau hierin liegt das Problem der Vorabevaluierung. Oftmals wird eine Trainings-leistung nach anderen Kriterien eingekauft. Im einfachsten (aber weit verbreiteten) Fall glaubt man einfach dem Trainer, dass das angebotene Training effektiv ist. Im Höchstfall fragt man dann noch den Trainer, ob er sein Vorgehen für gut hält und ob er bisher gute Erfahrungen damit gemacht hat. Welcher Trainer würde da wohl »Nein« sagen?

Der Personalentwickler soll Experten für die unterschiedlichs-ten Themengebiete als Referenten akquirieren ohne jedoch selbst ein Experte in dem jeweiligen Thema zu sein. Daher muss er die Qualifika-tion von Personen beurteilen, die er oft nicht ansatzweise einschätzen kann. Gleichzeitig muss er noch Experte für Evaluation sein.

Ein geschickter Trainer kann natürlich genau aus dieser Expertenprob-lematik leicht Kapital schlagen und Aufträge akquirieren. Diese Ten-denz wird noch dadurch befördert, dass an einer neutralen Bewertung von Trainingsmaßnahmen eigentlich niemand wirklich interessiert ist. Der jeweilige Trainer ist natürlich daran interessiert, dass seine Dienst-leistung positiv beurteilt wird. Aber auch der Vertreter der Organisation, in der Regel der Personalentwickler, hat ein Interesse an einer möglichst positiven Beurteilung des Trainings. Schließlich hat er ja im Vorfeld den Trainer ausgewählt, eine negative Bewertung würde daher seine Kom-petenz zur Auswahl von Trainern infrage stellen und ihn – noch schlim-mer – der Verschwendung betrieblicher Ressourcen bezichtigen. Daher hat er ein vitales Interesse daran, dass die Trainingsmaßnahmen, für die er verantwortlich ist, gut bewertet werden.

Kanning (2005) erklärt sich den Mangel an Evaluation von Trai-ningsmaßnahmen:

»Warum bislang so selten von den Möglichkeiten einer wissenschaft-lich geleiteten Evaluation Gebrauch gemacht wird, liegt im Verbor-genen. Zu den Gründen zählt wohl neben der mangelnden Metho-denkompetenz der Verantwortlichen eine Überschätzung der eigenen Urteilsfähigkeit (frei nach dem Motto: Ob ein Training nützlich ist oder nicht, erkenne ich mit bloßem Auge) sowie die schlichte Furcht vor unliebsamen Ergebnissen. Das Argument, dass entsprechende Untersuchungen zusätzliches Geld verschlingen würden, vermag nicht recht zu überzeugen. Verglichen mit den Summen, die für inef-fektive Maßnahmen verschleudert werden, handelt es sich um sehr

*kleine Beträge, die sich noch dazu in den allermeisten Fällen sehr
schnell amortisieren dürften.«*

Das Trainingsgeschäft funktioniert ähnlich wie die alte medizinische
Behandlungsmethode des Aderlasses. Der Aderlass war über Jahr-
hunderte das (scheinbar) probate Mittel zum Kurieren verschiedens-
ter Krankheiten. Da er über lange Zeit und flächendeckend praktiziert
wurde, kam gar niemand auf die Idee, dass die Methode unwirksam sein
könnte. Für diejenigen, die die Honorare für den völlig unwirksamen
Aderlass kassierten, war er über lange Zeit ein sehr gutes Geschäft.

Eine weitere Verkaufsmethode für nicht evaluierte Trainingsmaßnahmen besteht darin, einen (Schein-) Dualismus zwischen »Wissenschaft« und Praxisrelevanz zu konstruieren. Frei nach dem Motto: »Das
ist ja alles von akademischem Interesse, für mich zählt die praktische
Anwendung«. Diesen Dualismus kann man natürlich nur aufrechterhalten, wenn man Wissenschaft als etwas Weltfremdes, Irrelevantes versteht, das keinen Bezug zur Realität hat.
    Eine letzte Möglichkeit, mit den genannten Widersprüchen
umzugehen, ist der Verweis auf die Alltagserfahrung, dass ein Trainer
eben nie alle Teilnehmer erreichen kann. Mit dieser (richtigen) Argumentation hat man ein sehr schönes Werkzeug, um sich gegen jedwede
Form der Kritik zu immunisieren. Dabei ist die Argumentation nicht
vollständig. Man weiß aus der Therapieforschung, dass ein Therapieerfolg nicht nur von der Therapiemethode abhängt, sondern, dass vier
Elemente zueinanderpassen müssen: Problematik, Therapie, Klient und
Therapeut. Passt eines der vier Elemente nicht zueinander, so wird sich
kein Therapieerfolg einstellen. Es ist also in der Therapie wie im Training tatsächlich so, dass der Therapeut oder Trainer nicht bei allen Personen einen positiven Effekt erzielen kann. Man kann nun dies als einen
Freibrief gegen jede Art der Evaluation betrachten, das wäre jedoch eine
sehr verkürzte Sichtwiese der Dinge.

Der Schlüssel zu einer effizienten Verwendung der betrieblichen Mittel, die man für Trainings ausgibt, liegt darin, dass der Einkäufer einer Trainingsleistung einen empirisch gestützten Überblick über Konzepte, Theorien und Trainingsmethoden hat. Die Betonung liegt dabei natürlich auf »empirisch gestützt«. Dies setzt selbstverständlich die Kenntnis von Methodik und Empirie voraus. Die Frage, ob ein Training sinnvoll ist, muss weit vor dem Einkauf der Leistung gestellt werden. Eine Evaluation im Nachhinein ist nur ein ineffizientes Hilfsmittel.

3.6   Fazit

Die Evaluation von Personalentwicklungsmaßnahmen kommt immer zu spät, da sie die eigentliche Kausalkette auf den Kopf stellt. Wie oben beschrieben ist eine retrograde Evaluation von Personalentwicklungsmaßnahmen zwar prinzipiell mittels experimenteller Versuchspläne möglich. In der Praxis sind diese Versuchspläne jedoch sehr schwer zu realisieren und sind daher sehr wenig verbreitet. Eine Pseudoevaluation mittels fragwürdiger Methoden oder über gesteuertes Feedback ist dabei noch schädlicher als gar keine Evaluation. Daher gilt der Grundsatz: »Besser keine Evaluation als eine Pseudoevaluation.« Wie oben dargelegt, ist auch das beliebteste Kriterium zu Beurteilung einer Personalentwicklungsmaßnahme, nämlich die Abfrage der Zufriedenheit der Teilnehmer, in Wirklichkeit ohne jede Aussagekraft.

Die Frage einer Evaluation muss sehr viel früher gestellt werden, nämlich schon beim Einkauf einer Trainingsleistung. Der Personalentwickler dürfte nur solche Leistungen einkaufen, die bereits hinreichend experimentell evaluiert sind. Das Vermitteln eines Trainingsinhalts muss den Endpunkt der evaluativen Frage darstellen, nicht deren Beginn! Das Vorgehen muss heißen: »Nur evaluierte Sachverhalte werden überhaupt im Training gelehrt« und nicht: »Wir machen mal was und sehen dann, ob es etwas bringt, indem wir es mit (fragwürdigen Methoden) evaluieren.« Natürlich ist beim Einkauf evaluierter Trainingsmaßnahmen wiederum sehr viel Sachverstand hinsichtlich der Theoriebildung und der empirischen Evaluierung notwendig. Evaluierungen müssen dabei selbstverständlich von neutralen Dritten vorgenommen werden und nicht vom Anbieter einer Leistung selbst.

Im nächsten Kapitel werden einige besonders plakative Auswüchse des Trainingsmarktes diskutiert. Dabei wird auch der Frage nachgegangen, wie solche Auswüchse zustande kommen können.

4. Von Feuerläufern, sonstigen Irrläufern und Knalleffekten

Kapitel 4

Von Feuerläufern, sonstigen Irrläufern und Knalleffekten

Die Mechanismen, die in Kapitel 3 beschrieben wurden, sind in einer Extremform bei speziellen Seminaren wirksam, die in diesem Kapitel etwas näher beschrieben werden sollen. Auf dem Markt der Managementausbildungen gibt es immer wieder exotische Seminare, die man besucht haben muss, wenn man »in« sein will. Den vorläufigen Höhepunkt fand diese Entwicklung mit H. Höller, der jahrelang durch die Lande zog und den (viel Geld dafür bezahlenden) Teilnehmern erzählte, wie er sich z. B. in München freie Parkplätze »herbeidenkt«. Dem Betrachter erscheint es als sehr seltsam, warum Menschen, denen man ja normalerweise unterstellt, dass sie sich rational verhalten, beinahe jeden Unfug mitmachen und dabei den teilweise völlig irrationalen Ideen der Trainer Glauben schenken.

In diesem Kapitel wird der Mechanismus untersucht, nach dem solche wundersamen Seminare ablaufen. Dazu wird zunächst das auf dem Seminarmarkt immer noch populäre Feuerlaufen unter die Lupe genommen. Danach werden ein etwas weniger spektakuläres, aber gleich unwirksames Phänomen, das Pendeln, betrachtet. Zusätzlich wird das Outdoortraining und einige (Pseudo-) Erklärungen für dessen Wirksamkeit diskutiert. Abschließend werden dann die bei solchen Veranstaltungen wirksamen Mechanismen allgemein formuliert.

4.1 Feuerlaufen

Das Feuerlaufen stellt ein sehr schönes Phänomen auf dem Seminarmarkt dar, anhand dessen man in plakativer Form sehen kann, wie man als Trainer mit Pseudoeffekten Geld verdienen kann. Voraussetzung dafür ist jedoch eine völlige physiologische und psychologische Ahnungslosigkeit der Kunden und am besten auch noch seitens des sogenannten Trainers.

In den entsprechenden Seminaren wird den Teilnehmern zunächst irgendeine für das Feuerlaufen völlig irrelevante Technik beigebracht (Meditation, »Positives Denken« etc.). Danach geht es dann an die (scheinbare) praktische Anwendung der gelernten Techniken. Interessanterweise passiert den Teilnehmern dabei in der Regel nichts, sie verbrennen sich nicht – wie von ihnen befürchtet – die Füße. Dieses »Wunder« gilt dann als der augenscheinlichste Beweis für die Richtigkeit des zuvor oder danach vermittelten Gedankengutes. Wie könnte man auch eindrücklicher die Richtigkeit des Vermittelten beweisen?

Es ist erstaunlich, dass man mit diesem Effekt immer noch Geld verdienen kann. Denn die Prozesse, die beim Feuerlaufen relevant sind, sind seit nunmehr einem Vierteljahrhundert abschließend aufgeklärt und in der Habilitationsschrift von Wolfgang Larbig (1982) ausführlich beschrieben. Prof. Larbig begann Ende der 70er-Jahre damit, Schmerzmechanismen bei Fakiren zu erforschen, um sie dann eventuell in der schmerztherapeutischen Praxis einsetzen zu können.

Sein Ansatzpunkt war dabei die Idee, dass Fakire und Feuerläufer es ja offensichtlich schaffen, Schmerzen irgendwie zu ertragen und sich vor Verletzungen zu schützen. Vielleicht wäre es möglich, dieselben Mechanismen bei Schmerzpatienten anzuwenden. Larbig fuhr dazu in die Gebiete, in denen die Feuerläufer und Fakire lebten und untersuchte mittels der damals revolutionären Methode der Telemetrie wie Feuerlaufen möglich ist. Ein Land, in dem Feuerlaufen sehr verbreitet ist, ist Griechenland. Dort findet Feuerlaufen im Rahmen ritueller

Zeremonien statt, bei denen tagelang gefastet und meditiert wird, bevor als Höhepunkt der Zeremonie das Feuerlaufen beginnt. Aufgrund der telemetrischen Messungen bei solchen Zeremonien kam Larbig zu der Ansicht, dass Feuerlaufen deshalb funktioniert, weil es aufgrund verschiedener, unten noch näher beschriebener Rahmenbedingungen gar nicht zu einer Gewebeschädigung kommen kann. Anders ausgedrückt: Man empfindet beim Feuerlaufen sowieso keine Schmerzen, weil Feuerlaufen (unter gewissen Bedingungen) gar keine Schmerzen erzeugt. Daher kann man natürlich – sofern man das reine Schmerzgeschehen betrachtet – auch auf die rituellen Vorbereitungen verzichten. Die Vorbereitungsrituale der Feuerläufer haben also ausschließlich kulturelle, aber keine physiologische Funktionen.

Diese Erkenntnis, die bis zu diesem Zeitpunkt nur auf telemetrischen Messungen basierte, war offensichtlich so unerwartet, dass Larbig in einer nächsten Stufe Experimente mit Leichenhaut durchführte, um die Messungen zu replizieren. Die Ergebnisse waren wiederum sehr eindeutig, sodass er zum Eigenversuch überging. Auch dieser verlief so, dass keinerlei Verletzungen der Haut auftraten.

Welches sind nun die Rahmenbedingungen, unter denen Feuerlaufen völlig ungefährlich ist?

1. Menschliche Haut ist ein sehr schlechter Wärmeleiter, daher ist ein relativ langer Kontakt mit heißem Material notwendig, um Gewebeschäden zu ermöglichen. Bei 10 Kontaktzeiten mit der Glut wie sie beim Feuerlaufen durchlaufen werden, steigt die Hauttemperatur z. B. nur um ca. 10 Grad an, das hält jeder Mensch problemlos aus.

2. Entgegen der landläufigen Meinung verläuft die menschliche Gehbewegung nicht so, dass man 50% mit dem einen und 50% mit dem anderen Fuß Kontakt zum Boden hat. Stattdessen gibt es zwischen den Phasen des Bodenkontaktes immer einen relativ großen Zeitraum, in dem man mit beiden Füßen keinen Kontakt zum Boden hat und man gewissermaßen »fliegt«. Dass dies so ist, ist für die meisten Menschen kontraintuitiv, entspricht jedoch der Realität. Dies wird z. B. dann sehr deutlich, wenn man olympische Gehwettbewerbe betrachtet. Das olympische Gehen ist gerade dadurch definiert, dass in der Schrittfolge jeweils ein Fuß am Boden sein muss. Für den Betrachter sieht diese Fortbewe-

gungsart eher seltsam aus. Durch das partielle Fliegen im normalen Bewegungsablauf hat der ohnehin schlechte Wärmeleiter Haut zusätzlich Zeit sich abzukühlen. Dies wird auch durch den lokalen Luftzug beim schnellen Gehen noch unterstützt. Der eigentliche Kontakt mit der Asche beträgt bei guter Lauftechnik nur zwischen 200 und 250 Millisekunden. Die »Flugzeit« beträgt dagegen 350 bis 400 Millisekunden.

Durch eine besondere Lauftechnik, wie sie Feuerläufer verwenden, kann man zusätzlich dazu noch die Glut ausdrücken.

3. Feuerlaufen funktioniert nur mit der Asche bestimmter Holzsorten sehr gut, am besten mit Birkenholzasche. Die für das Feuerlaufen geeigneten Aschearten haben die Eigenschaft, dass die Temperatur mit der Entfernung zur Asche sehr schnell abnimmt. In der Messung von Larbig betrug z.B. die Temperatur 40 cm über der Asche nur noch 35 Grad.

Beim Feuerlaufen werden nur sehr kurze Strecken zurückgelegt, sodass sich aufgrund der drei obigen Prämissen kein Schmerz einstellen kann. Das Feuer ist dabei zwischen 4 und 8 Meter lang, es kommt insgesamt nur zu 4–6 Gehintervallen. Der gesamte Glutkontakt beträgt über alle Intervalle gerechnet maximal 3–4 Sekunden.

Larbig (1989) schreibt:

»Zusammenfassend zeigt sich bei den Untersuchungen, dass bei geschicktem Laufverhalten keine aktuellen Schmerzen auftreten, d.h. keine noxische Hautreizung vorliegt.«

Diese drei Hauptfaktoren bewirken, dass jeder Mensch ohne jede Vorbereitung »Feuerlaufen« kann, solange die Rahmenbedingungen stimmen. Im Jahr 2004 ging der Fall eines Feuerlaufseminars durch die Presse, bei dem sich die Teilnehmer die Füße verbrannt haben. Offenbar hat der »Trainer« selbst den Unfug, den er erzählte, geglaubt und die Teilnehmer tatsächlich über glühende Kohlen laufen lassen. Da hilft dann auch keine mentale oder sonstige Technik mehr, die Füße werden einfach verbrannt. Der Trainer, der tatsächlich eine längere Strecke z.B. über glühenden Briketts laufen kann, ist noch nicht gefunden.

Die Mechanismen, die beim Feuerlaufen wirksam sind, sind also seit Jahrzehnten vollständig aufgeklärt. Leider hat sich die ursprüngliche Idee, von den Feuerläufern Schmerzbewältigungsmechanismen abzuleiten, die dann eventuell therapeutisch einzusetzen sind, nicht als realisierbar erwiesen, eben deshalb, weil bei den Feuerläufern gar keine Schmerzen auftreten, die es zu bewältigen gibt. Aus dieser Perspektive betrachtet war die ganze Forschung eher unergiebig. Sie liefert stattdessen jedoch einen guten Beitrag für das Thema dieses Buches.

4.2 Pendeln

Ein weiteres Beispiel für einen viele Teilnehmer beeindruckenden Effekt stellt das Pendeln dar. Wie dies funktioniert, kann man sehr einfach demonstrieren.

Vorbereitung

Sie benötigen dazu einen ca. 20 cm langen Faden, an dem ein kleines Gewicht (Unterlegscheibe, Schraube, …) befestigt ist, diese Konstruktion dient dann als Pendel. Weiter benötigen Sie ein Blatt Papier, auf dem Sie eine Windrose aufzeichnen. Legen Sie das Blatt vor sich auf den Tisch. Halten Sie das Pendel so, dass Sie den Faden zwischen zwei Fingerspitzen halten, halten Sie den Ellenbogen frei, legen Sie ihn nicht auf der Tischplatte auf. Die Pendelspitze soll sich in der Mitte der Windrose, ca. 2 cm über dem Blatt befinden.

Durchführung

Stellen Sie sich nun vor, dass sich das Pendel in die Nord-Süd-Richtung Ihrer Windrose bewegt – ohne die Bewegung bewusst mit den Fingern auszuführen –, sondern nur, indem Sie sich ein möglichst genaues Vorstellungsbild davon machen, wie es aussehen würde, wenn sich das Pendel tatsächlich in die Nord-Süd-Richtung bewegen würde. Stellen Sie sich diese Bewegung des Pendels einige Zeit vor. Sie werden dabei bemerken können, dass sich das Pendel tatsächlich in die Richtung bewegt, die Sie sich intensiv vorgestellt haben.

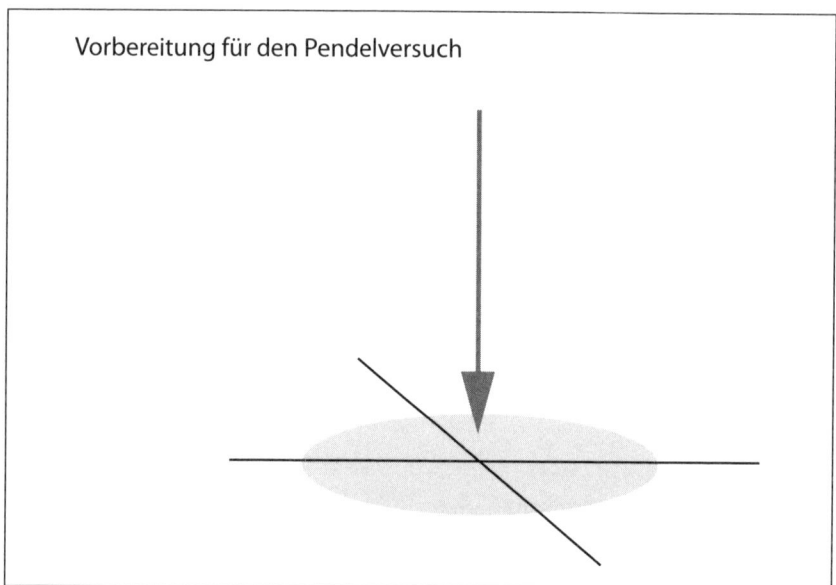

Vorbereitung für den Pendelversuch

Abb. 8: Anordnung zur Durchführung des Pendelversuches

Stellen Sie sich dann vor, dass das Pendel sich in die Ost-West-Richtung bewegen würde, machen Sie sich wiederum ein möglichst genaues Vorstellungsbild davon, wie es aussehen würde, wenn sich das Pendel tatsächlich in Ost-West-Richtung bewegen würde. Tun Sie dies wiederum nicht, indem Sie die Bewegung absichtlich durch Ihre Fingerbewegungen herbeiführen, sondern nur dadurch, dass Sie sich intensiv vorstellen, wie es aussehen würde, wenn sich das Pendel tatsächlich in diese Richtung bewegen würde. Sie werden nach einiger Zeit bemerken, dass sich das Pendel tatsächlich – vielleicht am Anfang noch schwach, um dann stärker zu werden – in die Richtung bewegen wird, wenn Sie sich dies intensiv vorgestellt haben. Dies können Sie mit anderen Bewegungen des Pendels, die Sie sich vorstellen, wiederholen (diagonal, Kreisbewegung, …). Wichtig dabei ist nur, dass Sie sich die gewünschte Bewegung des Pendels intensiv und plastisch vorstellen und dass die gewünschte Bewegung des Pendels überhaupt möglich ist (z. B. kann sich das Pendel natürlich nicht auf und ab bewegen).

Wie kann man diesen Effekt erklären? Das Ganze hat natürlich nichts mit einem magischen Einfluss der Gedanken auf das Pendel oder ähnlichen obskuren Phänomenen zu tun. Es passiert Folgendes: Wenn wir uns seine Bewegung vorstellen, ohne sie bewusst auszuführen, dann senden die Nerven bereits Impulse an die Muskulatur. Sie geben Befehle an dieselben Muskelgruppen, die die Bewegung tatsächlich ausführen würden. Diese Befehle (neuronale Impulse) sind jedoch von sehr geringer Stärke, geringer als die tatsächlichen Impulse zur Bewegungsausführung, der Impuls ist unterschwellig. Dieser Sachverhalt ist lange schon bekannt als »Carpenter-Effekt«. In unserem Fall bewegen sich die Muskeln der Fingerspitzen, mit denen Sie den Faden halten, mit minimalem Ausschlag genauso, als ob Sie das Pendel tatsächlich in die vorgestellte Richtung bewegen würden. Der Körper führt diese Bewegungen »unbewusst« aus. Durch das »Pendel« wird diese minimale Bewegung sehr verstärkt und somit sichtbar gemacht.

Die optischen Zentren der Großhirnrinde befinden sich in nur einem geringen Abstand zu den motorischen Zentren, daher werden diese relativ leicht von optischen Vorstellungen, die ja in der Großhirnrinde als elektrische Potenziale existieren, elektrisch beeinflusst. Solche kleinen Mikrobewegungen lassen sich übrigens bei einer Person auch dann messen, wenn diese nur einer anderen Person zusieht, wie diese eine entsprechende Bewegung ausführt.

Das hat vielleicht schon jeder einmal erlebt, wenn er eine Sportsendung oder ein Livespiel angesehen hat und im entscheidenden Moment des Torschusses mit dem Bein gezuckt hat. Achten Sie darauf, dass das Pendel nur die Bewegungen ausführen kann, die Sie selber sich vorstellen. Das Pendel wird sich nur in die beschriebenen Richtungen bewegen, wenn Sie sich in Ihrer Vorstellung an die obige Instruktion halten. Wenn Sie sich z. B. während der Instruktion: »Das Pendel bewegt sich von rechts nach links« etwas anderes vorstellen (z. B., dass sich das Pendel im Kreise bewegt), so wird natürlich immer nur das passieren können, was Sie sich vorstellen, da nur auf diese Weise ein unterschwelliger neuromuskulärer Impuls in Ihren Fingern zustande kommen kann. Niemand anders als Sie selber hat Einfluss auf die Bewegung des Pendels, das Sie mit den Fingerspitzen halten.

Diesen Versuch habe ich mit einer Reihe von Ingenieuren durchgeführt, zuerst habe ich die jeweiligen Richtungen des Pendels vorgegeben, die sie sich vorstellen sollten, danach sollten sie sich selbst eine Bewegung ausdenken, die das Pendel ausführen sollte. Zu meinem Erstaunen blieb bei den meisten Ingenieuren das Pendel daraufhin regungslos auf der Stelle stehen. Als ich sie danach befragt habe, welche Bewegung des Pendels sie sich denn vorgestellt hatten, gaben sie an, dass sie sich vorgestellt hatten, dass das Pendel eine Auf- und Abbewegung ausführt.

Der vorausgegangene Pendeleffekt war also offensichtlich so eindrucksvoll, dass Menschen, die sich in der Mechanik und der Physik auskennen, tatsächlich daran glauben, man könne die Gesetze der Schwerkraft bzw. der Materialwissenschaft außer Kraft setzen. Wenn man diesen Effekt erreicht hat, kann man dann auch sehr gut teure Kristallpendel verkaufen, obwohl es eine rostige Schraube als Pendel auch tut.

Allgemein formuliert passiert beim Pendeln und auch bei vielen anderen Knalleffekten Folgendes: Man erzeugt bei einer anderen Person zunächst eine gewisse Irritation, indem man ihr etwas demonstriert, was sie sich momentan auf der Basis ihres aktuellen Vorwissens nicht rational erklären kann. Ist dies erreicht, so hat man die Basis dafür geschaffen, dass so gut wie alles, auch das, was dem festen Erfahrungsschatz der Person widerspricht, mit erhöhter Wahrscheinlichkeit geglaubt wird. Man erzeugt durch solche Effekte gewissermaßen eine erhöhte Bereitschaft, alles dem Effekt Nachfolgende zu glauben. Daher bieten solche Knalleffekte eine sehr gute Basis dafür, auch die windigsten Theorien, Thesen, Techniken, Sichtweisen etc. an den (verblüfften und dadurch in seiner Kritikfähigkeit geschwächten) Seminarteilnehmer zu bringen. Dieses Vorgehen stellt im Prinzip das gleiche Vorgehen auf der Makroebene dar, wie es in der Hypnose auf der Mikroebene verwendet wird (z. B. Bongartz, 2000 und Kossak, 2004).

4.3 Outdoortraining

Das Outdoortraining stellt eine weitere schillernde Erscheinung in der Personalentwicklung dar. Outdoorübungen werden häufig zur Teamentwicklung eingesetzt. Gerade in diesem Bereich scheinen Outdoortrainings einen festen Platz zu haben. Die Verbreitung steht dabei jedoch in einem umgekehrten Verhältnis zur theoretischen Fundierung und zur betriebswirtschaftlichen Rechtfertigung. Schon der Begriff »Teamentwicklung« ist wenig präzise, er kann Teambildung, also den Prozess der Teamwerdung neuer Teams, bedeuten oder den Prozess der Selbstoptimierung von Teams oder auch eine »Strafmaßnahme« für nicht richtig funktionierende Teams (»jetzt hilft nur noch eine Teamentwicklung«, »das ist die letzte Chance der Gruppe«). Daher ist diese Art des Trainings ein Paradebeispiel für viele Arten von Trainings.

Wenn man mit einem Training etwas bewirken will, muss man natürlich die Wirksamkeit des Tuns plausibel machen. Am Beispiel des Outdoortrainings lässt sich der Prozess der Nutzung von Alltagstheorien (vgl. Kapitel 11) sehr gut verdeutlichen.

Gängige Begründungsversuche

Nach Schad (2002) gibt es drei Haupterklärungsversuche für die Wirkung des Outdoortrainings: Der erste Erklärungsversuch spricht der Natur an sich eine positive Wirkung zu, sie wirkt dabei geheimnisvoll auf die Teilnehmer quasi als »Lehrmeister« ein. Dass eine solche Sichtweise weder halt- noch kommunizierbar ist, versteht sich von selbst. Interessant dabei ist eher, wie man ernsthaft versuchen konnte, eine Wirkung auf diese Art und Weise zu erklären (und damit auch noch Geld verdienen konnte).

Der zweite Erklärungsansatz versucht diesem Erklärungsproblem dadurch zu entkommen, dass er sich auf den Transfer in den betrieblichen Alltag konzentriert. Das Bergseil wurde – wie Schad es formuliert – durch das Flipchart ergänzt. Die Grundlogik dabei ist die im Anschluss an die Outdooraktivität gestellte Frage: »Und was bedeutet das nun für das richtige (also das Arbeits-) Leben«. In vielen Bereichen des Teamtrainings und besonders im Bereich des Outdoortrainings zwingt die Beantwortung dieser Frage zu atemberaubender kognitiver Akrobatik, meist bleibt dabei der Versuch, die Maßnahmen zu begründen, auf der Ebene des (teilweise krampfhaften) Analogieschlusses stehen. Man kann z. B. ein Team in ein Schlauchboot setzen und die Analogie bemühen, dass im Arbeitsleben auch alle in einem Boot sitzen. Man kann sich gegenseitig abseilen und dies als Beispiel dafür nehmen, dass man im Team gegenseitig abhängig ist und den anderen vertrauen kann etc.

Die Gefahr bei einer solchen Art von Begründung ist natürlich, dass von den Teilnehmern entweder gar keine oder die (im Sinne des Trainingszieles) falschen Parallelen gezogen werden bzw. die Teilnehmer oft einen gewissen Widerwillen gegen eine extensive und oft als zwanghafte und an den Haaren herbeigezogen empfundene Reflexion entwickeln. Natürlich unterscheidet sich die Outdoorsituation grundlegend von der betrieblichen Situation. Natürlich lässt man auch seinen meistgehassten Kollegen nicht in eine Schlucht fallen – schon allein wegen der straf- und zivilrechtlichen Konsequenzen. Aber warum soll man mit ihm besser zusammenarbeiten, wenn man sich gegenseitig abgeseilt hat?

Ein dritter Erklärungsansatz versucht die bewusste Reflexion durch die Bildung von Metaphern zu ersetzen. Das hat den Vorteil, dass man in Transferdiskussionen nicht mehr Gefahr läuft, dass die Outdoorübung von den Teilnehmern als unsinnig entlarvt wird. Die Wirkung von Metaphern soll dabei eher »unbewusst« sein. Die Deklaration des Lernens als unbewusst, hat wiederum den Vorteil, dass man mit diesem Argument jede Kritik kontern kann, da man über das Unbewusste naturgemäß nicht sinnvoll rational und bewusst diskutieren kann. Auf diese Weise kann man sich als Trainer der lästigen Pflicht entledigen, zu erklären warum das, was man macht, wirksam ist.

Vielleicht ist die Erklärung für die Beliebtheit des Outdoortrainings auch viel einfacher: Ein Trainer frönt einfach seinem Hobby und verdient noch Geld damit. Aus reinen Marketinggründen wird diese für ihn komfortable Situation noch etwas pseudotheoretisch verbrämt. Genau hierin liegt eine zentrale Problematik des Outdooransatzes. Man muss innerbetrieblich natürlich rechtfertigen, dass man während der Arbeitszeit und in der Regel mit Vollpension Dinge tut, für die andere ihre Freizeit und ihr Geld opfern müssen (Mountainbiking, Rafting, Klettern, …). Eben diese Funktion scheinen viele (Pseudo-) »Theorien« in diesem Bereich zu haben. Man schadet einer Methode jedoch mehr, wenn man mit fragwürdigen halbtheoretischen Begründungen operiert, die für jemanden, der psychologisch oder pädagogisch geschult ist, relativ leicht zu widerlegen sind.

Eine einfache Erklärung

Man kann die Wirkung von Outdoormaßnahmen bei der Teambuilding jedoch auch viel einfacher erklären, indem man sich fragt, welche strukturellen Merkmale die Arbeitssituation und die Outdoorsituation aufweisen und worin sich diese unterscheiden.

Normale Tätigkeit ist eher …:	Outdoor ist eher …:
- sitzend	- Bewegung
- Büro	- Natur
- sprechen / Texte bearbeiten	- körperliches Tun
- sachbezogen	- beziehungsbezogen
- »normale« Umgebung	- ungewöhnliche Umgebung
- standardisiertes Tun	- undefiniertes Tun

Diese unterschiedliche Handlungsstruktur und die damit verbundene überproportionale Gedächtnisrepräsentation macht Outdoorübungen zu einer guten Methode, schnell einen gemeinsamen Schatz an Erinnerungen zu schaffen. Zu diesem Ziel eigenen sich jedoch auch andere Aktivitäten, solange sie diskrepant zu den alltäglichen Handlungsstrukturen sind. Eine alte sozialpsychologische Erkenntnis lautet: »Interaktion erzeugt Attraktion«. Dies trifft wiederum auf nahezu jede Art von Interaktion zu. Die Interaktion im Outdoorsetting hat wiederum eine größere Effizienz gegenüber anderen Arten der Interaktion, weil sie gegenüber der Interaktion bei der »normalen« Zusammenarbeit einen höheren Gedächtniswert haben. Man bekommt damit in der gleichen Zeit mehr subjektiv repräsentierte Interaktion.

Ich plädiere für eine sehr sparsame Erklärung der Effekte des Outdoortrainings, die auch nur auf die Phase der Teambildung bezogen sind, und für einen weitgehenden Verzicht auf spekulative und pseudo- psychologische Erklärungen, da diese nur schaden, weil sie sehr leicht als unsinnig entlarvt werden können. Beim sinnvollen Einsatz von Outdoorelementen zur Teambildung ist ein solch abenteuerliches Argumentieren mit meist wahllos herausgegriffenen vorwissenschaftlichen Konzepten auch gar nicht notwendig.

Eine Diskussion über den Transfer bei der Teambildung ist ebenfalls nicht erforderlich, da das, was passiert der Zweck selbst ist und daher gar nicht in »das richtige« Leben transferiert zu werden braucht. Diese Phase der Gruppenentwicklung ist bereits »das richtige Leben« der Gruppe. Der Einsatz von Outdoorelementen zum Teambuilding lässt sich sehr rational erklären und begründen. Der Einsatz lohnt sich (zumindest in einer etwas längerfristigen Betrachtung) letztendlich aus rein ökonomischen Überlegungen heraus. Wenn Outdoorelemente darüber hinaus auch noch Spaß machen, so ist dies sicherlich nicht hinderlich, da dann zumindest für die Teilnehmer positive Assoziationen zu den gemeinsamen Erfahrungen bestehen, was sich ja nur positiv auf die Gruppe auswirken kann.

Anders verhält es sich mit der Wahrnehmung von »Spaß« durch innerbetriebliche Nicht-Gruppenmitglieder. Auch hier sollte man den Mut haben, den Spaßfaktor nicht zu leugnen oder versuchen, ihn mit windigen pseudotheoretischen Konzepten zu überdecken. Wenn die Maßnahme zum Teambuilding zusätzlich zu den oben genannten Effekten auch noch Spaß macht, so ist dies natürlich nur positiv zu bewerten, da die Gruppe dann mit positiven Assoziationen der Teilnehmer belegt wird. Die oben beschriebenen Effekte beziehen sich ausschließlich auf das Teambuilding. Outdoortrainings sind aus meiner Sicht nicht dazu geeignet, die Zusammenarbeit in Teams zu verbessern oder Konflikte im Team beizulegen. Es ist lediglich dazu geeignet, die Entwicklung einer nominalen Gruppe hin zu einer realen Gruppe zu beschleunigen und Strukturen der Gruppe sich entwickeln zu lassen, nicht jedoch, diese verändern zu können.

4.4 Fazit

Man kann mit Knalleffekten, wie sie oben beschrieben wurden, in Trainings sehr viel »bewirken«. Das Feuerlaufen ist ein sehr schönes Beispiel für die Nutzung des »Knalleffekts«. Man gaukelt den Teilnehmern etwas für sie Erstaunliches und Unerklärliches vor. Danach hat man sie »im Sack« und kann ihnen praktisch jeden Unsinn erzählen. Man nutzt dabei die Technik, die aus der Hypnosetherapie hinreichend bekannt ist. Eine Möglichkeit um eine hypnotische Suggestion zu formulieren besteht darin, dass man im ersten Teil der Suggestion eine Formulierung gebraucht, die für den zu Hypnotisierenden unbestreitbar ist und dann im zweiten Teil der Formulierung diese erste unbestrittene Aussage mit einer Behauptung verbindet, die keinerlei Realitätsbezug zu haben braucht, aber infolge der ersten Aussage mit größerer Wahrscheinlichkeit geglaubt wird Bongartz (1989). Man kann zum Beispiel formulieren: »Sie sitzen auf Ihrem Stuhl und hören meine Stimme« (unbestreitbare Aussage) »*und*« (eigentlich unzulässige Verknüpfung) »Sie können die Entspannung fühlen«. Was bei einer hypnotischen Suggestion im Mikrobereich abläuft, spiegelt sich in einem Seminar im Makrobereich wieder. Aus den momentan für die Teilnehmer unerklärlichen »Knalleffekt« entwickelt man dann eine (eigentlich nicht gerechtfertigte) Verbindung zu dem, was man den Teilnehmern dann »verkaufen« möchte. Die Wahrscheinlichkeit, dass das auf diese Weise verkaufte »Wissen« dann auch geglaubt wird, ist dabei dann in der Regel sehr hoch.

Zunächst eher unerklärlich erscheinende Knalleffekte eignen sich gut zum Verkauf von Trainingsleistung. Sie sind ein guter Nährboden für allen möglichen Unsinn. Daher sollte man immer solchen Knalleffekten grundsätzlich misstrauen. Eine sehr einfache und rationale Erklärung für diese Effekte kann in der Regel sehr schnell von jemandem geliefert werden, der auch nur rudimentäre Kenntnisse in der Physiologie und der Psychologie besitzt.

Viele Trainer stehen diesen Effekten, mit denen sie arbeiten, genauso staunend gegenüber wie ihre Teilnehmer. Dank konsequenter Ignoranz schaffen sie es, sich ihre eigene Naivität zu bewahren.

5. Der Barnum-Effekt und seine mannigfachen Auswirkungen auf die Personalentwicklung

Kapitel 5

Der Barnum-Effekt und seine mannigfachen Auswirkungen auf die Personalentwicklung

»Everyday a fool is born«
    (Barnum)

Der sogenannte Barnum-Effekt stammt aus der Forschung zur Persönlichkcitspsychologic. Dicscr Effekt ist sehr erstaunlich. Untersuchungen zum Barnum-Effekt wurden seit Jahrzehnten durchgeführt und der Effekt ist jederzeit zu replizieren. Er gehört zu den stabilsten Effekten in der Psychologie überhaupt. Als ich vor über 20 Jahren das erste Mal von ihm gehört habe, konnte ich gar nicht glauben, dass es solch einen Effekt geben sollte. Über die Jahre habe ich jedoch Experimente an einer Unzahl an realen Versuchspersonen durchgeführt und demonstriere ihn seit Jahren in unterschiedlichen Vorlesungen. Ich halte diesen Effekt für so wichtig, dass ein Großteil des offensichtlichen Unsinns, der in der Personalentwicklung gemacht wird, einzig und allein auf der Ausnutzung des Barnum-Effektes beruht.

5.1 Der Effekt

Die Forschung zum Barnum-Effekt entstand aus der Forschung zur Akzeptanz von Persönlichkeitsbeschreibungen in Persönlichkeitsfragebögen. Als Output eines wie auch immer gearteten Persönlichkeitstests erfolgt in der Regel eine Beschreibung der getesteten Person in Form eines Profils, einer Kategorisierung oder eines Gutachtens. Diesen Output des jeweiligen Testverfahrens kann man nun den Probanden vorlegen und sie bitten einzuschätzen, wie gut die jeweilige Beschreibung auf sie passt. Das Ergebnis ist immer das gleiche: ca. 70% fühlen sich erstaunlich genau getroffen, weitere 20% so halbwegs und ca. 10% eher weniger. Das Interessante dabei ist die Tatsache, dass man diese Zustimmungsraten bei jedem verwendeten Instrument, völlig unabhängig von dessen Inhalt oder dessen Güte erhält.

Das Ergebnis eines solchen Persönlichkeitsfragebogens kann dabei z. B. wie folgt aussehen:

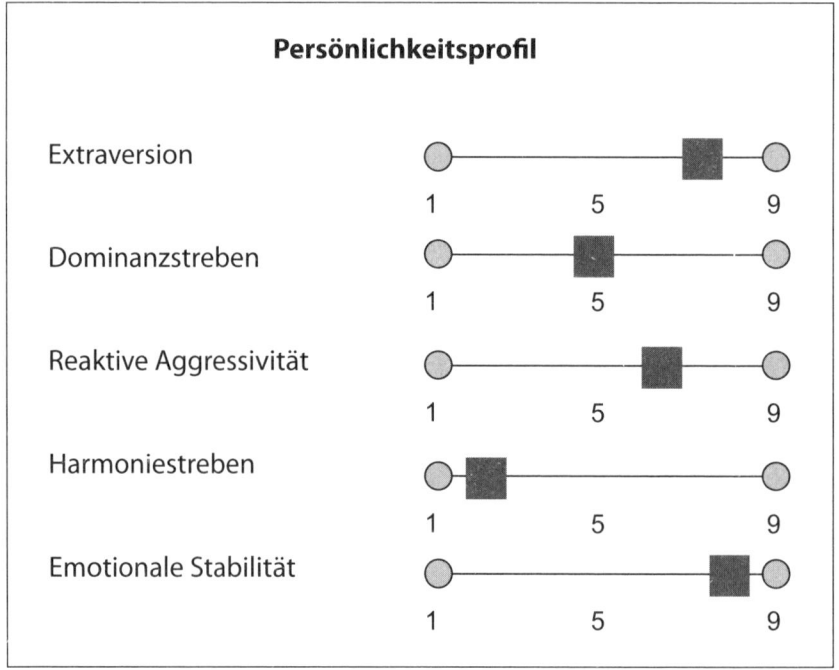

Abb. 9: Hypothetisches Persönlichkeitsprofil

Wenn man nun die teststatistischen Werte von Persönlichkeitsfragebögen kennt, kann man sich diese Ergebnisse nur schwer erklären. Die
Reliabilitäten, also die Stabilitäten von Messungen, von Persönlichkeitsfragebögen liegen selten über einem Wert von 0,4. Man kann ja einer
Person einen Test mit einigem zeitlichen Abstand mehrmals vorlegen
und dann berechnen, wie ähnlich sich diese Messwerte sind und somit
auch wie stabil eine Messung ist. Ein Wert von 0,4 repräsentiert nur eine
sehr geringe Stabilität.

　　Bei den Validitäten (also die Korrelationen mit Außenkriterien)
der Persönlichkeitsfragebögen sieht die Situation noch bescheidener
aus. Wir haben also nun folgendes Phänomen: Die subjektive Zustimmung der Personen zu ihren Gutachten ist deutlich höher, als dies nach
der Teststatistik überhaupt möglich sein kann. Die Zustimmung kann
also nicht an dem Inhalt des Testergebnisses festgemacht werden. Es
bleibt theoretisch noch eine andere Erklärung: Der Testwert könnte
zum Zeitpunkt der Messung gerade zufällig in die richtige Richtung
schwanken. Wenn die Testwerte über die Zeit nur sehr wenig stabil sind,
so kann man jedoch nicht erwarten, dass sie genau zum Zeitpunkt der
Messung, zu der die Personen Rückmeldung erhalten, genau in die richtige Richtung oszillieren. Die erstaunlichen Zustimmungsquoten zu den
Testergebnissen lassen sich also kaum mit der wissenschaftlichen Güte
des Tests erklären. Selbst die Testkonstrukteure würden diese Zustimmungsquoten als illusorisch erachten. Da die Zustimmungsquoten also
nur schwerlich durch die Güte des Testverfahrens zu erklären ist, muss
die Zustimmungsbereitschaft wohl andere Gründe haben. Zur Überprüfung dieses sehr erstaunlichen Sachverhaltes wurden intensive Versuche durchgeführt. Dabei kann man z. B. Folgendes tun: Man gibt Probanden einen Persönlichkeitstest vor und wertet ihn »richtig«, d.h. nach
den Regeln der Testkonstrukteure aus. Danach kann man das erstellte
Persönlichkeitsprofil »spiegeln«, d. h., man trägt dann einen hohen Wert
auf der jeweiligen Dimension ein, zu der eigentlich ein niedriger Wert
gehört und umgekehrt. Nun kann man dieses gespiegelte Profil, das das
genaue Gegenteil über die Person aussagt, als es der Test eigentlich tut,
wiederum Probanden vorlegen und ihre Zustimmung dazu erfragen.

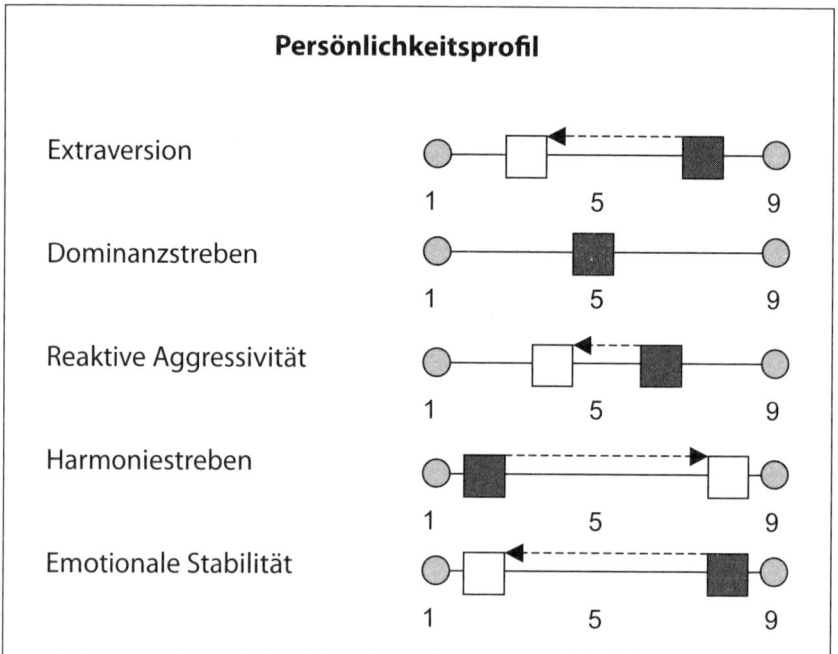

Abb. 10: Gespiegeltes Persönlichkeitsprofil

Erstaunlicherweise liegen die Zustimmungsquoten zu diesen das genaue Gegenteil aussagenden Profilen, auch bei 70% (erstaunlich genau), 20% (halb und halb), 10% (eher weniger).

Diese Erfahrung führte zu weiteren Versuchen. Da es offensichtlich nicht auf die Qualität des Tests ankommt, welche Zustimmungsquoten man zu einem Profil erhält, lag der nächste Schritt auf der Hand: Es wurde nur noch ein einziges, vorab gezeichnetes Profil verwendet. Die Probanden füllten zwar den Test aus, er wurde jedoch nicht ausgewertet, sondern den Probanden wurde immer das gleiche Standardprofil als »ihr« Profil vorgelegt. Das Profil hatte also keinerlei Bezug zu der Person des Probanden. Die Zustimmungsquoten lagen wiederum bei 70, 20, 10!

Um den Barnum-Effekt in Lehrveranstaltungen zu demonstrieren, verwende ich seit Jahren ein vorbereitetes Standardprofil, das dadurch entstand, dass ich meine Tochter (die zu diesem Zeitpunkt noch nicht lesen konnte), dazu aufforderte, Punkte auf das Profilblatt zu malen. Das Auswertungsblatt gehört dabei auch nicht zu dem Test, den die Personen vorher ausfüllten. Weniger könnte das verwendete Profil wohl nicht mit der jeweiligen Person zu tun haben. Dieses »Profil« verwende ich seither dazu, genau die Zustimmungsquoten 70, 20, 10 zu erhalten. Dies funktioniert mit absoluter Zuverlässigkeit, obwohl das »Profil« nun ja überhaupt keinen Bezug zu der jeweiligen Person hat.

Die praktische Anwendung des Barnum-Effektes ist schon sehr alt. Ein Beispiel hierzu stellt die Gall'sche Schädellehre dar. Joseph Gall war ein Anatom, der um die Jahrhundertwende von 18. zum 19. Jahrhundert lebte. Er formulierte die Theorie, dass man an der Schädelform den Charakter einer Person erkennen könne und entwickelte dazu Karten, auf denen zu erkennen war, wo im Schädel aus seiner Sicht welche Eigenschaften lokalisiert waren. Er wurde schnell berühmt, sogar so berühmt, dass er im Jahr 1805 beim preußischen König Friedrich Wilhelm III. zum Essen mit hohen Offizieren eingeladen war. Bei einem der »Offiziere« diagnostizierte er Angriffslust und Zerstörungswut, dies beeindruckte den König sehr, denn die Offiziere waren in Wirklichkeit gar keine Offiziere, sondern Zuchthausinsassen. Der König wollte Gall auf die Probe stellen. Er war daraufhin so überzeugt von Gall, dass er Münzen mit seinem Abbild und der Aufschrift »Der Seele Werkstatt zu erspähn fand er den Weg« prägen ließ. Die schärfste Kritik widerfuhr der Gall'schen Schädellehre durch Hegel in einem eigenen Kapitel in einem der bedeutendsten Werke der Geistesgeschichte, in der »Phänomenologie des Geistes«.

An diesem historischen Beispiel kann man viele Parallelen zum Barnum-Effekt erkennen. »Vorgelassen« (zum König bzw. zu Entscheidungsträgern in der Organisation) wird meist nur jemand, der schon irgendwelche Referenzen hat. Gelingt es dann einen einzigen zutreffenden Schluss zu ziehen, so ist man von der generellen Tragweite des jeweiligen Vorgehens überzeugt. Besonders gut kann man solche »Treffer« landen, wenn man mit dem sehr undefinierten Begriff »Persönlichkeit« arbeitet. Hat man einmal das Vertrauen eines Entscheidungsträgers (König oder Vorstand) erarbeitet, so kann man ihn gut als weiterer Werbeträger für die eigenen überragenden Fähigkeiten benutzen. Heute werden keine Münzen mehr geprägt, man wird stattdessen weiterempfohlen.

Anwendung des Barnum-Effektes beim Verkauf von Diagnoseinstrumenten (und natürlich auch der dazugehörigen Trainingsleistung):

Ein Personalberater kann nun folgendermaßen vorgehen: Er schickt ein Angebot an ein Unternehmen, in dem er behauptet, ein Diagnoseinstrument zur Erfassung der Persönlichkeit zu besitzen. Er bietet gleichzeitig scheinbar ganz selbst- und natürlich auch kostenlos an, einige Personen aus dem Umfeld des Unternehmens zu testen, am besten Personen, die der Personalchef selbst einschätzen kann. Das Angebot ist verführerisch, man kann ja scheinbar ohne großen Aufwand die Leistungsfähigkeit des Beraters und seines Verfahrens testen. Daraufhin werden die ausgewählten Personen getestet und man führt ein Eröffnungsgespräch, bei dem der Proband, der Personalchef, der Berater und am besten noch der Vorgesetzte des Probanden anwesend sind. Was dann abläuft ist oben beschrieben.

Die Zustimmungsquoten liegen regelmäßig in dem nach dem Barnum-Effekt zu erwartenden Bereich und dies natürlich völlig unabhängig von dem angewandten Instrument! Das Einzige, das man dabei beachten muss ist, dass man eine möglichst große Zahl von Probanden hat. Wenn dies nicht der Fall ist, besteht mit einer gewissen Wahrscheinlichkeit natürlich die Gefahr, dass man Probanden erwischt, die zu den 20 Prozent derjenigen gehören, die sich nur so halb-halb getroffen fühlen oder gar Probanden, die zu den 10 Prozent gehören, die sich nicht getroffen fühlen. Wenn man jedoch eine genügend große Zahl an Probanden gewählt hat (fünf reichen dabei voll aus), wird man die übliche 70-20-10-Verteilung erhalten. Daher ist die Bereitschaft des Beraters gleich mehrere Personen mit dem zu verkaufenden Test einzuschätzen, nicht Ausdruck seines guten Willens, sondern lediglich eine Absicherung des zu erwartenden Barnum-Effekts gegen zufällige Extremsituationen, die seinen Verkaufserfolg zunichte machen würden.

Nun muss man sich die Situation vorstellen, die dabei entsteht: Probanden, die der Berater nicht kennt, und von denen er nur die Testergebnisse hat, geben im Beisein ihres Vorgesetzten zu ca. 70% an, gut durch das jeweilige Profil beschrieben worden zu sein. Diese Zustimmung erfolgt absolut freiwillig und konsequenzlos, eine Ablehnung der Beschreibung wäre leicht möglich. Im Prinzip könnte auch jeder Proband sagen: »Diese Beschreibung trifft auf mich überhaupt nicht zu.« Seitens des Beraters wurde ja keinerlei Druck oder Überredung auf den

Probanden ausgeübt. Ein Personalchef, der solch ein »tolles« Instrument in Aktion erlebt hat, kann kaum umhin, dieses Instrument sofort zu kaufen. Er wird natürlich auch im Nachhinein immer wieder von der Güte des Instruments überzeugt werden. Natürlich handelt es sich bei den Zustimmungsquoten nicht um empirische Validitäten, sondern nur um eine weitere Reproduktion des (den meisten Personalern nicht bekannten) Barnum-Effekts. Wenn man im Personalwesen tatsächlich Instrumente besitzen würde, die solche Trefferquoten hätten, wäre man ja auch gut beraten, diese Instrumente einzusetzen. Die empirischen Validitäten, mit denen man sich als Personaler begnügen muss, sind jedoch deutlich geringer.

5.2   Erklärung des Effekts

Die sehr erstaunlichen Auswirkungen des Barnum-Effekts waren natürlich eine Herausforderung für die Forschung. Der Effekt wurde daraufhin eingehend untersucht. Er ist umso stärker ausgeprägt, je mehr man es im Vorfeld schafft, den Eindruck von »Wissenschaftlichkeit« zu erzeugen. Dies kann man z. B. dadurch tun, dass man auf »Untersuchungen« verweist, natürlich ohne diese näher zu benennen oder gar kritisch zu diskutieren. Aus der Perspektive des Probanden ist es ja auch durchaus nachvollziehbar, dass er sich an dieser Art der »Wissenschaftlichkeit« orientiert. Er hat zwar eine gewisse Selbsteinschätzung seiner eigenen Persönlichkeit und kann auch sein näheres Umfeld einigermaßen einschätzen, das Umfeld ist jedoch auch kein repräsentativer Querschnitt der Bevölkerung, sondern immer eine hoch selegierte Stichprobe.

Um sich selbst im Vergleich zu einer repräsentativen Stichprobe der Bevölkerung einschätzen zu können (diese müsste mehrere zehntausend Personen umfassen), fehlt jedem von uns natürlich die unmittelbare eigene Erfahrung. Daher muss man sich auf Normen verlassen, die mit der wissenschaftlichen Methode gewonnen wurde und diesen Normen vertrauen, da man sie nicht durch die eigene Erfahrung beurteilen kann.

Auch die Anzahl der Dimensionen ist für das Funktionieren des Barnum-Effekt von Bedeutung. Je mehr Dimensionen ein Persönlichkeitsprofil enthält, desto wahrscheinlicher ist es, dass eine für den Probanden als subjektiv bedeutend eingestufte Dimension dabei ist. Dieses »Wiedererkennen« überstrahlt dann die anderen Dimensionen.

Der Barnum-Effekt in Auswahlsituationen

Wenn ein Großteil der Probanden schon in sehr neutralen Situationen und ohne Druck oder Manipulation seitens des Gutachtenerstellers praktisch jeder Art von »Gutachten« zustimmt, so ist dieser Effekt um ein Mehrfaches ausgeprägt, wenn sich der Proband in einer stark asymmetrischen Situation befindet, wie es besonders die interne Auswahlsituation darstellt. Dies ist zum Beispiel dann der Fall, wenn es um Beförderungsentscheidungen geht. Der Proband ist dann von vorneherein einem großen Druck ausgesetzt. Außerdem verfügt derjenige, der ihm das Gutachten »verkaufen« muss, in der Regel über einige Tricks, eventuelle Kritik am Gutachten abzuwehren. Ein positives Gutachten stellt naturgemäß natürlich kein Problem dar.

Ein negatives Gutachten zu vermitteln ist dagegen etwas schwieriger. Eine einfache Art, dieses negative Gutachten zu »verkaufen« besteht darin, dem Probanden das Gutachten vorzulesen und seine Reaktion abzuwarten. Nimmt er es klaglos hin, so ist der Fall erledigt. Stellt er das Gutachten jedoch infrage, so lässt man ihn zunächst seine Kritik ausführlichst darlegen. Man kann dabei sicher sein, dass er in dieser Situation zumindest einen Teil der ihm als negativ angekreideten Verhaltensweisen zeigen wird. Man kann seine Kritik am Gutachten z. B. als (unbegründete) Aggression deuten und damit Bezug zum Gutachten nehmen, das ihm eventuell genau diesen Schwachpunkt bescheinigt. Wenn gar nichts mehr helfen sollte, das Gutachten als richtig zu verteidigen, hilft als Joker immer noch die Frage: »Halten Sie sich für einen selbstkritischen Menschen?« Antwortet der Proband mit »Ja«, so kann man ihn der Inkonsistenz überführen, da er ja in der Konfrontation mit dem (vermeintlich natürlich richtigen) Fremdbild, das im Gutachten vermittelt wird, offensichtlich keinerlei Einsicht und Selbstkritik zeigt. Antwortet er dagegen mit »Nein«, so stellt er sich damit vollends als völlig uneinsichtiger Gesprächspartner dar – und das auch noch im Beisein seines Vorgesetzten! Diese »Verkaufsstrategien« werden jedoch nur selten benötigt, da man getrost auf den Barnum-Effekt hoffen kann.

Nur in den erwähnten 10% der Fälle, in denen man »einsichtsresistenten« Personen gegenübersitzt, muss man bei der Akzeptanz des Gutachtens etwas »nachhelfen«.

5.3 Fazit

Selbstaussagen und Zustimmungsraten von Probanden sind kein sinnvolles Kriterium, mit dem die Brauchbarkeit eines (Persönlichkeitserfassungs-) Instrumentes beurteilt werden kann. Man kann sie jedoch sehr gut zum »Verkauf« von Beratungsleistungen jeglicher Art einsetzen. So problematisch der Barnum-Effekt auch ist, so leicht macht er jedoch auch das Leben von Personalentwicklern. Man kann eigentlich gar nicht viel falsch machen, wenn man auf den Barnum-Effekt vertraut, sobald man irgendwie mit dem Begriff »Persönlichkeit« arbeitet.

Dass dieses Vertrauen gerechtfertigt ist, zeigen Jahrzehnte der Forschung zu diesem Thema. Leicht passiert es dabei, dass man dem von Max Weber sogenannten »naturalistischen Fehlschluss« aufsitzt. Dieser besteht darin zu glauben, dass etwas richtig ist, weil es so ist, wie es ist (denn sonst wäre es ja nicht so wie es ist). Wenn es um das Thema »Persönlichkeit« geht, kann man als Berater oder auch als Trainer so gut wie alles erzählen – es wird einem mit sehr hoher Wahrscheinlichkeit geglaubt. Das rührt daher, dass unklar ist, was eigentlich unter dem Begriff »Persönlichkeit« zu verstehen ist. Die wissenschaftliche Forschung zu diesem Thema ist auch sehr schwierig zu verstehen und für einen Laien kaum nachvollziehbar.

Welchen Maßstab hat nun ein psychologischer Laie zur Verfügung, um die Brauchbarkeit einer Persönlichkeitstheorie zu beurteilen, wenn ihm die harten wissenschaftlichen Fakten dazu fehlen? Ein solcher Maßstab besteht darin, die intuitive Stimmigkeit und Plausibilität der Theorie zu bewerten. Wird dieser Maßstab jedoch angewendet, tun sich neue Probleme auf: Nahezu alle psychologischen Theorien sind »intuitiv« nachvollziehbar, sie kommen jedoch unabhängig davon zu völlig unterschiedlichen Schlüssen.

Ein Beispiel hierfür ist die Bewertung von Gewaltvideos. Eine Theorieschule behauptet, dass es durch das Ansehen von Gewaltvideos zu einer Katharsis kommt, Aggressionen würden dadurch quasi »stellvertretend« abgebaut. Daher ist das Ansehen von Gewaltvideos aus dieser Sicht sinnvoll und aggressionsreduzierend. Eine andere Theorieschule geht davon aus, dass durch das Ansehen von Gewaltvideos gewalttätiges Verhalten erlernt und unter gewissen Umständen gewalttätiges Verhalten verstärkt, bzw. die Hemmung dazu reduziert wird. Daher sollte man das Ansehen von Gewaltvideos unterbinden. Beides hört sich logisch an, für beide Auffassungen gibt es eine theoretische Untermauerung, die hier natürlich nur sehr verkürzt dargestellt werden konnte. Ähnliche Konstellationen findet man bei praktisch jedem Gebiet der Psychologie. Daher bleibt nur der Rekurs auf das Niveau »naiver« Theorien (vgl. Kapitel 11).

Wie kann man Testverfahren beurteilen, wie nicht?

Die Zustimmung der getesteten Personen zu dem über sie rückgemeldeten Ergebnis ist aus den obigen Überlegungen heraus kein Kriterium für die Brauchbarkeit eines Tests, obwohl diese scheinbar das valideste Kriterium darstellt. Man kann ja in gewissen Situationen einfach alles rückmelden, die Personen stimmen generell in sehr hohem Maße zu. Natürlich ist auch die Versicherung des »Verkäufers« eines Verfahrens, dass dieses tatsächlich gut ist, ein unbrauchbares Kriterium zur Beurteilung eines Verfahrens.

    Zur Beurteilung von Testverfahren eigenen sich ausschließlich teststatistische Kennwerte. Die wichtigsten dabei sind: Objektivität, Reliabilität und Validität. Der Begriff der Objektivität ist dabei jedoch irreführend. Er meint nicht, dass der Test objektiv das Richtige misst, sondern sagt lediglich aus, in welchem Ausmaß zwei Auswerter zum gleichen Ergebnis kommen, was in der Regel heißt, ob sie die gleiche Anzahl von Kreuzen auf einem Auswerteblatt zählen und sie der richtigen Dimension zuordnen können. Computergestützte Tests sind (sofern das Auswerteprogramm richtig funktioniert) immer »objektiv«. Wenn also ein Testanbieter mit Fug und Recht behauptet, sein Test sei »objektiv« (und dies eventuell auch noch durch Untersuchungen belegen kann), so wird dies von Kunden in der Regel völlig anders verstanden und als Beleg für die »Richtigkeit« des Tests missverstanden.

Das nächste teststatistische Maß ist die Reliabilität. Sie bezeichnet die Genauigkeit, mit der ein Test das misst, was er vorgibt zu messen. Dabei wird geprüft, inwieweit ein Testergebnis, z. B. über die Zeit, stabil ist. Man kann dazu z. B. die Ergebnisse eines Persönlichkeitstests mit zeitlichem Abstand erheben und die Messreihen dann korrelieren. Aber Vorsicht: Auch die Reliabilität ist kein gutes Maß für die Brauchbarkeit eines Tests. Wenn man z. B. versucht, die Länge eines Tisches mit einem Thermometer zu messen und dabei wiederholt feststellt, dass der Tisch genau 23 Grad lang ist, so ist die Messung hochgradig reliabel, da sie immer das gleiche Ergebnis liefert.

Erst das teststatistische Maß der Validität sagt letztendlich etwas über die Brauchbarkeit eines Tests aus. Zur Bestimmung der Validität eines Tests wird das Testergebnis mit einem Außenkriterium korreliert. Das heißt, man muss Kriterien definieren, die mithilfe des Tests vorhergesagt werden sollen. Zur Prüfung der Validität eines Assessment Centers kann man sich z. B. fragen, wie gut man aus dem AC-Ergebnis den Berufs- oder Ausbildungserfolg vorhersagen kann, dies kann geschehen, indem man die Ausbildungsnoten als Kriterium verwendet oder die Beurteilung durch den Vorgesetzten oder die Gehaltsentwicklung oder die Anzahl der Hierarchieebenen, die die Probanden innerhalb einer gewissen Zeit erreichen. Es gibt also nicht »die« Validität, sondern viele Validitäten eines Testverfahrens. Nun reicht es natürlich nicht, wenn der Verkäufer eines Tests ein paar Zahlen zu den teststatistischen Kennwerten nennt. Diese Kennwerte müssen von unabhängigen Instituten, in der Regel Universitäten, nach den Regeln der Wissenschaft generiert werden. Die allermeisten Verkäufer von Persönlichkeitstests werden jedoch schon an der Kenntnis der teststatistischen Begriffe scheitern.

Mit dem letzten Berater, der mich anrief und mir das Angebot machte, sein Testsystem zur Erfassung der Persönlichkeit einmal kostenlos und unverbindlich an drei Personen, die ich gut kenne, auszuprobieren, habe ich ein kleines Gespräch geführt und ihn im Laufe dieses Gespräches nach den teststatistischen Werten gefragt. Erwartungsgemäß war daraufhin erst einmal Ruhe am anderen Ende der Leitung. Der Berater versprach, sich in den nächsten Tagen wieder zu melden und teilte mir freudig mit, dass er nun statistische Werte berichten könne und dass 85% der getesteten Personen das Verfahren für logisch hielten. Auf den Barnum-Effekt angesprochen, reagierte er erwartungsgemäß erstaunt. Solche Gespräche führe ich öfters, bei diesem Berater war allerdings neu, dass er sich per Mail artig für meine Belehrungen bedankte und versprach, dieses Buch zu kaufen, weiter schrieb er: »Für mich war bis zum heutigen Tag das Verfahren das effektivste und genaueste, deshalb habe ich es eingesetzt.« Die entsprechende Unwissenheit seitens Beratern bezüglich der Instrumente, die sie einsetzen und verkaufen möchten, ist nichts Neues, bei dem beschriebenen Fall sind jedoch zwei Dinge eher untypisch: Erstens die Tatsache, dass der Berater den Offenbarungseid bezüglich seines Fachwissens schriftlich einreicht und zweitens, dass er daraufhin auch noch anfragte, ob er nicht doch noch für mich arbeiten könnte.

Nach meiner Erfahrung gibt es dabei zwei Arten von Beratern. Die erste Art von Beratern ist völlig naiv und von der Akzeptanz der Testergebnisse bei den Probanden mindestens genauso beeindruckt wie der Proband selber. Diese Art von Beratern sind dann selbst Opfer des Barnum-Effektes. Ihnen bleibt angesichts des vermeintlichen Erfolgs ihres Tests nur der Glaube, dass das Instrument tatsächlich gut ist. Die zweite Art von Beratern kennt den Effekt und nutzt ihn konsequent für ihre wirtschaftlichen Zwecke aus.

Übrigens sind die teststatistischen Kennwerte und deren Interpretation in der DIN 33430 eingehend dargelegt. Es gehört jedoch zu den vornehmsten Eigenschaften der meisten Berater und auch vieler Personalentwickler, eine DIN zu ignorieren, bzw. sie nicht einmal zu kennen. Die Existenz des Barnum-Effekts spricht nun nicht grundsätzlich gegen die Verwendung von Testverfahren. Er macht dagegen sehr deutlich, dass die geäußerte Zustimmung der Probanden zu dem Testergebnis keinerlei Beweiskraft für die Richtigkeit des Verfahrens besitzt. Diese kann nur über teststatistische Werte nachgewiesen werden.

Man könnte nun die Meinung vertreten, die Wirksamkeit des Barnum-Effekts sei eben eine der vielen Unsinnigkeiten in der Personalentwicklung, über die man mehr oder weniger getrost hinwegsehen könnte. Wenn es jedoch um den Bereich »Persönlichkeit« geht, ist dies jedoch nicht so einfach wie bei anderen Themen. Die Person, die es im Rahmen der Personalentwicklung wie auch immer zu entwickeln gilt, wird mit sehr hoher Wahrscheinlichkeit den Informationen, die ihr aus den Persönlichkeitsprofilen vermittelt wird, Glauben schenken und im dümmsten Fall dann auch einen Teil ihres Selbstbildes daran orientieren. Dieses dann fehlgeleitete Selbstbild kann unter Umständen handlungsleitend werden und die Wahrnehmung sozialer Situationen verändern bzw. direkt reales Verhalten beeinflussen. Denn die betreffende Person wird ja davon ausgehen, dass der Trainer über ein »wissenschaftlich abgesichertes« Verfahren verfügt, sonst hätte ihn der, in Fragen der Persönlichkeitspsychologie bewanderte Personalentwickler ja gar nicht mit der Erstellung des Profils beauftragt.

Noch schlimmer kann es kommen, wenn das Umfeld der Person von der unsinnigen Diagnose Kenntnis erhält und daraufhin ihr Verhalten danach ausrichtet, was ja im betrieblichen Umfeld eher die Regel ist. Dann kann nämlich der sogenannte Pygmalioneffekt auftreten. Der Name geht auf die mythologische Figur des Pygmalion zurück. Der Effekt beschreibt eine interpersonale Konstellation, bei der die Beurteilung des Verhaltens der einen Person sehr stark von den Erwartungen der anderen, beurteilenden Person abhängt. Dieser Effekt ist umso stärker ausgeprägt, je subjektiver die zu beurteilende Dimension ist.

Im Jahr 1968 unternahmen die Psychologen Rosenthal und Jacobsen zahlreiche Experimente zur Lehrer-Schüler-Interaktion. Dabei wurden Schüler mit einem Intelligenztest getestet, die Lehrer erhielten daraufhin die Namen von Schülern, die dem Test zufolge »hochbegabt« waren. Die Namen der Schüler waren dabei rein zufällig ausgewählt und hatten nichts mit dem realen Testergebnis zu tun. Am Ende des Schuljahres hatten die vermeintlich Hochbegabten dann auch tatsächlich signifikant bessere Schulleistungen als die vermeintlich weniger Begabten. An der Intelligenz hat diese Fehleinschätzung natürlich nichts geändert, offensichtlich aber an dem Verhalten der Lehrer, die ihre »hochbegabten« Schüler anders behandelten, vielleicht auch anders bewerteten, sodass diese sich dann letztendlich tatsächlich in die Richtung entwickelten, die ihnen aufgrund der vermeintlichen Testergebnisse suggeriert wurde. In der Folgezeit wurde dieser Effekt näher untersucht und die Bedingungen spezifiziert, unter denen er auftritt.

Die Tatsache, dass wir einen guten Teil des Bildes, das wir von uns selbst haben, aus Informationen konstruieren, die von außen kommen, lässt sich sehr plakativ an einer Untersuchungen von Valins zeigen.

In der Untersuchung von Valins wurden Männern verschiedene Bilder aus dem »Playboy« gezeigt und parallel dazu deren Herzfrequenz gemessen und (vermeintlich) rückgemeldet. Tatsächlich folgte die Rückmeldung der Herzfrequenz einem Zufallsprogramm. Die Untersuchungsteilnehmer durften sich nach der Untersuchung dann ein Bild aus der gezeigten Serie auswählen und mitnehmen. Es zeigte sich, dass die Teilnehmer signifikant häufiger diejenigen Bilder wählten, bei denen ihre Herzfrequenz scheinbar anstieg. Offensichtlich nehmen die Teilnehmer die (falsche) Information über ihre Herzfrequenz als ein Maß dafür, wie sehr ihnen die jeweiligen Bilder gefallen haben.

Wir nehmen uns also zumindest zu einem gewissen Teil so wahr, wie wir auch Fremde wahrnehmen, wir greifen dabei auf Informationen aus der Außenwelt zurück. Auch wenn diese dann objektiv falsch sein sollten, können sie trotzdem unser Verhalten und unser Erleben beeinflussen. Die Beeinflussung unseres Verhaltens könnte man ja noch damit erklären, dass wir ja immer im sozialen Kontext handeln und somit auch von anderen Personen mehr oder weniger abhängig sind. Die Tatsache jedoch, dass selbst das Erleben unserer, im Prinzip nur uns selbst zugänglichen und nur von uns selbst validierbaren Körper- und Stimmungsempfindungen durch externe Information beeinflussbar ist, sollte Anlass dazu sein, immer dann, wenn es um das Thema »Persönlichkeit« geht, die Argumentation »es macht ja nichts, wenn wir etwas Falsches machen«, nicht zu tolerieren.

Für das Thema dieses Buches ist der Effekt von besonderer Bedeutung. Glaubt jemand ernsthaft an die Aussagen, die mit einem Verfahren zur Beurteilung der »Persönlichkeit« gemacht wurden, so wird er sein Verhalten und seine Wahrnehmung sehr wahrscheinlich dahingehend ändern, dass die beschriebenen Aspekte der Persönlichkeit auch tatsächlich real werden können. Im Gegensatz zu den zumindest noch einigermaßen »objektiven« Schulleistungen besteht im betrieblichen Kontext so gut wie keine Möglichkeit, eine Fehlbeurteilung zu entdecken, da die Validierung der Urteile nur aus einer sozialen Konvention bestehen, die natürlich durch die Vorinformationen beeinflusst werden kann. Der Barnum-Effekt kann also gleich zweimal wirksam sein: Die beurteilte Person glaubt tatsächlich an die Beurteilung und auch das soziale Umfeld glaubt daran und schafft nachfolgend dann die Rahmenbedingungen, dass das jeweilige (Fehl-) Urteil bestätigt werden kann, ein fataler Kreislauf.

Daher kann man sich auch bei der unkritischen Anwendung invalider Persönlichkeitstests nicht darauf herausreden, dass man ja nur etwas an der Oberfläche kratzt, dass ja auch im Falle eines invaliden Tests bzw. Modells kein Schaden entstehe etc.

Mir selbst wurde die faktische Tragweite völlig unsinniger Aussagen, die jedoch von einem Psychologen kommen, bei einem Fest klar. Wir forderten die Gäste auf, einen Tintenklecks zu produzieren, ganz analog dem Rorschachtest. Daraus deutete ich (scheinbar) die Persönlichkeit des Tintenklecksproduzenten. Diese Deutung hatte natürlich mit dem Klecks nichts zu tun und war schon vorher zurechtgelegt. Im Nachhinein habe ich dies den Gästen auch gesagt, was diese dann aber nur bedingt bereit waren zu glauben. Sie versuchten dagegen inständig das (natürlich nicht vorhandene) Fünkchen Wahrheit in der Interpretation zu suchen.

In aller Regel hat ja der Teilnehmer an einer Personalentwicklungsmaßnahme seinerseits auch nur ein sehr grobes Bild, was denn nun unter »Persönlichkeit« zu verstehen sei. Diese Leichtgläubigkeit wird meist nur noch durch die der Personalentwickler und Trainer übertroffen. Nur sehr wenige Endverbraucher werden es unter den in der betrieblichen Personalentwicklung gegebenen Rahmenbedingungen fertigbringen, die Ergebnisse von Persönlichkeitsprofilen einfach zu ignorieren.

Die Anwendung von Tests generell und solche zum Thema »Persönlichkeit« ganz besonders, gehören ausschließlich in die Hände von Psychologen (damit sind natürlich nur an staatlichen Hochschulen akademisch ausgebildete Psychologen gemeint und nicht etwas »Psychologische Berater« etc.) und nicht in die Hände von Laien. Testverfahren, die psychologischen Kriterien genügen, werden ausschließlich an Diplompsychologen verkauft. Dies führt natürlich auch dazu, dass nicht psychologische Testanbieter auch nur Zugriff auf ein bestimmtes Segment von Tests haben, nämlich auf dieje-

nigen, die frei verkäuflich sind und nicht den Kriterien psychologischer Forschung genügen müssen.

Ein Testverfahren kann nur aufgrund seiner teststatistischen Kennwerte beurteilt werden. Die Zustimmungsrate der getesteten Probanden
ist dabei völlig unerheblich, obwohl sie in einem laienhaften Verständnis scheinbar das beste Kriterium darstellt. Wie schon erwähnt werden diese Kriterien sehr differenziert und praxisnah in der DIN 33430
beschrieben und sollten eigentlich Standard sein (wie verhält es sich mit
der Zertifizierung der PE-Abteilungen?), aber wen interessiert in der
Personalentwicklung schon eine DIN, das ist doch eher ein Instrument
für die Niederungen der Technik!

Bei der Bewertung der teststatistischen Kennwerte ist darauf zu
achten, dass diese von neutralen Instituten, in der Regel von Universitäten, erhoben wurden (und nicht vom Verfasser oder Verkäufer eines
Verfahrens). Die Argumentation, man würde ja auch bei der Anwendung eines unsinnigen Tests bei den Probanden nichts kaputt machen,
da diese ja nur dazu angeregt werden sollten, etwas über sich nachzu-
denken, verfängt dabei wie oben dargestellt, nicht.

Zusatz: Der Barnum-Effekt im Fernsehen

Nachdem dieses Kapitel schon fertiggestellt war, erschien auf verschiedenen Fernsehsendern, die sich sonst hauptsächlich mit Sex-Hotlines
und eher einfachen Denkspielen beschäftigen, ein neues Format, bei
dem sich Anrufer von einem Experten beraten lassen können. Dieser
Experte ist dabei ein Kartenleger, ein Wahrsager, ein Schamane, Hellseher etc. Der Ablauf einer solchen Beratung enthält dabei all jene Elemente des Barnum-Effekts, die oben beschrieben sind.

Die Informationsgrundlage ist bei dieser Art der Beratung völlig
bedeutungslos (Standardprofil im Barnum-Test). Niemand (außer den
Anrufern) und vielleicht noch den Beratern selber glaubt ja wohl wirklich, dass in den Karten die Zukunft erkennbar ist. Der Klient wird mit
einer völlig irrelevanten Instruktion beauftragt »nichts überkreuzen«,
»beide Füße am Boden halten«, »auf die Karten konzentrieren«, »ein
Stop aus dem Bauch heraus geben« etc. (bei Persönlichkeitstests das
Ausfüllen der Fragebögen). In die zufällige Menge von (Pseudo-) Information wird dann versucht, etwas hineinzuinterpretieren. Sehr systema-

tisch wird auch noch ein weiterer Aspekt des Barnum-Effekts genutzt: Es werden »wahre« Aussagen eingestreut, die dem Klienten vermitteln: »Der Wahrsager hat genau recht«.

Woher kommen nun diese »wahren« Aussagen? Natürlich nicht aus der Fähigkeit des Kartenlegers, diese zu erkennen. Diese »wahren« Aussagen sind ziemlich leicht zu finden, indem man sich nur ein wenig in die Situation des Klienten hineinversetzt. Ruft z. B. jemand an, der sich wegen Problemen in der Partnerschaft »beraten« lassen will, so trifft die Aussage: »Du hast derzeit Probleme mit Deinem Partner« mit sehr hoher Wahrscheinlichkeit zu. Wird dies vom Klient dann bestätigt (was fast immer der Fall sein wird), so kann man dies mit dem Nebensatz: »Das ist in den Karten deutlich zu sehen« kommentieren. Ruft jemand an, der sich bezüglich seiner beruflichen Zukunft beraten lassen will, so kann man mit dem Satz: »Du bist mit Deiner beruflichen Situation derzeit unzufrieden« oder: »Du denkst über eine Veränderung nach« mit höchster Wahrscheinlichkeit zutreffend.

So einfach diese »wahren« Aussagen auch zu generieren sind, so verblüffend ist doch ihre Wirkung. Genauso wie beim Barnum-Effekt, wenn sich jemand in einer Dimension des »Persönlichkeitsprofils« wiederfindet und dieses den Rest überstrahlt. Auch die Bezeichnung des jeweiligen Kartenlegers oder Hellsehers ist treffend gewählt und besteht eben nicht in der Bezeichnung »Hellseher«, »Kartenleger« etc., diese werden nur am Rande erwähnt. Die »korrekte« Bezeichnung der Akteure lautet Experte oder Berater, zum Unterstreichen dieses Sachverhaltes hat jeder Experte auch einen Expertencode. Ganz genau wie bei den Untersuchungen zum Barnum-Effekt sind die Aussagen dabei umso glaubhafter, je größer der wahrgenommene Expertenstatus desjenigen ist, der die jeweiligen Aussagen und Einschätzungen trifft. Im Fernsehen geht man den ganz direkten Weg und definiert den jeweiligen Akteur einfach zum Experten. Hat man dann den Klienten so weit, dass er den Expertenstatus des Akteurs akzeptiert und hat man ihm auch einige »Wahrheiten« gesagt, so ist der Boden dafür bereitet, dass der Klient auch noch die anderen Aussagen abnimmt. Beim Kartenleger ist dies eben die Vorausschau der Zukunft, beim Barnum-Effekt in der Personalentwicklung dagegen eher die Empfehlung zur Personalentwicklung. Dabei wird das Grundprinzip der hypnotischen Induktionen genutzt, indem man sich von der anfänglichen Kommentierung unmittelbar erfahrbarer und im Prinzip auch verifizierbaren meist sensorischen Empfindungen des Klienten langsam wegbewegt hin zu einer Instruktion und Suggestion.

6. Ich kenne da eine Übung – oder: Wie wird man ohne großen Aufwand Feld-Wald-und-Wiesen-Trainer?

Kapitel 6

Ich kenne da eine Übung – oder: Wie wird man ohne großen Aufwand Feld-Wald-und-Wiesen-Trainer?

In diesem Kapitel wird eine Kurzanleitung dafür gegeben, wie man sehr schnell »Trainer« werden kann. Das Schöne dabei ist, dass man sich nicht durch lange Jahre der Berufserfahrung arbeiten muss. Sie glauben das geht nicht? Dann lesen Sie zuerst dieses Kapitel und lassen Sie sich danach Werbematerial von möglichst vielen Trainern und Beratern schicken. Sie werden schnell sehen, dass die unten stehenden Übungen wirklich in fast jedem Trainingskontext, nahezu unabhängig vom Trainingsthema einsetzbar sind. Achten Sie jedoch bei der Lektüre des Materials darauf, dass die Seminare möglichst konkret beschrieben werden, was die Berater und Trainer natürlich tunlichst vermeiden möchten. Sie begründen dies damit, dass sie kundenspezifisch und maßgeschneidert arbeiten. In der Realität reduziert sich dies dann sehr oft auf ein paar Standardübungen. Dabei gilt als Maxime:

> *Wenn nichts mehr hilft, hilft Kommunikation, wenn gar nichts mehr hilft, hilft immer noch Feedback.*« (vgl. auch letztes Kapitel)

Wenn man in einem Unternehmen in der Personalentwicklung arbeitet, wird man täglich mit sehr vielen Broschüren von unterschiedlichsten Trainern bombardiert, die alle ihre Dienstleistung anbieten. In diesen Broschüren wird natürlich betont, dass sie sehr spezifisches Sachwissen zum jeweiligen Trainingsthema besitzen, das sie vermitteln. Wenn man dann das Training live sieht oder auch nur die Unterlagen zu ihren Seminaren betrachtet, stellt man jedoch fest, dass die Übungen, die bei den jeweiligen Seminaren durchgeführt werden, immer die gleichen sind und zwar unabhängig von dem jeweils zu behandelnden Trainingsthema. Oftmals kann man anhand der Unterlagen gar nicht erkennen, für welches Seminar die Unterlagen bestimmt sind. In den Augen vieler Trainer scheint sich das Meiste, was vermittelt werden soll, auf ein paar wenige Übungen zu reduzieren. Erklären lässt sich dies unter anderem durch die sogenannten Trainerausbildungen, in denen dieser scheinbar feste Satz an Übungen vermittelt wird. Dabei wird die Illusion verkauft, man könne den Trainerberuf in kurzer Zeit, meist auch noch berufsbegleitend, oder gar als Ersatz für einen »vernünftigen« Beruf erlernen. Schon die Ansicht, es gebe den Beruf des Trainers überhaupt, ist aus meiner Sicht eine große Illusion. Man stelle sich das einmal vor: jemand geht von der Schule (mit Glück von der Hochschule) ab und hat als Berufsziel »Trainer«. Man müsste eigentlich zuerst einmal fragen: Trainer wofür? Am Anfang müsste eigentlich der Erwerb spezifischen Fachwissens stehen, das dann in Trainings vermittelt wird. Aus meiner Sicht geht das auch nur nebenberuflich, da man sonst relativ schnell weg von der Praxis ist. Aber welcher Trainer kann schon auf besondere fachliche Leistungen und andauernde Berufspraxis verweisen? Da ist es schon viel bequemer schnell einen Satz scheinbar universell verwendbarer Übungen vermittelt zu bekommen und zu versuchen damit über die Lande zu ziehen. Solche Übungen werden nachfolgend etwas detaillierter beschrieben. Prüfen Sie bei der Lektüre dieses Kapitels bitte, ob Ihnen die eine oder andere Übung bekannt vorkommt.

Ein Satz »universeller Übungen«

Die vorgestellten Übungen können Sie praktisch für alle Trainings einsetzen, egal, ob es sich um die Themengebiete Projektmanagement, Strategie, Teamentwicklung, Führung, Konflikt, Persönlichkeit oder um sonst ein Gebiet handelt, das »soft skills« (was immer das auch sein mag) behandelt. Sogar in Assessment Centern kann man diese Übungen verwenden und damit gleich das eigene Angebotsrepertoir um eignungsdiagnostische Fragestellungen erweitern. Sie sehen also, es sind wirkliche

Universalübungen! Sollte Ihnen auch dieser Aufwand noch zu groß sein, so machen Sie einfach etwas mit »Kommunikation«. Sollte jemand nachfragen, was die Übungen eigentlich mit dem Seminarthema zu tun haben, so kontern Sie einfach: »Wie wollen Sie denn führen ohne Kommunikation?«, »Wie wollen Sie denn ohne Kommunikation Projekte steuern?« etc. Wenn Ihnen auch dieser Rechtfertigungsaufwand noch zu groß ist, und Sie den Teilnehmern nicht darlegen wollen (oder können), in welchem Zusammenhang das, was Sie tun, mit dem Seminarthema steht, so haben Sie noch zwei weitere Joker. Sie können erstens der lästigen Diskussion dadurch entgehen, dass Sie Inhalte vermitteln, die eben »unbewusst« wirken und sich daher natürlich einer rationalen Diskussion entziehen, aber auch gerade deshalb umso besser wirken. Zweitens können Sie, zumindest dann, wenn Sie sich das »systemische« Vokabular angeeignet haben, darauf verweisen, dass Ihre Trainingsleistung eigentlich nur daraus besteht, dass Sie das System »irritieren«, was Sie ja dann auch offensichtlich geschafft haben, was sich ja an der Reaktion der Teilnehmer zeigt. Vielleicht können Sie als Ergänzung zu »systemisch« auch noch »konstruktivistisch« sagen, das macht einen sehr konstruktiven Eindruck! Das entsprechende Vokabular dazu finden Sie im nächsten Kapitel. Der versierte Berater wird mit den vorgestellten Übungen Themen abhandeln wie Teamarbeit, Projektmanagement, Konfliktmanagement, Teamentwicklung, sogar Personalauswahl und natürlich – wer hätte es gedacht? – Kommunikation und Feedback, denn es gilt ja immer noch die Maxime: »*Wenn nichts mehr hilft, hilft Kommunikation, wenn gar nichts mehr hilft, hilft immer noch Feedback.*«

Die Turmbauübung

Diese Übung stammt ursprünglich aus der deutschen Heerespsychologie aus den 30er-Jahren des letzten Jahrhunderts, wird jedoch auch heute noch immer gerne verwendet. Es geht dabei darum, aus vorgegebenem Material, in der Regel verschiedene Papierteile, einen Turm zu bauen. Man kann die Instruktion auch noch ausbauen, indem die Teilnehmer einen möglichst hohen, standfesten und schönen Turm bauen sollen. Für besonders kreative Trainer gibt es auch noch die Variante, dass kein Turm, sondern eine Brücke gebaut werden soll. Die absolute Profiversion stellt eine Übung dar, bei der zwei Halbgruppen jeweils eine Brückenhälfte erstellen, die dann zusammenpassen müssen. Dies kann man immer gut verwenden, wenn es um eine »Schnittstellenprob-lematik« geht.

Die Spinnenübung

Diese Übung wird zu fast jedem Themenkomplex verwendet, es scheint »die« Universalübung für unflexible Trainer schlechthin zu sein. Man braucht zur Durchführung nur ein Seil und zwei Bäume. Das Seil spannt man dabei so zwischen den Bäumen, dass ein spinnenartiges Muster entsteht. Die Teilnehmer befinden sich auf einer Seite des Spinnennetzes und sollen nun durch die Öffnungen des Netzes auf die andere Seite gelangen. Als Restriktion gilt dabei, dass durch jede Wabe des Netzes nur ein Teilnehmer hindurchgelangen darf.

Die Eierflugübung

Man gibt den Teilnehmern ein rohes Ei und ein paar leicht beschaffbare Materialien, z. B. ein paar Strohhalme oder einfach wieder etwas Papier-material, und die Teilnehmer bekommen die Aufgabe, aus den vorgege-benen Materialien eine Konstruktion zu entwickeln, mit der man das Ei aus dem 2. Stock eines Gebäudes fallen lassen kann, ohne dass es kaputt-geht.

Blinde Quadrate

Die Teilnehmer erhalten ein Seil und die Aufgabe, daraus mit verbunde-nen Augen ein Quadrat zu bilden.

Stab heben

Eine Übung, die im Moment gerade »in« ist, ist die Übung, bei der zwei Teilnehmergruppen sich gegenüberstehen und einen leichten Stab auf ihren Zeigefingern liegen haben, den sie ganz einfach auf dem Boden ablegen sollen. Die einzige Bedingung dabei ist es, dass die Teilnehmer nie den Kontakt zum Stab verlieren dürfen. Das führt dann dazu, dass die Teilnehmer ganz leicht nach oben gegen den Stab drücken und sich der leichte(!) Stab dann nicht nach unten, sondern nach oben bewegt.

Mit dieser Übung ist jedoch mancher Trainer schon überfordert, sie ist also nur etwas für zumindest Halbprofis. Ein Trainer hatte offen-sichtlich nicht so recht verstanden, wie die Übung funktioniert und ein-fach ein Metallrohr als Stab verwendet. Der Effekt war natürlich, dass man den Stab ganz einfach ablegen konnte und die nur teilweise richtig abgeschaute Übung hatte nicht funktioniert.

Nagelübung

Bei dieser Übung gibt man den Teilnehmern ein Brett, in dem ein Nagel eingeschlagen ist, sowie weitere ca. 20 Nägel. Die Teilnehmer sollen diese weiteren Nägel nun auf dem Kopf des eingeschlagenen Nagels platzieren, das erscheint im ersten Moment ganz unmöglich. Spätestens jedoch, seit eine Variante dieser Übung in der Fernsehsendung »Wetten dass« durchgeführt wurde, sollte eigentlich jeder die Lösung kennen. Die Wettaufgabe war dabei, dass Zimmermänner es schaffen, einen Dachstuhl ganz ohne Nägel zu montieren. Diese Aufgabe ist strukturell genau identisch mit der Nagelübung.

Die Nasaübung

Gegenstand dieser Übung ist eine Liste von Materialien, die Astronauten im Notfall aus ihrer Kapsel mitnehmen können. Es geht nun darum, diese Gegenstände in ihrer Wichtigkeit für das Überleben zu priorisieren. Man kann dann die Lösung der Gruppe auch noch mit einer Musterlösung vergleichen. Da sich diese Übung schon lange am Markt hält, haben sie sehr kreative Berater abgewandelt und eine Variante als »Wüstenübung« entwickelt, das Grundprinzip ist (wer hätte es gedacht?) natürlich das gleiche.

Man kann es sich übrigens auch noch etwas einfacher machen und sich gar nicht erst der Mühe unterziehen, sich nach Standardübungen umzusehen. Man kann auch ganz einfach bei der jeweiligen Organisation anrufen und fragen, ob man dort keine Übungen und kein Material oder keine Seminarkonzeption hat, die man als Trainer dann anderen Unternehmen verkaufen kann. Sie glauben, das gibt es nicht? Ich wurde schon mehrfach diesbezüglich angerufen. Grenzen werden hierbei eigentlich nur durch die Dreistigkeit des Beraters gesetzt.

Der obige Satz an Übungen reicht vollkommen aus, um sich als Berater auf dem Markt zu tummeln.

Um sich vor Kritik zu schützen, können Sie möglichst oft betonen, dass es wohl Trainer gebe, für die die ganze Welt aus Nägeln besteht, weil sie nur einen Hammer hätten und Trainer, die ihre Seminare eher nach dem gestalten, was sie zufälligerweise können und nicht nach den Bedarfen der Teilnehmer. Mit diesen Trainerfloskeln beugen Sie der (dreisten) Vermutung vor, Sie selbst könnten solch ein Trainer sein. Bedenken Sie dabei immer, dass man zwar als Fahrschullehrer wenigstens selbst einen Führerschein haben muss, dass an einen Trainer jedoch solche hohen Anforderungen nicht gestellt werden.

Wer sein Repertoire noch deutlich erweitern möchte, kann sich z. B. die Bücher von Vopel (1978), Antons (1976), Weber (1986) kaufen. Sollte es nun der Fall sein, dass einer oder mehrere Teilnehmer eine Übung und die dazugehörige Lösung schon kennen, so ist die Durchführung der Übung natürlich nicht gefährdet, sondern man kann diese Teilnehmer dann ruhigen Gewissens als Beobachter einsetzen. Wichtig ist nur, dass man gleich zu Beginn der Instruktion abfragt, ob jemand diese Übung schon kennt und dann hofft, dass es nicht zu viele Teilnehmer sind. Sie sehen: Es ist ganz einfach, Trainer zu werden. Was auch noch sehr schön ist: Man braucht als Trainer eigentlich nur etwas Papier und ggf. ein Seil (es tut aber auch eine Wäscheleine) als materielle Grundausstattung. Wenn man sich jedoch zum Profi entwickeln möchte, kann man auf einen richtigen Moderationskoffer zurückgreifen, in dem die Papiere dann farblich sortiert sind und auch noch verschiedene Formen haben. Aber zum Anfang reicht auch einfaches Papier vollkommen aus. Man kann sich auch gegen Kritik an den Übungen absichern, in dem man in Büchern, in denen diese Übungen beschrieben werden, vorsichtshalber den Satz anbringt: »Man muss eventuell mit Widerstand der Teilnehmer rechnen«. Dieser Satz ist immer gut, da man damit die eigene gigantische Erfahrung mit dieser Übung dokumentiert und die eigene prognostische Fähigkeit demonstriert. Schlecht kann der Widerstand der Gruppe prinzipiell natürlich nicht sein, da man ja genau an diesen Widerständen arbeiten muss, damit eine Weiterentwicklung stattfinden kann. Übrigens: Die Übungen beginnt man aus der Sicht des Feld-Wald-und-Wiesen-Trainers am besten mit einer der Floskel: »Ich möchte Euch zu einer Übung einladen…« und beendet sie mit der Floskel: »Was hat das mit Euch gemacht?«

Nachdem man diese Standardübungen zu den unterschiedlichsten Themen eingesetzt hat und die Teilnehmer auch jede noch so abgedroschene Übung (zur Not auch als Beobachter) brav mitgemacht haben, kann man sich dann als Feld-Wald-und-Wiesen-Trainer zunehmend dem eigenen Größenwahnsinn hingeben. Oftmals hat ein Trainer am Anfang seiner Laufbahn auf einem Gebiet sogar noch ein spezielles Wissen (außer er ist systemischer Prozessberater, dann kann er auf diesen Schritt getrost verzichten, vgl. Kapitel 7). Im Laufe der Zeit wird man ihn, sofern er seinen Job gut macht, dann fragen, ob er auch noch andere Themen trainieren kann. Zunächst vielleicht Themen, die mit seinem Ursprungsthema in relativ engem Zusammenhang stehen. Wenn er Aufträge braucht (und das ist eigentlich immer der Fall), wird er natürlich angeben, auch diese Randthemen zu beherrschen. So geht es weiter und er wird irgendwann einmal an dem Punkt angelangt sein, an dem er plötzlich Seminare anbietet, zu denen er »eigentlich« nichts Vernünftiges sagen kann. Aus wirtschaftlicher Not heraus wird er dann vielleicht auch diesen Auftrag annehmen. Da er den spezifischen Inhalt dann natürlich nicht beherrscht, wird er dann mit hoher Wahrscheinlichkeit auf Standardseminarinhalte zurückgreifen. Solche Inhalte zum Thema Kommunikation bieten sich dabei in mehrfacher Hinsicht an. Zu diesem Thema gibt es einen reichhaltigen Fundus an Literatur, das Thema ist auch (zumindest scheinbar) leicht zu handhaben, die Theorien sind einfach und man hat auch schon in vielen Seminaren, in denn man als Teilnehmer war, viele Übungen selbst gemacht (eben weil Kommunikation so beliebt ist). Zusätzlich dazu bietet Kommunikation den Vorteil, dass die Teilnehmer viele Übungen machen können, man muss als Trainer dadurch nur minimalen Input liefern. Den Rest machen die Teilnehmer selber in Form von Übungen. Man kann dies praktischerweise dann auch noch als teilnehmeraktivierende Didaktik verkaufen.

Ein zusätzliches Thema, das immer funktioniert, ist die Sache mit dem Feedback. Feedback involviert die Teilnehmer sehr stark, schon allein dadurch, dass Bewertungsangst aktiviert wird, das funktioniert mit tödlicher Sicherheit. Die Theorie dazu ist auch nicht besonders schwierig. Man braucht sich nur kurz das JOHARI-Window anzusehen und man hat ein scheinbar elaboriertes Modell für den »blinden Fleck«. Es soll sogar schon verstellbare Rahmen geben, mit denen man das »Modell«, das im wissenschaftlichen Sinne natürlich gar keines ist, verdeutlichen kann. Sehr schön bei der Verwendung von Feedback ist dabei, dass man diejenigen, die die Sinnhaftigkeit einer Feedbackübung angreifen, sehr schnell mundtot machen kann, bzw. sie sehr schnell mangelnder Selbstkritikfähigkeit überführt (wer will das schon?). Man kann dabei auf die scheinbar universelle Gültigkeit des Imperativs hinweisen, dass ein »guter«, selbstkritischer Mensch ständig die Rückmeldung aus der Umwelt suchen muss und das Feedback der Mitmenschen einholen soll. Wer eine solche Übung nicht gut findet, zeigt sich durch seine Kritik nur als ein sozialer Krüppel, Autist, selbstunkritischer, nicht lernfähiger Mensch. Die Tatsache, dass die empirische Forschung zum Thema »Feedback« genau gegenteilige Aussagen macht, kann man dabei getrost ignorieren und auf die allgemein akzeptierte Alltagsvorstellung zurückgreifen, dass Selbstkritik und Feedback (was immer das auch konkret sein soll) immer gut ist. Man hat somit bei der Verwendung von Feedback ein sehr schönes Immunisierungsinstrument in der Hand, mit dem man jede potenzielle Kritik sofort unmöglich macht. Je naiver der Trainer ist, desto eher wird er diese Immunisierungstechnik auch noch als einen unverrückbaren Beweis für die Richtigkeit seiner Methodik werten. Man kann als Trainer eigentlich mit einem sehr kleinen Schatz von Übungen auskommen, die man zu jeder Thematik einsetzen kann. Praktischerweise sind diese Übungen auch schon seit Jahrzehnten veröffentlicht. Viele davon stammen aus Antons (1976), das hat den Vorteil, dass man sich auch nur ein Buch kaufen muss und somit hält man die Kosten sehr in Grenzen.

Dabei kann es sogar passieren, dass die Übungen in ihrer Antiquiertheit sehr aktuell erscheinen. Vor nicht allzu langer Zeit hat mir eine »Beraterin« als ein Element im Assessment Center allen Ernstes die Dienstwagenübung von Antons angeboten und zwar in der Form, wie sie in den 60er-Jahren des letzten Jahrhunderts im Original erschienen ist. Darin ist nun von einem Fahrzeug die Rede, das sich »Ford 17m« nennt. Den heutigen Teilnehmern an einem Assessment Center mag dies als ein futuristisches Ford-Projekt erscheinen, die älteren dagegen wissen, dass dies ein Uraltmodell war, das spätestens in den 70er-Jahren endgültig aus dem Straßenverkehr verschwunden ist. Manchmal kann der Rekurs auf Uraltmaterial sogar Kreativität und Aktualität vorgaukeln.

Nach den obigen Ausführungen können Sie sich mit den angegebenen Übungen schon selbstständig machen. Seien Sie beruhigt: Viele Trainer haben nur sehr wenig mehr zu bieten. Seien Sie nur mutig! Es ist immer wieder erstaunlich, was Teilnehmer an Seminaren alles mitmachen. Die Kooperation der Teilnehmer scheint beinahe unendlich zu sein. Das hat natürlich seine Gründe. Die Teilnehmer werden darauf vertrauen, dass der Trainer sehr kompetent von der internen Personalentwicklung ausgewählt wurde. Die meisten Teilnehmer hängen der festen Überzeugung an, dass es sich dabei um eine sehr rationale Auswahl handelt und das Unternehmen sich dabei dem gleichen Effizienzgedanken wie bei den meisten anderen betrieblichen Prozessen verpflichtet fühlt. Des Weiteren sind Sie der »Experte« für das jeweilige Thema. Das zeigt sich ja schon daran, dass Sie all die schönen Begriffe aus dem Umfeld der Personalentwicklung benutzen (vgl. nächstes Kapitel). Weiterhin können Sie generell auf die Wirkung des Barnum-Effekt (vgl. Kapitel 5) und auf die Wirkung des naturalistischen Fehlschlusses hoffen. Für viele Menschen, die (anders als die Personalentwicklung) unmittelbar an der betrieblichen Wertschöpfung beteiligt sind, ist es schlichtweg unvorstellbar, dass ein inkompetenter Trainer einfach ein paar Standardübungen abfackelt und von der jeweiligen Organisation dafür auch noch fürstlich honoriert wird. Vertrauen Sie auf diese Vorstellungslücke Ihrer Teilnehmer! Nützlich für Ihre Zwecke ist auch die Tatsache, dass unser Gehirn ein Werkzeug der Sinnsuche ist, es hat eher die Tendenz, einen überhaupt nicht vorhandenen Sinn in eine Konstellation hineinzuinterpretieren, als die Tendenz, bis zum Beweis des Gegenteils von fehlender Sinnhaftigkeit auszugehen. Unser Gehirn ist eher auf einen statistischen Fehler erster Art als auf einen Fehler zweiter Art programmiert. Vertrauen Sie auch darauf, dass die in diesem Buch beschriebenen Effekte so gut wie niemandem bekannt sind, am wenigsten den meisten Personalentwicklern.

Sollte wider Erwarten sich doch ein oder mehrere Teilnehmer renitent zeigen und die Sinnhaftigkeit der vorgeschlagenen Übung in Zweifel ziehen wollen, so geben Sie ihm einfach mehr oder weniger deutlich zu verstehen, dass er sich selbst einer einmaligen Lernchance beraubt, dass er einfach auch mal seine »Comfortzone« verlassen muss, dass er gerade durch sein ablehnendes Verhalten zeigt, dass diese Übung sein »eigentliches« Problem genau trifft etc. Nutzen Sie dabei folgenden Manipulationsmechanismus: Behaupten Sie einfach, das, was es in dieser Übung zu lernen gibt, sei für die Person besonders wichtig. Wenn die jeweilige Person dem zustimmt, so ist dies nur ein weiterer Beweis für Ihren scharfen diagnostischen Blick. Sollte sie jedoch die Wichtigkeit dieser Lernerfahrung bezweifeln, so nehmen Sie das einfach als Beweis für die Verdrängungstendenzen der betreffenden Person. Das Schöne daran ist, dass sich ja diese postulierten Verdrängungstendenzen umso stärker manifestieren, je mehr sich die Person gegen diese Übung wehrt. Der Teilnehmer sollte also nicht TROTZ, sondern gerade WEIL er eine Abneigung gegen eine Übung hat, genau diese durchführen. Sie können sich also als Trainer mit dieser kognitiven Konstruktion sehr effizient gegen jede Art von Kritik immunisieren. Sie brauchen dabei übrigens nicht zu befürchten, dass ein Teilnehmer mit Ihnen über Verdrängungsmechanismen diskutiert. Vertrauen Sie einfach darauf, dass das Konzept der Verdrängung seit der Verbreitung psychologischen Halbwissens (die meisten Leute haben schon mal irgendetwas von Freud gelesen) in den 60er-Jahren des letzten Jahrhunderts ein fester Bestandteil der Alltagstheorie (vgl. Kapitel 11) vieler Menschen, insbesondere von Akademikern, geworden ist. Selbst dann, wenn sich ein Teilnehmer nach dieser Argumentation immer noch skeptisch zeigt (was jedoch nur in ganz wenigen Fällen zu erwarten ist), werden Sie auf diese Weise zumindest den Rest der Teilnehmer auf Ihre Seite bringen, da diese mit sehr hoher Wahrscheinlichkeit Ihrer Argumentation folgen werden. Im Prinzip kann es jedoch auch sein, dass der Supergau eintritt und die meisten Teilnehmer Ihr Seminar einfach schlecht finden. Auch dann gibt es natürlich noch eine Fluchttür. Sie können Ihr Tun dann immer noch als experimentell und gegen den »Mainstream« gerichtet umdeuten. Wenn auch dies nicht mehr hilft, können Sie immer noch Zuflucht bei den »systemischen Prinzipien« (vgl. Kapitel 7) suchen.

Als weitere Hilfe bei der Akquisition kann Ihnen noch der nachfolgende Abschnitt behilflich sein.

Kleines Lexikon der universell verwendbaren Beraterbegriffe

Nachfolgend sind einige Begriffe aufgeführt, die in nahezu jedem Akquisitionsgespräch auftauchen, wenn man es mit Trainern und Beratern im Bereich der Personalentwicklung zu tun hat. Diese Begriffe sind in erster Näherung jedoch nur Füllwörter ohne spezifische Bedeutung beziehungsweise mit jeweils unterschiedlichen Bedeutungen für verschiedene Personen. Das Fatale dabei ist, dass man bei der Verwendung solcher und ähnlicher Worte leicht glaubt, eine gemeinsame Sprache zu sprechen. Fragen Sie daher diese Begriffe in Akquisitionsgesprächen mit Trainern und Beratern grundsätzlich intensiv nach.

»Integrativ«	»Eisbergmodell«
»Ganzheitlich«	»Wertschätzend«
»Systemisch«	»Maßgeschneidert«
»Innovativ«	»Kundenorientiert«
»Coaching«	»Lernfelder«
»Prozessorientiert«	»Comfortzone«
»Teilnehmerorientiert«	»Erfahrungsorientiert«
»Netzwerk«	»Nachhaltigkeit«

Fazit

Prüfen Sie intensiv, worin denn nun das spezifische Know-how eines Trainers oder Beraters besteht. Sie werden sehr oft merken, dass dabei relativ unreflektiert auf einige Standardübungen zurückgegriffen wird, die scheinbar universell einsetzbar sind. Einen Trainer, der ihnen solche Übungen anbietet, sollten Sie eher nicht beschäftigen. Fragen Sie auch einen Trainer oder Berater, worin denn seine spezielle persönlicher Erfahrung mit dem Thema liegt, das er gerne vermitteln möchte. Das stellt eigentlich einen sehr trivialen Ratschlag dar, die Realität zeigt jedoch, dass sich sehr viele Trainer dazu berufen fühlen, Dinge zu vermitteln, zu denen sie nur sehr wenig, manchmal auch gar keine eigene Erfahrung besitzen. Ein Trainer zum Thema »Projektmanagement« sollte eigentlich selbst Projekte im Wert von mehreren Millionen Euro verantwortet haben. Oftmals ist ein solcher Trainer jedoch bar jeder Projektverantwortung und kann maximal das »Coaching« (vgl. Kapitel 2) eines Projektes als Erfahrung vorweisen. Ein Trainer, der das Thema »Führung« behandelt, sollte eigentlich über eigene Führungserfahrung auf einer möglichst hohen Managementebene verfügen. Die meisten Trainer, die sich diesem Thema widmen, können jedoch nur darauf verweisen, dass sie ein eigenes Institut »führen«, das im Zweifelsfalle aus der eigenen Ehefrau besteht, die die Buchhaltung macht. Fragen Sie den potenziellen Trainer, woher er die Dreistigkeit nimmt, anderen Leuten etwas beibringen zu wollen. Der einzige akzeptable Grund dazu besteht in der Tatsache, dass man sehr relevante eigene Erfahrung und in der jeweiligen Tätigkeit überdurchschnittliche Erfolge vorweisen kann. Halten Sie sich dabei die Tatsache vor Augen, dass ein Fahrlehrer wenigstens selbst einen Führerschein braucht, dies aber bei Trainern und Beratern nicht der Fall ist.

Ein Trainer, den es sich lohnt zu beschäftigen, sollte seine Seminare nicht mit den oben beschriebenen Übungen gestalten. Lassen Sie sich daher detailliert die Zeitpläne eines Seminars zeigen.

Da man als Personalentwickler nicht Experte für jedes Thema sein kann, kommt man, wie schon beschrieben, sehr schnell in die Problematik der Expertenbeurteilung durch Nichtexperten. Hier lauert eine besondere Gefahr:

Hat man als Auftraggeber einmal eine Entscheidung für einen Berater getroffen, so hat man natürlich auch eine interne Rechtfertigungsfunktion, man kann es sich dann nur sehr schlecht leisten, zu dem beauftragten Berater oder Trainer abzurücken, da dies ja das Eingeständnis der eigenen Inkompetenz bei der Auswahl von Trainern bzw. Beratern wäre. Bei einem einmaligen Workshop ist dieser Prozess sicherlich nicht so sehr bedeutsam. Bei längerfristigen Maßnahmen ist die Problematik jedoch sehr stark ausgeprägt. Besonders schwierig wird es, wenn es um Themen geht, die mit der innerbetrieblichen Machtverteilung zu tun haben, wie es z. B. bei der Führungskräfteauswahl der Fall ist. Es hätte ja fatale Wirkungen, wenn man den Berater oder die Methode wechseln würde. Diejenigen, die während der Wirkungszeit des Beraters abgelehnt wurde, würden sich dann natürlich zu Wort melden und protestieren. Ein Beraterwechsel würde dem Eingeständnis der falschen Selektion gleichkommen. Dies wäre natürlich ein massiver Angriff auf die interne Stellung der Personalentwicklung. Daher kann sich der interne Auftraggeber nach einer gewissen Zeit gar nicht mehr von seinem Berater trennen, da dies seine eigene interne Stellung gefährden würde. Wie kann man als Personalentwickler mit dieser Situation umgehen?

Der beste Schutz gegen die oben beschriebene Problematik ist natürlich eine möglichst sorgfältige Auswahl der Trainer oder Berater. Ein gutes Kriterium für diese Auswahl ist die Beantwortung der Frage inwieweit es sich um einen Feld-Wald-und-Wiesen-Trainer im oben beschriebenen Sinne handelt.

Hat man sich einmal für den falschen Trainer oder Berater entschieden, so kann man diesen aus den oben geschilderten Gründen nur noch sehr schwer wieder loswerden, ohne dass man als Personalentwickler massiv an Glaubwürdigkeit verliert. Daher kann man im eigenen Interesse bei der Auswahl von Trainern und Beratern nicht vorsichtig genug sein.

7. Von Systemikern und Prozessberatern

Kapitel 7

Von Systemikern und Prozessberatern

Dieses Kapitel befasst sich mit der »Systemischen Beratung« und der »Prozessberatung«. Es gibt heute fast keinen Berater mehr, der nicht vorgibt nach den Prinzipien der systemischen Organisationsentwicklung zu arbeiten. Dieser Begriff ist jedoch sehr schillernd und unpräzise. Häufig wird auch der Dualismus der Fach- und der Prozessberatung aufgemacht, um das Besondere an der »neuen« Art der Beratung zu erklären. Im ersten Abschnitt dieses Kapitels wird dieser künstliche Dualismus näher betrachtet. Im zweiten Abschnitt wird die Suggestionswirkung des Begriffes »Prozessberatung« analysiert. Der dritte Abschnitt bezieht sich auf einen schon älteren Artikel von Christoph Kraiker, der an die heutigen Gegebenheiten angepasst und modifiziert wurde.

7.1 Der (Schein-) Dualismus zwischen Experten- und Prozessberatung

Die Unterscheidung zwischen Expertenberatung und Prozessberatung geht auf Edgar Schein, dem Urvater der Organisationspsychologie vom MIT in Boston (1969), zurück. Ähnlich wie bei anderen Arbeiten von Edgar Schein bedienten sich auch hier Heerscharen von Beratern seines Gedankengutes und benutzten es für ihre Zwecke. Edgar Schein hatte niemals die Intention, einen solchen – teilweise ideologisch geprägten Dualismus aufzubauen. Edgar Schein schreibt im Jahr 2003 in einer Neuauflage seines Buches »Prozessberatung« von 1969:

»*Dreißig Jahre später habe ich das Gefühl, dass die Kollegen und die Klienten, die ich zu erreichen versuche, immer noch nicht die Bedeutung der Prozessberatung verstanden haben. Prozessberatung ist keine Technik, keine Sammlung von Interventionen für die Arbeit mit Gruppen, wie sie leider immer noch häufig missverstanden wird.*«

Wenn man als Berater mit diesem (Schein-) Dualismus arbeiten möchte, um sich zu profilieren, ist es wichtig, dass man eher von »Fachberatung« als von »Expertenberatung« im Gegensatz zur Prozessberatung spricht. Dass Edgar Schein selbst eher von Expertenberatung spricht, kann man dabei getrost ignorieren (wer kennt ihn schon persönlich?). Diese Wortwahl ist wichtig, da man damit verschiedene Implikationen suggeriert. Spricht man von Fachberatung, so schwingt dabei die Konnotation des »Fachidioten« mit. Fachberatung wird damit implizit automatisch als engstirnig und schmalspurig deklariert. Der Berater, der das Gegenteil dazu verkörpern will, erscheint dadurch (ebenfalls) implizit als universell gebildet. Würde man dagegen von Expertenberatung sprechen, wäre sicherlich sehr viel schwerer diese verbale Konnotation zu erzeugen, da der Begriff »Experte« a priori eine sehr stark positive Konnotation hat.

Die beiden Beratungsarten, Fachberatung und Prozessberatung, sollen kurz anhand gängiger Unterscheidungsmerkmale charakterisiert werden:

Expertenberatung

- Der Berater ist Experte für das zu bearbeitende Thema.
- Er berät, wie er das Problem auf dem Hintergrund seiner Erfahrung angehen würde.
- Die Passung dieser Lösungen wird dann gemeinsam geprüft.
- Input- und/oder Trainingsphasen sind oft Bestandteil der Beratung.
- Punktuelle Know-how-Vermittlung
- Der Berater gibt die Lösung vor.
- Ergebnisorientierung
- Fokussierung auf das »*Was*«
- Ergebnisvorgabe
- Konzentration auf Teilbereiche

Prozessberatung

- Der Berater hält keine Lösungen bereit.
- Es konzentriert sich darauf, dasjenige Wissen zu identifizieren und zu nutzen, das der Klient (besser natürlich das »Klientsystem«) sowieso schon hat.
- Der Berater sieht sich als Fachmann für das Vorgehen, nicht für den Inhalt.
- Er hält sich mit seinen eigenen Meinungen zurück.
- Ganzheitlichkeit
- Selbsthilfc
- Langfristige Entwicklung
- Ressourcenorientierung
- Fokussierung auf das »*Wie*«
- Lernende Organisation
- Schulungscharakter

Als Feindbild des systemischen Beraters dient oft der Berater, der in eine Organisation geht, seine vorab schon vorbereitete Lösung (die natürlich überhaupt nicht auf die Organisation passt) der Organisation überstülpt und mehr Chaos hinterlässt, als vorher schon herrschte. Interessant an diesem (Schein-) Dualismus ist, dass jeder »Expertenberater« natürlich in einer gewissen Beratungsphase auch sehr explorativ und non-direktiv vorgeht. Dieses Vorgehen gehört zum kleinen 1 x 1 eines jeden guten Expertenberaters. Das adäquate Verhalten in dieser Phase ist ja auch relativ schnell erlernbar, aus meiner Sicht muss es gar nicht erst mühevoll erlernt werden, sondern ist eher trivial. Ein guter Expertenberater ist quasi automatisch auch immer ein guter Prozessberater.

Umgekehrt funktioniert es dagegen nicht. Expertenwissen kann man nicht mal eben nebenbei erlernen. Das große 1 x 1 des Beratens bleibt Beratern, die sich nur als Prozessberater definieren, verschlossen. Nun ist es aus rein praktischen Überlegungen heraus schlecht möglich, in relativ kurzen Zyklen Experten auszubilden. Es ist aber durchaus möglich (bzw. wird durch Ausbildungsinstitute suggeriert), in kurzer Zeit zum Prozessberater zu werden. Woher rührt dieses Missverständnis?

Prozessberatung ist ein Teil des gesamten Beratungsprozesses, der Teil »Prozessberatung« bezieht sich eher auf das *Wie*, der Teil »Expertenberatung« eher auf das *Was*. Viele sich selbst so nennende Prozessberater leben in der Illusion, man könne Beratung ohne tiefgehendes Expertenwissen betreiben, was natürlich überhaupt nicht möglich ist. Der Rekurs auf die Sprache der Prozessberatung liefert oft nur Scheinargumente für die eigene Inkompetenz, die dann nicht mehr als persönlicher Mangel, sondern als absolute Notwendigkeit für eine effektive Arbeit verstanden werden kann. Die Theorie der Prozessberatung liefert dafür das notwendige verbale Instrumentarium. Die Prozessberatung stellt darüber hinaus auch eine Gedankenwelt dar, in die sich die vielen internen und externen Organisationsberater dieser Welt flüchten können, wenn sie scheitern oder innerhalb der Organisation völlig »kaltgestellt« sind (vgl. Kapitel 11). Die Frage: »Prozessberatung oder Expertenberatung?« stellt sich in der Realität in dieser Form überhaupt nicht. Es handelt sich bei ihr um einen Scheindualismus. Am Anfang einer Beratung wird eher der Typ der Prozessberatung (in Form der Auftragsklärung) im Vordergrund stehen, im weiteren Verlauf dann eher die Expertenberatung.

»Der Prozess der Beratung sollte stets im Prozessberatungsmodus beginnen, da wir, solange wir uns nicht erkundigt haben und uns im Zustand der Ignoranz befinden, tatsächlich nicht wissen, ob unsere Annahmen standhalten und ob es sicher und wünschenswert wäre, in den Expertenmodus zu schalten.«

*»Vor allem zu Beginn der Beratung ist der Prozessmodus erforder-
lich, da sich durch diesen Modus am ehesten erschließen lässt, was
der Klient wirklich wünscht.«*
  (Schein)

Edgar Schein betont immer wieder, dass der effiziente Berater beide
Beratungsformen beherrschen muss und auf einer Metaebene ständig
zu entscheiden hat, in welchen Modus er umschalten muss. Das setzt
natürlich voraus, dass er beide Modalitäten vollständig beherrscht.
  *»Der Berater muss lernen, zwischen folgenden Positionen zu ent-
scheiden: 1. der Beraterrolle des Experten, der dem Klient sagt, was
er zu tun hat, 2. dem Verkauf von Lösungen, die der Berater für gut
hält oder dem Verkauf von Techniken, mit denen der Berater vertraut ist oder 3. der Miteinbeziehung des Klienten in einen Prozess,
den Klient und Berater als hilfreich empfinden«.*
  (Schein)

7.2   Die Suggestionswirkung des Begriffs »systemisch«

Schon allein der Begriff »System« hat eine sehr hohe Anziehungskraft,
er suggeriert Systematik und systematisches Vorgehen, also ein variable
Methodik. Der Begriff »System« ist sehr attraktiv. Auch sehr exotische
Anwendungen machen sich heutzutage den Begriff »System« zu Eigen.
Die Müllabfuhr bei uns in der Stadt hat neuerdings umfirmiert in »Sys-
tementsorgung«. Beim Paddelhersteller Schlegel gab es einige Zeit lang
das »Schlegel Safety System for Visual Communication« – ein Blatt des
Paddels war grün, das andere rot angemalt.
  Dem sehr attraktiven Begriff »systemisch« wird sozusagen als
Antibegriff oft der Begriff der Fachberatung gegenübergestellt. In vielen Fortbildungen für Organisationsentwickler wird diese Fachberatung geradezu verteufelt. Sie gilt als partiell, ineffektiv, sie geht »an den
wirklichen Problemen der Organisation« vorbei, sie wird nur überge-
stülpt und kann nicht nachhaltige Wirksamkeit entfalten. Versuchen
wir an dieser Stelle eine andere Perspektive einzunehmen. Was macht
»Prozessberatung« für Berater und für Berater, die für teures Geld weitere Berater ausbilden so attraktiv? Ganz einfach: Prozessberatung ist

vermeintlich überall einsetzbar und umgeht den steinigen Weg des Erwerbs von Fachwissen. Man versucht damit aus der Not eine Tugend zu machen. Die Aussicht ist ja auch sehr verlockend: Man ist als Prozessberater total unabhängig, man kann in praktisch jeder Organisation arbeiten und schränkt seinen potenziellen Einsatzbereich nicht unnötig durch eine fachliche Spezialisierung ein. Es ist eigentlich erstaunlich, wie man mit solchen Verheißungen als Anbieter von Fortbildungen Erfolg haben kann.

Andererseits fragt man sich, wie die Aspiranten es schaffen, vor sich selbst die Illusion aufrechtzuerhalten, sie hätten nur mit solch einer Ausbildung zum Prozessberater und ohne einen entsprechenden fachlichen Hintergrund gute Chancen auf dem Arbeitsmarkt.

Ein Weg, um den Schein-Dualismus zwischen Prozessberatung und Fachberatung aufrechtzuerhalten, ist die Schaffung eines pseudo-theoretischen Überbaus, wie er im nächsten Abschnitt parodiert wird. Würde man Fachberater ausbilden, so müsste man ihnen ja Fachwissen beibringen, das hieße, dass die Ausbilder selbst über Fachwissen verfügen müssten. Das tun sie entweder häufig selber nicht oder es ist unmöglich, dieses Wissen in Fortbildungsveranstaltungen kompakt weiterzugeben. Relevantes Fachwissen entsteht ja in langen Jahren der

eigenen Erfahrung. Daher kann man es nur in sehr begrenzter Form weitergeben. Wissen über Prozesse hingegen ist universell (behauptet es zumindest zu sein).

In den Fortbildungen sitzen oft »Organisationsentwickler«, die schon eine Ausbildung als Mediator, als Coach etc. gemacht haben und sich wundern, warum sie immer noch niemand ernst nimmt, und die nun noch eine Ausbildung als Prozessberater machen, weil bisher niemand mit ihnen zusammenarbeiten wollte. Auf die Idee, dass sie über keinerlei Wissen und Erfahrung verfügen, das Akzeptanz erzeugen könnte, kommen sie dabei nicht. Stattdessen flüchten sie sich in systemische Fortbildungen, die ihnen eine pseudotheoretische Untermauerung ihrer Inkompetenz bietet. Dadurch wird es (eine sehr begrenzte Zeit lang) möglich, die Illusion aufrechtzuerhalten, man könne doch noch Berater werden, ohne erst einmal relevante Berufserfahrung und relevantes Fachwissen zu sammeln. Sehr schnell wird man jedoch durch die Erfahrung korrigiert, dann hilft nur noch eines: die nächste Fortbildung. Sie zu finden ist gar nicht schwer, der Markt für Ausbildungen ist gigantisch. Nicht zuletzt deshalb, weil es für die Anbieter solcher Ausbildungen sehr viel ersprießlicher und einfacher ist, mit Fortbildungsteilnehmern zu arbeiten, die hoffen, durch die Fortbildung letztendlich ihre Berufs- und Lebenschancen deutlich zu verbessern, als in realen Projekten innerhalb einer Organisation zu arbeiten, in denen die beteiligten Personen oftmals nicht so angenehm sind wie Fortbildungsteilnehmer es sind. Es wird die Suggestion verkauft, man könne den Erwerb von Fachwissen einfach durch ein paar schnell angelernte Techniken ersetzen. Das Zitieren »systemischer« Prinzipien, die meist aus Sätzen bestehen, die relativ wahllos aus allen möglichen Disziplinen der Wissenschaften zusammengeklaubt sind, suggeriert ein umfassendes Wissen auf allen Gebieten der Wissenschaft. Neben der Suggestion, man verfüge über Wissen auf diesen Gebieten, hat der Verweis auf diese Disziplinen auch noch den grandiosen Vorteil, dass man in ihnen wahllos Zitate findet, mit denen man das eigenen Unwissen zum Programm erheben kann und sich gleichzeitig auch noch gegen Kritik immunisiert.

Nachfolgend sind einige solcher Thesen (Vogel. H. C., 1997) aufgeführt:

- In systemischer Beratung kann in Tautologien gesprochen werden.

- Systemische Beratung nutzt Paradoxien.
- Systemische Beratung ist Irritation nach Plan.
- Systemische Beratungssysteme sind Provokateure.
- Systemische Organisationsentwicklung ermöglicht Umdeutung.

Solcherart Thesen haben den zentralen Vorteil, dass man damit auch jeden noch so großen Misserfolg umdeuten (man beachte die letzte der obigen Thesen!) kann als gezielte (und erfolgreiche!) Intervention. Besser kann man sich als selbst ernannter Berater gar nicht gegen Lernerfahrungen immunisieren. Eine solche Überzeugung ermöglicht es dem (systemischen) Berater, z. B. die völlige Ablehnung seiner Person durch eine Organisationseinheit oder einen völlig missglückten Workshop als gelungene »Irritation des Systems« umzudeuten, oder besser formuliert: »zu reframen« (wenn Sie dieses Wort benutzen, zeigen Sie, dass Sie sich natürlich auch mit Hypnosetherapie auskennen) und nachträglich sogar noch zu glorifizieren.

Der feste Glaube an die oben genannten Prinzipien kann im Extremfall dazu führen, dass man glaubt, eine Lizenz zum Unsinnreden zu haben. Einige solcher Berater betrachten sich ja auch gerne als Hofnarren. Die Gültigkeit der oben genannten Grundsätze stellt sogar einen Freibrief zu Unsinnreden dar. Würden Sie jemandem Geld zahlen, der ihnen Paradoxien und Tautologien erzählt? »Systemische« Berater schaffen es offensichtlich.

Der feste Glaube an diese Leitsätze und ihre scheinbar zwangsläufige Gültigkeit, die ja (scheinbar) aus den vielen zitierten Wissenschaften rührt, bietet eine Art Metaimmunisierung gegen jegliche Art von Misserfolg. Wird die Beratungsarbeit durch die Auftraggeber als sinnvoll erachtet, so wird nur bestätigt, dass man gute Arbeit leistet. Wird die Beratungsleistung dagegen gerügt, so kann man sich sicher sein, seine Arbeit trotzdem in hervorragender Qualität geleistet zu haben, da man dann eben das System erfolgreich irritiert und provoziert hat. Die »systemischen« Prinzipien können so gesehen eine Art universeller Schutzschild gegen jede Art von Lernerfahrungen aus der Realität werden. Das kann sehr schnell zu Realitätsverlust und Lernresistenz führen. In dieser Betrachtung stellt die Sammlung von »systemischen« Grundsätzen eine Anleitung zur Reduktion kognitiver Dissonanz (vgl. Kapitel 11) dar.

Als Grundausstattung an Verweisen auf andere Wissensgebiete kann angesehen werden:

- Die Forschung zur Zellorganisation
- Die Chaosforschung
- Die Neurophysiologie
- Die Kommunikationswissenschaft
- Die Hypnosetherapie
- Die Systemtheorie
- Die Kybernetik
- Die »lösungsorientierte« Kurzzeittherapie

Sehr effizient ist es, wenn man zu den angedeuteten Themen auch noch ein paar Namen parat hat, die wichtigsten sind dabei: Maturana (1987), de Shazer (1989), Carpa (1976). Besonders der Erfinder der »neuen Hypnose«, Milton Ericson (1989), wird immer wieder gerne zitiert.

Nachfolgend sind einige Zitate aus dem Lehrbuch von Schlippe (2000) aufgeführt, die recht gut die Beliebigkeit der Argumentation verkörpern, sie sprechen für sich selbst.

»Bei der Team- und Organisationsberatung braucht der Berater von der inhaltlichen Arbeit nicht unbedingt viel zu verstehen. Dies kann sogar nützlich sein, weil er dem Team so konzentrierter helfen kann, seine eigenen Lösungen zu finden, indem er oder sie sich ausschließlich als Experte für die Entwicklung von Kooperationsbeziehungen versteht.«

»Beratung heißt, weitere, zusätzliche Geschichten zu erzählen und damit Komplexität anzubieten, aus denen sich die Ratsuchenden neuen Sinn konstruieren können.«

»Ich glaube keiner Theorie, ich benutze sie nur. Ich nutze von der Theorie jeweils das Teilstück, das mir hilft ... solange es mir hilft.«

»Da Systeme ohnehin tun, was ihrer Selbstorganisation entspricht, da Weiterentwicklung unvermeidlich ist, und da Therapeuten ihre Klientensysteme weder objektiv beschreiben noch instruktiv lenken können, verändern sich auch die Bilder über die Rolle der Therapeuten oder Berater. Sie sind nun weniger Experten für die Sache, sondern eher Experten für die Ingangsetzung hilfreicher Prozesse.«

(Schlippe 2000)

Solche Aussagen müssen all jene nahezu magisch anziehen, die über keine Expertise verfügen, aber trotzdem beraten wollen und sich gleichzeitig gegen jede Art von Kritik immunisieren möchten und dies noch pseudotheoretisch »begründen« möchten.

Kritisch wird auch kommentiert:

»Viele, nicht nur Systemtherapeuten sehen in der Reduktion von Beratung auf Konversation allerdings auch die Gefahr von Beliebigkeit und (nachfolgender) Inkompetenz.«

Natürlich haben systemische Überlegungen, die aus der Familientherapie kommen, welche ihrerseits ein Psychologiestudium voraussetzt, ihre Berechtigung, besonders natürlich in der Familientherapie. Sie bergen jedoch wie keine anderen Ansätze die Gefahr, dass einzelne Elemente und Aussagen relativ wahllos herausgepickt werden. Der Grat zwischen theoretischer Erkenntnis und pseudotheoretischem Selbstschutz ist hier besonders schmal.

7.3   Eine Aktualisierung

Der nachfolgende Artikel soll dabei helfen, die Begriffsverwirrung noch zu verstärken. Er ist eine Aktualisierung eines Artikels von Christoph Kraiker, der 1986 erschienen ist, als solche Konzepte noch in der Psychologie diskutiert wurden. Mit nur zwei Jahrzehnten Verzögerung (!) haben solche Konzepte und Begriffsverwirrungen nach der Populärwissenschaft nun auch die Wirtschaft erreicht, der Artikel ist daher in verändertem Kontext höchst aktuell.

Es ist hilfreich, die wesentlichen Aspekte der neuen (systemischen) Beratung abzugrenzen von denen der alten Beratung (Fachberatung), damit die Unterschiede klar werden und man weiß wo man steht. Die Abhandlung wird zwei Hauptteile haben, den ersten für Anfänger und den zweiten für Fortgeschrittene.

Grundprinzipien für Anfänger

Absolut fundamental ist die Tatsache, dass man einen holistischen, ganzheitlichen Ansatz vertritt. Dies hat Auswirkungen auf verschiedene Ebenen, zunächst einmal heißt es, dass man die GANZE Organisation im Blick hat, d.h., die komplette Belegschaft, alle Gebäude, Maschinen, Abläufe, Produkte und vieles, vieles mehr. Während wir hier ein klare, präzise Aussage machen können (100%), können Fachberater (notorische Partialberater) nichts Vergleichbares vorweisen. Über den Daumen gepeilt kann man sagen, dass sie vielleicht maximal 17% in den Griff kriegen. Dies zeigt, dass wir im Vergleich zu denen moralisch hoch stehend und nicht faul sind.

Ferner bedeutet das, dass wir systemisch denken. Wir wissen, dass alles sehr komplex ist, dass alles mit allem zusammenhängt und dass es zirkuläre Prozesse gibt. Gut lässt sich hier Carpa (1976) zitieren, z. B. mit dem Satz: »Alle natürlichen Phänomene sind letztlich miteinander verbunden, und um irgendeines erklären zu können, müssen wir erst alle anderen verstehen ...« Wir beweisen damit, dass wir auch die Physik beherrschen und der Einwand, dass gemäß der modernen Physik die Lichtgeschwindigkeit endlich ist und gleichzeitig die Höchstgeschwindigkeit für die Ausbreitung von Wirkungen (woraus folgt, dass die meisten natürlichen Ereignisse im Universum nicht kausal miteinander verbunden sind) lässt sich durch den Hinweis erledigen, dass wir auf sehr engem Raum zusammenleben. Wir verändern konsequenterweise nicht nur die gesamte Organisation, sondern auch den ganzen Menschen, die ganze Stadt und je nach Honorar auch die ganze Welt.

Unter zirkulären Prozessen sind solche zu verstehen, die sich gegenseitig beeinflussen, also nicht nur A das Ereignis B, sondern auch das Ereignis B das Ereignis A. Nun finden alle Prozesse in der Zeit statt, und die Zeit schreitet nur vorwärts und nicht zurück, sodass es unmöglich ist, dass A die Ursache von B ist und B die Ursache von A, aber wir sagen dann, erstens dass man uns missverstanden hat und wir es so nicht meinen (wobei wir es den anderen überlassen herauszufinden, WIE wir es stattdessen gemeint haben) und zweitens dass dieser Einwand Ausdruck typisch linearen Denkens sei. Es kann übrigens nicht oft genug betont werden, dass systemisch nicht mit systematisch verwechselt werden darf, das zweite, da ebenfalls linear, ist praktisch das Gegenteil vom ersten.

Wir haben auch das Rätsel des Denkens gelöst. Die bisherigen Schwierigkeiten entstanden durch die Annahme, dass EINER bzw. EINE denkt. Forschungen haben aber gezeigt, dass ZWEI denken, nämlich die linke Hemisphäre und die rechte Hemisphäre (des Großhirns). Jetzt wissen wir, wie gedacht wird, nämlich entweder so oder so, d.h. entweder linkshemisphärisch (die linke Hemisphäre) oder rechtshemisphärisch (die rechte Hemisphäre). Die linke denkt linear, logisch und partiell, die rechte nichtlinear, nichtlogisch und ganzheitlich, die linke in Worten, die rechte in Bildern, die linke fühlt, die rechte argumentiert (Vorsicht bei Linkshändern). Wir zeigen durch solche Hinweise, dass wir auch Einiges von Neurophysiologie verstehen und den Gehirnchirurgen einige heiße Tipps geben könnten. Durch die Förderung der rechten Hemisphäre beweisen wir ferner, dass wir zu tieferen Einsichten fähig sind, während andere kompensatorisch empirische Analysen anfertigen. Einige von uns nennen solche Leute »mind fucker«, aber »affektgeschädigter Szientist« tut's auch. Man könnte nun fragen, was eigentlich die anderen Wirbeltiere, von der Haselmaus bis zum Elefanten mit ihrer linken Hemisphäre machen. Wir sagen dann, dass sie diese im Moment noch nicht brauchen; oder glaubt vielleicht jemand, dass die Lerche linkshemisphärisch darüber nachdenkt, ob sie wirklich so früh aufstehen muss, um dann doch rechtshemisphärisch ihr Lied in den Morgen zu schmettern? Es ist nur schade, dass die beiden Hemisphären nicht unterschiedlich gefärbt sind, z.B. gelb und blau. Wir könnten dann vom Gelbdenken bzw. Blaudenken sprechen, was den gleichen geistigen Illuminationswert hätte, aber leichter und vor allem schneller auszusprechen wäre. Da wir jedenfalls wissen wie gedacht wird, können wir auch die Existenz von Mischformen des Denkens zugestehen. Möglicherweise haben wir es bei den ägyptischen Hieroglyphen mit einer solchen zu tun.

Ein weiteres Grundprinzip ist das Vertrauen auf die gute Kraft des Unbewussten. Das Unbewusste wurde zwar durch Sigmund Freud ausführlich erforscht, aber von einem Mann, der die meisten Menschen für Gesindel hält (was ihn auch als Vorläufer der Humanistischen Psychologie disqualifiziert) kann man nicht erwarten, dass er ausgerechnet vom Unbewussten eine hohe Meinung hat. Freuds Unbewusstes kennt z.B. keine Negation, keine Zweifel und ist völlig gleichgültig der Realität gegenüber. Es ist ungeheuer dynamisch, aber etwas bescheuert.

Ganz anders unser Unbewusstes. Wir haben alle unsere Probleme, die durch das Bewusste erzeugt werden. Es ist also nur konsequent, dem Unbe-

wussten eine Chance zu geben, es wird´s schon in Ordnung bringen, denn es ist das Einzige, was neben dem Bewussten existiert. Zwar könnte man auf dem Standpunkt stehen, dass die Organisation mit ihren bisherigen Bemühungen keinen Erfolg hatte und wir können anschauen, was für Strategien das waren und warum sie gescheitert sind und wir könnten anschließend neue Strategien ausdenken und testen. Aber mit solchem Kikikram kann sich der kreative Systemiker nicht beschäftigen. Die Organisation hat ja auch schon alle Fähigkeiten, die man zur Lösung der Probleme braucht.

Wer fragt, warum man sich dann noch systemisch mit ihr beschäftigen soll, zeigt, dass er nichts verstanden hat. Offensichtlich weiß die Organisation nur nichts davon, dass sie alles weiß. Die Fähigkeit das zu wissen hat sie offensichtlich nicht.

Grundprinzipien für Fortgeschrittene

Mit den bisher beschriebenen Gesichtspunkten lässt sich bereits fundiert systemische Beratung betreiben, wenn auch nur auf der Unterstufe. Auf der nächsten Ebene, der Oberstufe, kommen mehrere differenzierende und ergänzende Gesichtspunkte dazu. Im Vordergrund steht hier die radikale Ablehnung des schon mehrfach erwähnten linearen Denkens. Der lineare Denker denkt

1. eines nach dem anderen
2. nicht das Ganze, sondern nur einen Teil
3. dass es nur unidirektionale Ursachen-Wirkungs-Abläufe gibt
4. praktisch immer bewusst linkshemisphärisch

Der nichtlineare Denker dagegen denkt das andere nach dem einen und kehrt häufig zirkulär an den Anfang seines Denkens zurück, er denkt seitlich (laterales Denken), er denkt und bedenkt gleichzeitig das Ganze (holistisch-synchrones Denken), und er denkt, dass der Chef morgens seinen Sachbearbeiter anbrüllt, weil dieser am Abend Magenschmerzen bekommt, und dieser am Abend Magenschmerzen bekommt, weil er morgens vom Chef angebrüllt wurde (bidirektionale Kausalität). Lineares Denken ist charakteristisch für Ingenieure und Technokraten. Diese haben nämlich keine Zeit, sich um das Ganze zu kümmern, weil dies sehr umfangreich ist.

Systemische Beratung ist prozessorientiert. »Processus« heißt auf deutsch »Vorgang« und schon dieses Wort zeigt die dynamische, wachstumsorientierte Einstellung im Vergleich zu anderen rückgangsorientierten Beratungsformen. Andere Berater behaupten auch immer, dass sie sich mit Prozessen beschäftigen, aber das sind reine Schutzbehauptungen. Manche nennen die anderen Beratungsformen sogar inhaltsorientiert!

In der Oberstufe der systemischen Beratung muss die horizontale Gehirngliederung durch eine vertikale abgerundet werden. Einigkeit besteht darüber, dass unter dem Menschengehirn ein Säugetiergehirn und darunter ein Reptiliengehirn liegt. Das ist jedoch nicht so sehr anatomisch als eher funktional zu sehen. Die explikatorische Kraft des Ansatzes wird dadurch eminent gesteigert. Aggressives Verhalten kann dadurch z. B. auf die Aktivierung des Reptiliengehirns zurückgeführt werden. Besonders differenziert lassen sich jedoch die verschiedenen Kombinationsmöglichkeiten der Gehirnprozesse betrachten. So haben wir manchmal nichtlinear-bewusst-rechtshemisphärische Prozesse, manchmal reptilös-linear-unbewusste rechtshemisphärische Denkprozesse und so weiter. Dies ist noch ein weites Betätigungsfeld für zusätzliche Paradigmenwechsel. (In Klammern sei noch bemerkt, dass sich heutzutage viele für Paradigmenwechsler halten, aber nicht jeder, der glaubt, eines gewechselt zu haben, hat es auch wirklich getan. Manche kennen nicht mal den Unterschied zwischen einem Paradigma und einem T-Shirt).

In einem ähnlichen Zusammenhang ist die Gegenüberstellung von ICH und SELBST zu sehen. Das Selbst ist das wahre Ich, bzw. das Ich ist das falsche Selbst. Selbst Klienten und Ausbildungskandidaten, die am Unbewussten oder an den Hemisphären herummäkeln, verstummen widerstandslos, wenn man ihnen vorhält, dass das nur die Meinungen ihres Ichs sind, während ihr Selbst es besser weiß. Eine Formulierung wie: »Dein Ich glaubt, dass du bist, während dein Selbst weiß, dass du ein untrennbarer Teil einer Gesamtdynamik bist« kann blockierende Denkgewohnheiten endgültig zusammenbrechen lassen. Fernöstliche Weisheit sagt: »Das Ich ist eine Illusion, es existiert nicht, dafür wird es immer wieder neu geboren«. Selten hat es eine schlagkräftigere Widerlegung des linearlogischen Denkens gegeben. Von ähnlich subtiler Dialektik ist die grundlegende Entdeckung, dass die Menschen keine Eigenschaften haben. Das ist der Grund der Forderung jeden Menschen anders zu behandeln, sich ganz auf die Individualität des Gegenübers einzustellen, seine bevor-

zugten Repräsentationssysteme zu berücksichtigen, ferner andere Nichtei-genschaften wie Kooperationsfähigkeit, Dominanz, Subdominanz etc.

Die wesentlichen Grundprinzipien der systemischen Beratung sind somit erschöpfend dargestellt. Sollte jemand kontrollierte Studien über ihre Wirksamkeit verlangen, so nennen wir ihn einen linearen Partialberater.

So weit das Remake des Artikels von Kraiker. Würde Kraiker diesen Artikel heute noch einmal schreiben, so würde er in seiner Parodie sicher auch noch die Begriffe »Autopoiese«, »Selbstreferentielles« System etc. einbauen, die das begriffliche Repertoire in den letzten Jahren sehr erweitert haben. Jede Sekretärin würde heute darauf verweisen, dass sich ja eine Zelle selbst organisiert und jedes Kind erklärt, dass aus den Erkenntnissen der Chaostheorie heraus der Flügelschlag eines Schmetterlings im Amazonasgebiet einen Sturm in Europa auslösen kann.

7.4   Fazit

Dieser Abschnitt sollte einerseits als eine Kritik an der Überbetonung der Prozessberatung verstanden werden, andererseits versucht er deutlich zu machen, wie sich Personalentwicklung lächerlich machen kann, wenn sie Polarisierungen aufbaut, die in der Realität nicht vorhanden sind und sich relativ wahllos Begriffe aus (teilweise sehr fachfremden und oft nicht im Ansatz verstandenen) Disziplinen herauspickt und diese an passenden und unpassenden Stellen anbringt.

Hinterfragen Sie die wohlklingenden Begriffe der Beraterindustrie. Sie werden sehr schnell die Erfahrung machen, dass viele Berater die eigentliche Bedeutung von vielen der standardmäßig verwendeten Begriffe oft selbst nicht verstehen.

Nach meiner Erfahrung hat z. B. so gut wie kein Berater, der sich z. B. auf Milton Ericson beruft, eine Ausbildung in Hypnosetherapie.

Lassen Sie sich nicht dadurch über die Kompetenzen eines Trainers oder Beraters täuschen, dass dieser Begriffe aus der Neurochirurgie, der Kybernetik oder der Psychologie verwendet. Nehmen Sie stattdessen das Verwenden dieser Begriffe zum Anlass, nachzufragen, woher der Betreffende denn sein Wissen in diesen Disziplinen hat. Sie haben mit dem Nachfragen einen guten Prüfstein dafür, wie glaubhaft ein Berater ist, bzw. wie sehr er versucht, Sie zu blenden. Fragen Sie insbesondere die Begriffe nach, die im obigen Artikel verwendet werden, diese sind praktisch immer in erster Näherung nichtssagend.

Nur derjenige, der z. B. eine hypnosetherapeutische Ausbildung, eine Zulassung als Familientherapeut oder schon einmal ein Gehirn seziert hat, sollte sich berufen fühlen, andere Personen über hypnotische Prinzipien, Systemdynamiken oder neurophysiologische Sachverhalte aufzuklären – eigentlich eine triviale Aussage. Betrachtet man dagegen die Realität des Trainingsgeschäftes, so wird sie sehr relevant.

8. Führungskräfteentwicklung

Kapitel 8

Führungskräfteentwicklung

Ein großer und zentraler Teil der Personalentwicklung ist die Führungskräfteentwicklung. Diejenige Organisationseinheit, die im Unternehmen die Besetzung von Führungspositionen steuert, ist sehr mächtig. Die Personalentwicklung könnte daher grundsätzlich eine starke Machtbasis innerhalb einer Organisation besitzen. Dass dies in der Regel nicht der Fall ist, wurde schon im ersten Kapitel dargestellt. Damit stellt sich die Frage, welche Rolle die Personalentwicklung denn bei der Führungskräfteentwicklung nun tatsächlich spielt.

Um diese Frage zu beantworten ist es hilfreich, sich zunächst einmal mit prinzipiellen Fragen der Rekrutierung von »Eliten« zu beschäftigen, da es sich bei der Führungskräfteentwicklung ja um nichts anderes als um die Rekrutierung und Entwicklung von Eliten handelt. Die Soziologie hat für diesen Prozess einige Erklärungsmuster zu bieten, die im ersten Abschnitt beschrieben werden. Im zweiten Abschnitt dieses Kapitels wird dann untersucht, ob sich empirische Belege für die Sichtweise der Soziologie finden lassen. Im dritten Abschnitt werden dann die Pseudorolle und die tatsächliche Rolle der Personalentwicklung in dem Prozess der Elitenrekrutierung beleuchtet.

8.1 Die soziologische Sichtweise der Elitenrekrutierung

Die Analyse der soziologischen Bedingungen der Elitenrekrutierung beginnt mit einer Analyse der Schichtung einer Gesellschaft bzw. einer Organisation. Nach Dahrendorf (1972) lässt sich die Struktur einer Gesellschaft und auch die Struktur einer komplexeren Organisation (z. B. eines Betriebs) hauptsächlich in folgende »Klassen« von Organisationsmitgliedern einteilen: in Herrschende, Dienstklasse und Beherrschte. Die Klasse der Herrschenden sind die eigentlichen Eliten, die über sehr viel Einfluss und sehr viel Ressourcenzugang verfügen. Das sind z. B. die Eigentümer von Betrieben. Die Klasse der Herrschenden brauchen in der Organisation jedoch nicht unbedingt selbst in Erscheinung zu treten. In den meisten Organisationen ist die Struktur zu komplex als dass die Klasse der Herrschenden auf die einzelnen Entscheidungen direkt einwirken kann oder will. Die Klasse der Herrschenden bedient sich daher der »Dienstklasse«. Aufgabe dieser Dienstklasse ist es, nach Dahrendorf (1972):

> »Den herrschenden Gruppen bei ihrer regelsetzenden Aufgabe zu helfen, indem sie deren Normen ausführen und nach ihnen urteilen, aber auch indem sie die Herrschenden beraten und sie allgemein unterstützen.«

Der größte Teil aller Führungspositionen in Organisationen ist dieser Dienstklasse oder »Mittelelite« zuzuordnen. Sie stellt quasi den Transmissionsriemen dar, mit dem der Wille der Herrschenden auf die Klasse der Beherrschten übertragen wird. Durch diese Funktion wird die Dienstklasse für die Klasse der Herrschenden zu einer besonders relevanten aber auch zu einer potenziell besonders gefährlichen Gruppe. Sie wird benötigt, um die Rahmenbedingungen aufrechtzuerhalten, unter denen die Klasse der Herrschenden ihre eigene Herrschaft sichern kann. Die Dienstklasse benötigt zur Erfüllung dieser Aufgaben natürlich auch eine gewisse Autonomie und gewisse Entscheidungsfreiheiten. Diese kann sie jedoch prinzipiell auch zum Untergraben der Herrschenden einsetzen.

Das bringt die Klasse der Herrschenden in ein Dilemma: Um ihre Macht zu sichern, muss sie einen Teil ihrer Macht an die Dienstklasse abgeben. Gleichzeitig muss sie jedoch sicherstellen, dass die Dienstklasse mit der ihr verliehenen Macht in einer Art und Weise umgeht, dass sie die Macht und die Interessen der Herrschenden nicht beeinträchtigt.

Dieses Dilemma wird dadurch gelöst, dass man bei der Selektion der Dienstklasse sehr stark darauf achtet, dass die Dienstklasse loyal zur Klasse der Herrschenden ist. Diese notwendige Loyalität kann hauptsächlich durch Rekrutierung und durch Sozialisation gesichert werden. Weitere Möglichkeiten zur Sicherstellung von Loyalität sind Bestechung, Begünstigung, Bildung von Gemeinschaften (Clubs etc.).

Die Entwicklung zur Führungskraft wird aus diesem Blickwinkel betrachtet zu einem Problem der Elitenrekrutierung (Dienstklasse), die hauptsächlich der Systemstabilisierung und somit der Machterhaltung der Klasse der Herrschenden dient. Zur Elitenrekrutierung gibt es nach Endruweit (1986) hauptsächlich sechs Mechanismen:

Möglichkeiten der Elitenrekrutierung:

1. **Kooptation:**
   Die Mitglieder der Elite nehmen die Selektion selbst vor. Diese Funktion kann auch an die Dienstklasse delegiert werden.
2. **Delegation:**
   Die Auswahl erfolgt durch Nichtmitglieder der Elite. Diese Nichtmitglieder der Elite sind oft Berater jeglicher Art, die eine »objektive« und »neutrale« Auswahl der Kandidaten gewährleisten sollen.
3. **Infiltration:**
   Nichtelitemitglieder sorgen selbst für die Rekrutierung und infiltrieren die Elite, indem sie festgelegte Auswahlkriterien erfüllen.
4. **Usurpation:**
   Nichtelitemitglieder sorgen selbst für den Aufstieg, jedoch an den Auswahlkriterien der Eliten vorbei. Diese Entwicklung kann z. B. immer dann beobachtet werden, wenn eine Gruppe über unbedingt notwendiges Spezialwissen verfügt, wie dies in den letzten Jahren z. B. im Informatikbereich der Fall war.

5. **Positionssukzession:**
Normen regeln die Nachfolge vollständig. Diese Art der Rekrutierung dürfte jedoch nur in sehr starren Bürokratien realisiert werden.
6. **Positionstransformation:**
Durch strukturellen Wandel wird eine Nichtelitefunktion zur Elitefunktion.

Besonders relevant für die Herrschaftsstabilisierung sind die Mechanismen der Kooptation und der Infiltration. Diese Mechanismen der Eliterekrutierung sollen nachfolgend näher beschrieben werden.

8.1.1 Infiltration

Die Infiltration ist das klassische Modell, in dem es jede Person selber in der Hand hat, sich durch Bildung und Kompetenz einen geeigneten Platz in der Organisation zu erarbeiten. Dieses Modell wird als das allgemein praktizierte Modell propagiert. Auf diesem Mechanismus fußt zum Teil auch die bildungspolitische Idee der Öffnung der Hochschulen in den 60er- und 70er-Jahren des letzten Jahrhunderts.

Die Möglichkeit der Infiltration, insbesondere durch Bildungsanstrengung, hat jedoch nur dann Relevanz, wenn Bildung ein knappes Gut ist. Steigt dagegen der allgemeine Bildungsstand in der Bevölkerung an, wie dies mit der Akademikerschwemme der Fall war, so muss die Selektion auf anderem Wege erfolgen. Wenn zu viele Kandidaten die Bedingungen der Infiltration durch Bildung erfüllen, so muss die Auslese eben notwendigerweise durch zusätzliche Filter erfolgen.

Die Bildungsexpansion in den 60er- und 70er-Jahren des letzten Jahrhunderts hat zwar die Bedeutung des Hochschulexamens als Selektionsmittel deutlich verringert, da nun auch Mittel- und Arbeiterschichtkinder häufiger studieren konnten. Diesen Vorteil konnten diese jedoch nur so lange nutzen, wie ein Unterangebot an qualifiziertem Personal bestand. Bei der zunehmenden Arbeitsplatzknappheit und der steigenden Konkurrenz um Arbeitsplätze wurde die Bedeutung des Diploms als Eintrittskarte in gewisse Karrierewege in den letzten Jahren immer geringer, das Diplom somit entwertet und die Selektion über die anderen Faktoren wieder bedeutender. Aufstieg durch Bildung war auf breiter Front nur in einer historisch kurzen Phase möglich. In dieser historischen Phase war es möglich, durch Fachwissen eine gewisse Karriere zu machen. Die Chance zu einem »Kaminaufstieg«, insbesondere im Ingenieursbereich, bot sich oft. In der heutigen Welt verlieren eben diese Karrieren stark an Bedeutung.

Je bürokratisierter und mit je weniger Wechselhäufigkeit berufliche Entwicklungen verbunden sind, desto größer ist die Chance für Mittel- und Unterschichtkandidaten Karriere zu machen. Genau diese Karrierepfade sind jedoch im Schwinden begriffen.

Peter Glotz schreibt im Spiegel 1999 (22):

»Bis in die 50er-Jahre hinein hatten 80% der deutschen Bevölkerung einen Hauptschulabschluss. Das hat sich geändert, es gibt jedoch weiterhin eine »persistent ineqality«, die Oberschicht war vitaler, als ihre Gegner geglaubt hatten, sie sorgte dafür, dass ihre Sprößlinge sich den neuen Bedingungen anschmiegten. Die großen Bildungsschlachten des 20. Jahrhunderts brachten den unteren Klassen nur kleine Geländegewinne.«

Durch verschiedene soziologische Untersuchungen lässt sich belegen, dass der Anteil der Topmanager, die nicht aus den oberen Schichten der Gesellschaft stammen, nach dem Krieg, also in den 50er- und 60er-Jahren, deutlich anstieg, ab den 70er-Jahren dagegen wieder etwa auf das Vorkriegsniveau absank. Die heutigen Werte decken sich dann auch in etwa wieder mit denen, die in anderen Ländern üblich sind. Die soziale Rekrutierung der Manager ist wieder exklusiver geworden. Die Zeit nach dem Krieg stellte also nur eine Art Sonderkonjunktur dar, die für einen begrenzten Zeitraum eine erhöhte gesellschaftliche Mobilität durch Bildung ermöglichte. Dies geschah jedoch nicht aus sozialpolitischen Überlegungen heraus, sondern aus purer Arithmetik, da es im Nachkriegsdeutschland ein enormes Wirtschaftswachstum gab und gleichzeitig fast eine ganze Generation im Krieg ausgelöscht wurde. Auf diesem Hintergrund lässt sich auch die Öffnung der Hochschulen während der sozialliberalen Koalition betrachten. Sie scheint in diesem Lichte betrachtet eher als eine Reaktion auf einen Mangel, denn als sozialpolitische Gestaltungsmöglichkeit. Es war zwar in den 50er- und 60er-Jahren möglich, durch Bildung soziale Mobilität zu erreichen, aber eben nur aufgrund der besonderen Situation nach dem Zweiten Weltkrieg. Bildung wurde zu einem Ersatzkriterium zur Elitenrekrutierung in Ermangelung der Möglichkeit mit den traditionellen Selektionsmechanismen den Bedarf zu decken. Dabei wurde jedoch übersehen, dass es sich um eine historisch untypische und kurze Periode, eben um eine Ausnahmesituation in der Elitenrekrutierung handelte, und die Öffnung der Hochschulen keinesfalls eine breitere Chancengleichheit bewirkte, sondern im Gegenteil eine Entwertung der Hochschuldiplome als Selektionsinstrument zur Elitenrekrutierung. Andere Mechanismen greifen heute viel viel stärker als die Selektion über Hochschuldiplome.

Hartmann (1996) kommt zu dem Schluss:
>   »Die Einschätzung, die Wirtschaft weise unter den Elitegruppen neben den katholischen Bischöfen, den Diplomaten und der Generalität den höchsten Oberschichtanteil und das stabilste soziale Rekrutierungsmuster auf, wird im Großen und Ganzen bestätigt. Weder sorgt die Bildungsexpansion in diesem Falle für eine »Herauslösung aus dem Herkunftsmilieu« noch der Arbeitsmarkt für eine »Verselbstständigung des einzelnen Lebensweges gegenüber der sozialen Herkunftsbedingungen.«

Die Rekrutierung der Eliten durch Infiltration (z. B. durch Bildung) hat jedoch aus der Sicht der Eliten noch weitere negative Konsequenzen: Erstens käme es durch eine ungebremste Infiltration zu einer Umverteilung der Ressourcen. Zweitens setzt die Infiltration eine gewisse Transparenz der Kriterien voraus, die dann in irgendwelchen Formen »eingeklagt« werden könnten. Drittens würde dann das Selektionskriterium der Systemloyalität fehlen. Daher ist die Infiltration eher eine Gefahr als eine Hilfe für die herrschenden Eliten.

8.1.2 Kooptation

Der Mechanismus der Kooptation als Strategie der Elitenrekrutierung stellt unter dem Aspekt der Herrschafts- und Systemstabilisierung aus Sicht der Eliten eine wesentlich bessere Form der Rekrutierung von Führungskräften dar als die Infiltration. Bei der Kooptation entscheidet die Elite nach wechselnden und intransparenten Kriterien, wer kooptiert wird. Damit die Kooptation dennoch nicht zu einem Zufallsprozess wird, gelten jedoch nach Endruweit (1986) auch hier einige Richtlinien.

Demnach wird bevorzugt kooptiert, wer:

- sich in seinem Verhalten an der Elite orientiert
- durch Sozialisation Elitenormen und -einstellungen erworben hat
- das Prestige der Elite nicht unterminiert
- das interne Leben der Elite bereichert
- als Mittler zur Nichtelite wirken könnte (Lückenbüßerfunktion).

Die genannten Mechanismen stellen sicher, dass die personelle Basis der Eliten zwar ständig erneuert und gesichert werden kann, dass diese Veränderung aber eben in einer systemkonformen Weise vor sich geht.

Die Führungskräfterekrutierung muss aus dieser soziologischen Sicht zwei Dinge erfüllen: Sie muss erstens die Macht der Eliten sichern und zweitens muss sie zum gesellschaftlichen Kontext passen. Diesen Spagat schafft man, indem man das Leistungsprinzip und in dessen Folge die Infiltrierbarkeit (insbesondere durch Ausbildung und durch Leistung) von Führungsfunktionen propagiert, gleichzeitig aber dem Mechanismus der Kooptation vertraut.

Welche Legitimation der Elitenrekrutierung jeweils bevorzugt wird, hängt zudem sehr von dem gesellschaftlichen Kontext ab, in dem die Rekrutierung stattfindet. Zur Kaiserzeit etwa konnte die Methode der Kooptation angewandt werden, ohne dadurch in Erklärungsnotstand zu geraten. In der heutigen Zeit wäre dies nicht mehr so einfach möglich. In den gegenwärtigen gesellschaftlichen Kontext passt eher die Propagierung der Strategie der Infiltration, da sie ja gerade die Verkörperung des Leistungsprinzips darstellt. Damit wird der tatsächlich wirksamere Prozess der Kooptation verschleiert und verleugnet.

Dieser Prozess gilt für jede Art der Elitenreproduktion, besonders jedoch für die Legitimation der Rekrutierung der Führungskräfte. Die Führungskräfteauswahl ist für eine Organisation von besonderer Bedeutung, dies hat mehrere Gründe:

1. Es besteht ein höherer Rechtfertigungsdruck. Im Gegensatz zu »normalen« externen Einstellungen sind die Bewerber meist schon in der Organisation und verbleiben oft auch nach einer Ablehnung in der Organisation.

2. Da die Anforderungen an Führungspositionen größtenteils schlechter zu definieren sind als die an andere Stellen, wird die Selektion zu einem intransparenten Problem und zu erhöhter Unsicherheit. Dieser Freiraum der Entscheidung erfordert eine umso sorgfältigere interne Legitimation.

3. Durch den formalen (und oft noch stärker informellen) Einfluss der Führungskräfte innerhalb einer Organisation hat jede Ernennung der Eliten Einfluss auf das Machtgleichgewicht innerhalb der Organisation.

4. Es muss demonstriert werden, dass Führungskräfte etwas Besonderes sind, daher muss auch die Auswahl etwas Besonderes sein. Nach Mant (1974) haben die Verfahren zur Auswahl von Führungskräften hauptsächlich eine Beruhigungsfunktion innerhalb der Organisation.

Die wesentlichen Annahmen der Infiltrations- und Leistungsideologie sind:

- Entlohnung, Auswahl, Positionsvergabe, Privilegien und Aufstieg erfolgen nach Leistung.
- Leistung und Erfolg sind objektivierbar und meßbar.
- Die Strukturen der Organisation sind rational begründbar und ergeben sich aus notwendigen Erfordernissen.
- Erfolge können einzelnen Personen zugeschrieben werden.

8.2 Empirische Untersuchungen

Nach diesen eher theoretisch-soziologischen Überlegungen sollen nun zwei empirische Arbeiten zitiert werden. Dazu wird zunächst eine Untersuchung von Hartmann (1996) referiert, bei der es um die Rekrutierung des Topmanagements ging, anschließend daran wird eine Analyse von Kutz (1992) aus dem militärischen Bereich vorgestellt.

Untersuchung von Hartmann (1996):
Nach wie vor kommt ein Großteil (mehr als 60%) der Topmanager aus den »höheren Schichten«, also Unternehmerfamilien, Familien leitender Angestellter, akademischer Freiberufler oder höherer Beamter. Der Anteil dieser Gruppen an der Gesamtbevölkerung betrug ca. 2–3 % der Bevölkerung zu der Zeit der Generation ihrer Väter. Aus der Schicht der Arbeiterschaft, die zu dieser Zeit ca. 85% der Gesamtbevölkerung ausmachte, kommt dagegen jedoch nicht einmal jeder fünfte der Topmanager. Dabei ist auch zu bedenken, dass es zu dieser Zeit noch relativ einfach war, soziale Mobilität durch Bildung zu bewerkstelligen, eine Periode, die sich als Sondersituation herausstellen wird. Wer in den 50er- und 60er-Jahren ein Studium absolviert hatte, hatte berechtigte Hoffnung darauf, in einem durch Bildung selegierten Prozess Karriere zu machen. Die formale Bildung stellt nur eine sehr grobe Vorauswahl dar, die tatsächliche Entscheidung fällt dann aufgrund anderer Kriterien.

Untersuchung von Kutz (1992):
Was für das Topmanagement in der Industrie gilt, gilt auch in gleicher Weise für Karrieren im militärischen Bereich. Martin Kutz, Dozent für Sozialwissenschaften an der Führungsakademie der Bundeswehr, hat Ende der 80er-Jahre eine Untersuchung über die Rekrutierung der Generalstabsoffiziere durchgeführt. Die offiziellen Kriterien zur Auswahl für die Teilnahme am Generalstabslehrgang, der Voraussetzung für die Ernennung zum General ist, waren:
- letzte und vorletzte dienstliche Beurteilung
- Noten aus den vorhergehenden Ausbildungen
- Abschluss des Grundlehrgangs, der dem eigentlichen Lehrgang vorausgeht
- Vorschlag zum Lehrgang entweder aus dem Grundlehrgang oder aus der Truppe heraus

Alle Generalsstellen hätten in dem untersuchten Zeitraum mit (nach der eigenen Definition) qualifizierten Bewerbern (Note »sehr gut« oder »gut«) besetzt werden können. Dies war jedoch nicht der Fall. Selbst wenn man noch die Note »befriedigend« betrachtet, besteht kein großer Zusammenhang zwischen den offiziellen Kriterien und der tatsächlichen Beförderung zum General. Es gab also viele Bewerber, die aufgrund der offiziellen Kriterien geeignet gewesen wären und nicht ernannt wurden und sehr viele Bewerber, die eigentlich ungeeignet waren, aber trotzdem befördert wurden. Der Auswahlprozess muss also ein anderer als der der offiziellen (und selbst gegebenen) Kriterien sein. Kutz folgert:

> *»Offenbar ging es um traditionelle Rekrutierungsschemata, in denen insbesondere Berufsauffassungen und Einstellungen bevorzugt wurden, die dem Verständnis der »Alten« entgegenkamen.«*

Auch bei der Bundeswehr gab es eine »Bildungsexplosion«, als die Bundeswehr eigene Universitäten einrichtete und das Studium zu einer Voraussetzung für den Offiziersberuf wurde. Somit versagte daraufhin auch in diesem Bereich die formale Bildung als ein Selektionsinstrument. Kutz:

> *»Als mit dem Hochschulstudium endgültig die Rekrutierungsbasis zerfiel, suchte man Ersatz und hat ihn gefunden.«*

Kutz erklärt sich diese Mechanismen mit der Tendenz zur Systemerhaltung.

> *»Aus solchen Männern werden also die Karrieren gestrickt und ebendiese Männer sollen das System schlecht finden, das ihnen so sehr genutzt hat? So erklärt sich fast alles, was fehlt oder sonst nicht stimmt. Warum soll sich etwas ändern? Selbstkritik ist schwer und erst recht bei denen, die immer schon zufrieden waren. Das sind oft diejenigen, die eigentlich nicht an die entsprechenden Stellen gehören, weil sie nicht leistungsstark genug sind.«*

Diese Untersuchung von Kutz sollte 10 Jahre später wiederholt werden. Die Personalabteilung teilte jedoch mit, es gebe keinen Grund dazu, da sich sowieso nichts geändert habe.

Empirische Studien bestätigen also die in Abschnitt 1 beschriebenen Mechanismen auf beeindruckende Weise.

8.3 Die Rolle der Personalentwicklung

Verschiedene soziologische Erklärungen der Elitenreproduktion und der Elitenrekrutierung weisen in die gleiche Richtung. Der Hauptmechanismus der Rekrutierung von Führungskräften ist in Wirklichkeit die Kooptation. Dieser Prozess wird jedoch verschleiert durch die Behauptung, Karriere sei in einem großen Bereich durch Infiltration, insbesondere durch Bildung und Qualifikation vermittelt, möglich. Aus dieser Sicht sind der Machbarkeit beruflicher Entwicklungen soziologische Grenzen gesetzt. Karriere ist nicht »im luftleeren Raum« machbar, sondern unterliegt zu einem großen Teil gesellschaftlichen Beschränkungen, die man nicht oder nur sehr unmittelbar beeinflussen kann.

Wenn es nun bei der Führungskräfteauswahl und -entwicklung um einen soziologischen Prozess der Elitenrekrutierung hauptsächlich über den Mechanismus der Kooptation handelt, welche Rolle spielt dann die Personalentwicklung? Die Personalentwicklung hat aus dieser Betrachtung heraus eine wichtige Rolle bei diesem Rekrutierungsprozess, jedoch nicht diejenige Rolle, die sie gerne hätte und die sie häufig »offiziell« besitzt. Sie selegiert die Führungskräfte nicht tatsächlich, denn in diesem Falle hätte sie starken Einfluss auf die Machtbalance im Unternehmen. Das wäre nicht im Interesse der Eliten. Die Personalentwicklung hat dagegen die Rolle, eine Als-ob-Realität aufzubauen, die die wahren Mechanismen der Machtverteilung und der Machtreproduktion verschleiert. Ihre Aufgabe ist es, Prozesse, die eigentlich eher »irrational« ablaufen als sehr rationale Prozesse darzustellen. Dies geschieht, indem Kriterien aufgestellt werden, nach denen »Potenzialkandidaten« bewertet werden, indem die »Objektivität« der Beurteilung betont wird, indem sehr differenzierte Systeme der Führungskräfteentwicklung erstellt und mit Hochglanzbroschüren propagiert werden.

Der Personalentwicklung wird suggeriert, sie selbst wäre eine Art von Elite, nämlich diejenige Elite (Dienstklasse), die für die Produktion der Elite verantwortlich ist. Die Organisation hält sich eine in der Außendarstellung mächtige PE, die in Wirklichkeit jedoch sehr machtlos ist, um zu signalisieren: Hier geht alles (insbesondere wenn es um Karrierechancen geht) mit rechten (rationalen) Dingen zu (vgl. Kapitel 11). Gleichzeitig verhindert die Organisation natürlich, dass die Personalentwicklung tatsächlich eine machtvolle Stellung bekommt. Da die Personalentwicklung permanent eher einflusslos ist und ausgehungert nach irgendeiner Art von Mitsprache, lässt sich die Personalentwicklung gerne diese doppelbödige Rolle zuweisen.

Je mehr diese Als-ob-Realität von der tatsächlichen Realität abweicht, desto stärker ist die Notwendigkeit, die Machbarkeit von Karriere durch Infiltration zu betonen und den Prozess der Kooptation zu negieren. So gesehen hat die Personalentwicklung die Funktion Nebelkerzen zu werfen. Dieser Nebel sieht so aus:

- Die Auslese erfolgt methodenorientiert auf einer rationalen Ebene.
- Externe Bedingungen (Zufall, Günstigkeit der Situation, etc.) werden bei der Beurteilung des Erfolges herausgerechnet.
- Die Person ist für ihren Erfolg ausschließlich selbst verantwortlich (kognitive und effektive Vereinfachung einer komplexeren Realität).
- »Die Besten setzen sich durch.«
- Vorgesetzte haben die bessere Menschenkenntnis.

Hinter diesem Nebel können dann ungestört die Prozesse der Kooptation ablaufen.

Kompa (1989) zieht das Resümee:

»(Es) ... wird eine Als-ob-Realität konstruiert, mit der die Gesinnungskooptation als latentes Prinzip der Führungskräfterekrutierung verschleiert wird. Die Placeborealität weist die Rekrutierung von Führungskräften als einen Prozess aus, bei dem die Leistungsfähigkeit von Aufstiegskandidaten zählt und der auf einer objektiven und rationalen Basis vollzogen wird und daher von subjektiven oder willkürlichen Interessen bereinigt ist.«

8.4 Fazit

Die Personalentwicklung muss die Begrenzung ihrer Möglichkeiten und ihres Einflusses auf die Entwicklung von Führungskräften realistisch, das heißt in der Regel sehr kritisch sehen. Sie hat im Rahmen der Führungskräfteentwicklung oft lediglich eine legitimatorische und verschleiernde Funktion, sehr selten dagegen eine Macht- und Entscheidungsfunktion. Die »wahren« Entscheidungen über die Besetzung von Führungspositionen fallen – im Sinne einer Kooptation – in der Regel an anderen Stellen. Welche Konsequenzen hat diese Sichtweise für die Personalentwicklung?

1. Die Personalentwicklung sollte sich schonungslos ihrer tatsächlichen Rolle und der mannigfachen Begrenzung ihres Tuns im Bereich der Führungskräfteentwicklung bewusst sein. Dabei steht jedoch oft die eigene Allmachtsfantasie entgegen.
2. Die Personalentwicklung sollte sich ebenso ihrer Verschleierungsfunktion in diesem Bereich bewusst sein und diese Rolle *bewusst* einnehmen.
3. Die Rolle, in der man die eigentlichen Entscheidungen anderer relevanter Stellen einfach zur Kenntnis nehmen muss und dann darum herum noch ein möglichst attraktives Bildungsbegleitprogramm basteln kann, ist zwar nicht so schön, entspricht aber oft der Realität. Auch diese Rolle sollte man bewusst spielen, wenn sie sich nun mal nicht verändern lässt.

Die Personalentwicklung sollte sich nicht dadurch blenden lassen, dass sie sich mit der Führungskräfteentwicklung beschäftigt und diese Funktion auch oft in ihrem Titel oder ihrer Sachgebietsbeschreibung auftaucht. Man kann mit diesen Bezeichnungen und Begriffen die Personalentwicklung genauso gut sehr leicht über ihre tatsächliche Rolle bei der Führungskräfteentwicklung hinwegtäuschen, wie man mithilfe der Personalentwicklung selbst der gesamten Organisation die strikte Rationalität der Führungskräfteentwicklung vorgaukeln kann.

Die Personalentwicklung kann innerhalb des Prozesses der Eliterekrutierung dennoch eine sehr wichtige Rolle einnehmen. Sie kann den Entscheidungsfindungsprozess innerhalb der Organisation (abseits von Kriterien etc.) organisieren und sie kann die in diesem Prozess (aus welchen Gründen auch immer) identifizierten Personen optimal fördern.

9. Potenzialeinschätzung

Kapitel 9

Potenzialeinschätzung

Ein zentrales Element der Führungskräfteentwicklung ist die sogenannte »Potenzialeinschätzung«, bei der es darum geht, diejenigen Mitarbeiter zu identifizieren, die als Führungskräfte geeignet sind. Man kann diesen Prozess nun als einen methodisch sauberen eher psychologischen Prozess betrachten oder im Lichte der soziologischen Sichtweise eher als einen pseudorationalen und verschleiernden Prozess der Kooptation, dies geschieht im nächsten Kapitel.

Personalentwicklung befasst sich zu einem guten Teil mit der Potenzialeinschätzung als einem strukturierten, »objektiven« Mittel der Beurteilung der Karriere- und Aufstiegschancen der Mitarbeiter. Dieses Kapitel befasst sich mit der Machbarkeit und den Grenzen von Potenzialeinschätzungen. Dazu wird im ersten Abschnitt die Problematik einer »objektiven« Beurteilung erörtert. Im zweiten Abschnitt wird der Frage nachgegangen, ob überhaupt irgendjemand an einer »objektiven« Beurteilung interessiert ist. Im dritten Abschnitt werden daraus resultierende praktische Konsequenzen dargestellt.

9.1 Die rationale (gottähnliche) Oberseite

Im ersten Abschnitt geht es darum, die rationale Seite der Personalbeurteilung und der Potenzialeinschätzung näher zu betrachten. In fast jeder Organisation ist es ein propagiertes Ziel, die Mitarbeiter »objektiv«, »rational«, »vorurteilsfrei«, »gerecht« zu beurteilen. Bei der Beurteilung geht es dann entweder um die Höhe des Gehalts oder um die Wahrscheinlichkeit einer wie auch immer gearteten Beförderung. Nur so kann man sicherstellen, dass die Mitarbeiter auch leistungsbereit bleiben. Man lässt die Vorgesetzten mit dieser schwierigen Beurteilungsaufgabe nicht alleine, sondern lässt ihnen in der Regel eine Beurteilerschulung zukommen, in der sie lernen sollen, die mannigfaltigen Fehler und Probleme, die es bei der Beurteilung einer Person gibt, zu vermeiden. Eine um diese Probleme entkleidete Beurteilung soll sich dann der »Objektivität« der Beurteilung annähern. Bei den in solchen Beurteilerschulungen vermittelten Inhalten bedient man sich des Wissensschatzes der Psychologie. Insbesondere die Kognitionspsychologie und die Wahrnehmungspsychologie haben zu diesem Themenfeld einiges zu bieten.

9.1.1 Wahrnehmungsfehler

Speziell auf die Personenwahrnehmung bezogen, kann man die Teilnehmer an Beurteilerseminaren über gut untersuchte Effekte aus der Sozialpsychologie informieren.

In solchen Schulungen immer wieder gern zitierte Effekte sind:

- erster Eindruck
- der Näheeffekt
- Überstrahlungseffekt
- Selektive Wahrnehmung
- Vorurteile
- Andorra-Phänomen
- Mehrdeutigkeit von Ereignissen
- Selbstsicherheit der Beurteiler

Die Logik der Beobachter- bzw. Beurteilerschulung lautet dann etwa so: »Nun, da sie ja die Schwierigkeiten und die Effekte kennen, vermeiden Sie die oben beschriebenen Fehler und Effekte, dann werden Sie zu einer »objektiven« Beurteilung der Leistungen und Potenziale Ihrer Mitarbeiter kommen.«

Tipps, die dabei gegeben werden, sind:

- Machen Sie sich die Fehlerquellen bewusst.
- Notieren Sie Ihre Beobachtungen.
- Gehen Sie systematisch vor.
- Stärken Sie Ihre Selbsterkenntnis.
- Machen Sie sich bewusst, dass Sie selbst das Verhalten des Mitarbeiters beeinflussen.
- Machen Sie sich Ihre Urteilstendenzen bewusst.
- Versuchen Sie, Vorinformationen zu ignorieren.
- Erkennen Sie, was für ein Beurteilertyp Sie sind.
- Machen Sie sich klar, ob Ihnen der Beurteilte sympathisch oder unsympathisch ist.
- Klammern Sie sich nicht an den ersten Eindruck.
- Fragen Sie sich, ob persönliche Interessen bei der Beurteilung eine Rolle spielen.
- Überprüfen Sie, ob Sie etwas leichtfertig gedeutet haben.

Gebetsmühlenhaft wird in Beurteilerschulungen auch die Triade: Beobachten – Beschreiben – Bewerten zum Überlisten der eigenen Beurteilungsfehler propagiert und in Seminaren exzessiv geübt. Die Hoffnung darauf, dass man die Beurteiler durch ein solches Training ein »besseres«, »objektiveres« Beurteilerverhalten lehren kann, ist ungefähr so begründet wie die Hoffnung, man könne das Verhalten von Rasern im Straßenverkehr ändern, indem man sie über die Bedeutung von Schildern zur Geschwindigkeitsbegrenzung informiert. Die Kenntnis der Zusammenhänge wird in solchen oder auch anderen vergleichbaren Fällen wenig am konkreten Tun ändern.

Besonders gilt dies natürlich auch für Wahrnehmungsprozesse, da diese eben »automatisch« und daher wenig beeinflussbar ablaufen. Personalbeurteilung ist zudem das prädestinierte Feld für mikropolitisches Handeln. Aus der aufgezeigten Vielgestaltigkeit der Schwierigkeiten heraus scheint aber schon gerade der ernst gemeinte Versuch einer »objektiven« Beurteilung zum Scheitern verurteilt.

9.1.2 Kategoriensysteme als (scheinbarer) Ausweg

Der rationale Prozess der Verwendung von Kategoriensystemen sieht etwa so aus:

Man definiert einen Satz wünschenswerter Kompetenzen. Dabei handelt es sich meist jedoch nicht um theoretisch oder empirisch fundierte Modelle, die Funktionalitäten beschreiben, sondern in aller Regel um einfache Auflistungen sozial akzeptierter Begriffe (vgl. Kapitel 2). Die Mitarbeiter sollen dann anhand dieser Kriterien analytisch eingeschätzt werden und aus dieser analytischen Einschätzung wird dann eine holistische Potenzialaussage synthetisiert. Man kann sich dabei dann unterschiedlich viel Mühe geben, die einzelnen Kategorien zu definieren, zu operationalisieren, gegeneinander abzugrenzen etc.

Oft aufgeführte Dimensionen:

- Kommunikation
- Konfliktverhalten
- Motivation
- Leistungsverhalten
- Interkulturelle Sensibilität
- Fachkompetenz
- Kontaktverhalten
- Belastbarkeit
- Kreativität
- Führungskompetenz
- Entscheidungsfähigkeit
- Unternehmerisches Denken
- etc.

Die einzelnen Dimensionen werden dann noch näher beschrieben mit dem Ziel, sie in beobachtbarem Verhalten zu beschreiben.

Beispiel für Operationalisierungen zur Dimension
»Kommunikation«:

- gibt die nötigen Informationen weiter
- sorgt für gut funktionierende Schnittstellen
- fördert und erarbeitet gemeinsame Lösungen
- stellt Kontakte her
- kann sich in andere Standpunkte hineinversetzen
- fördert Konsens
- vermittelt bei Konflikten
- setzt sich mit anderen Meinungen konstruktiv auseinander

Man sieht dabei sehr schnell, dass sich die einzelnen Dimensionen stark überlappen und dass sich praktisch jede Operationalisierung bei genauem Ansehen in Luft auflöst. Die Operationalisierung hat eher die Funktion der Legitimation und die Funktion, den Eindruck zu vermitteln, dass man die oben beschriebenen Schwierigkeiten der Personalbeurteilung durch gut aufbereitete Wahrnehmungshilfen in den Griff bekommen könnte als die Funktion, eindeutig wahrnehmbares Verhalten zu beschreiben. Der tatsächliche Ablauf beim Erstellen einer Potenzialeinschätzung ist dagegen genau entgegengesetzt.

Der Beurteilende hat zuerst den »Gesamteindruck«, dass der Beurteilte (aus welchen Gründen auch immer) ein »guter Mann (oder natürlich eine gute Frau)« ist (impliziter Prozess). Diesen Eindruck versucht er dann mithilfe der Analytik zu belegen (expliziter Prozess), rational zu begründen. Das Ausfüllen der Beurteilung auf den verschiedenen Kriterien hat dabei dann eigentlich zwei Funktionen. Erstens kann es eine »Strafarbeit« sein, die man dem Beurteiler auferlegt. Zweitens kann es ein »Aufmunitionieren« für eventuelle Diskussionen sein. Thönneßen (2001) beschreibt den Versuch, Beurteilungen rational und »objektiv« zu gestalten:

»Professionelle Personalentwickler werden nicht müde, ihren Klienten beizubringen, dass sie bei jeder Beurteilung systematisch in drei Schritten vorzugehen haben: Beobachten, Beschreiben, Bewerten. Sie machen auf die wichtigsten Beurteilungsfehler aufmerksam und geben sich alle Mühe, Führungskräfte in der Führung von Beurteilungsgesprächen zu schulen (…) damit man dabei nichts vergisst,

werden dem Vorgesetzten Listen von Kriterien an die Hand gegeben, die entweder so abstrakt formuliert sind, dass kaum jemand darunter das Gleiche versteht wie sein Nachbar, oder aber so umfangreiche Verhaltensbeschreibungen enthalten, dass sich der Beurteiler schon beim ersten Kriterium im Dickicht der Formulierungen verliert.«

Diese Ergebnisse und Überlegungen führen uns schnurgerade zu den Überlegungen des zweiten Abschnitts.

9.2   Die raue, bocksähnliche Unterseite

Bisher galt es quasi als eine stillschweigende Voraussetzung, dass der Beurteilende das Ziel hat, den Beurteilten möglichst »objektiv« zu beurteilen. Was dabei dieser Absicht entgegensteht, ist lediglich die Tatsache, dass es eben »technisch« eher schwierig ist, diese objektive Beurteilung vorzunehmen, da sie durch die oben beschriebenen Wahrnehmungseffekte verzerrt werden kann. Es besteht nun »lediglich« die Notwendigkeit, die Wahrnehmungsfehler zu vermeiden und man hat eine objektive Beurteilung erstellt. In diesem Abschnitt wird dieser Sichtweise eine andere Perspektive gegenübergestellt, die das Streben nach einer objektiven Beurteilung infrage stellt. Es gibt eine ganze Reihe von Gründen, Personen taktisch und nicht »objektiv« zu beurteilen:

9.2.1   Wegloben

Es kann die Situation entstehen, dass man Mitarbeiter hat, die man eigentlich gerne loswerden möchte. Entweder, weil man die falsche Personalentscheidung selbst getroffen hat, oder weil man die jeweiligen Personen nicht selbst eingestellt, sondern einfach in einer bestehenden Organisationseinheit, die man übernommen hat, vorfand. Es fällt im Allgemeinen sehr schwer, solche »Problemfälle« zu behandeln. Insbesondere dann, wenn man eine Personalentscheidung selber getroffen hat, würde eine Revision der Entscheidung das Eingeständnis der eigenen Fehlbarkeit bei Personalentscheidungen bedeuten. Der weitaus einfachere Weg, sich problematischer Mitarbeiter zu entledigen ist es, ihnen eine entsprechend gute Potenzialeinschätzung zu erstellen. Dieser Weg hat mehrere Vorteile. Der entsprechende Mitarbeiter freut sich über diese positive Einschätzung. Man erspart sich damit den eventuellen Ärger einer realistischen Rückmeldung. Man hat die Chance, dass das Wegloben tatsächlich funktioniert. Man kann sich dann auch noch durch die Bereitschaft, Mitarbeiter abzugeben, zusätzlich profilieren.

9.2.2 Schmidt-sucht-Schmidtchen-Strategie

Ist es tatsächlich immer gut, qualifizierte Mitarbeiter zu haben, die auch noch das Potenzial haben, aufzusteigen? Natürlich wird diese Frage offiziell immer mit einem klaren »Ja« beantwortet, schließlich hängt ja der Erfolg des Unternehmens weitgehend von der Qualifikation der Mitarbeiter und der Führung ab. Dieses Kalkül stimmt jedoch nur so lange wie man davon ausgehen kann, dass der jeweilige Vorgesetzte tatsächlich auch kompetent und qualifiziert ist. Ist dies jedoch nicht der Fall, so greift ein anderes Kalkül. Dieses Kalkül heißt dann: Wie sichere ich meine Macht ab? Qualifikation und Potenzial sind in diesem Kalkül eine Bedrohung. Ein »guter« Mitarbeiter ist ein Mitarbeiter, der einem nicht gefährlich werden kann. Das heißt, dass er immer zumindest ein Stück schwächer sein muss als der jeweilige Vorgesetzte.

Die Untergrenze der Inkompetenz der »guten« (d. h. ungefährlichen) Mitarbeiter liegt an dem Punkt, an dem die Aufgabenbewältigung der Organisationseinheit gefährdet ist, da es unterhalb dieser Grenze zu Problemen führen würde, die die Führungskraft auszubaden hätte. Diese Grenze kann sogar noch ein wenig unterschritten werden, indem man Mitarbeiter hat, die in ihrer Funktion Fehler machen. Diese Mitarbeiter werden dem Vorgesetzten dann ewig dankbar sein, dass er sie trotz ihrer Fehler fördert, sie wissen dann, dass sie in ihrer Laufbahn vollständig von ihrem Vorgesetzten abhängen. Es wäre aus deren Sicht dann fatal, gegen den Vorgesetzten zu opponieren. Genau solche Mitarbeiter, die zu dieser Art von Dankbarkeit verpflichtet sind, braucht ein eher schwacher Vorgesetzter. Das Schlimmste für ihn wären dagegen fachlich und persönlich starke Mitarbeiter, da diese ihm jederzeit gefährlich werden könnten.

Eine verschärfte Variante dieser Machterhaltungsstrategie ist es, gezielt unfähige Mitarbeiter heranzuzüchten, die ihre Daseinsberechtigung alleine der Gnade ihres Herren verdanken und diesem ewig dankbar sein müssen und auch dankbar sein werden. Das hat für den »Herren« natürlich den Vorteil, dass er an solche nachgeordneten Führungskräfte nahezu jede Aufgabe widerspruchslos delegieren kann. In diesem Kalkül wird also die Frage der Einschätzung des Potenzials einer Person durch die Frage der eigenen Machterhaltung ersetzt. Eine solche Potenzialaussage ist dann eigentlich invers zu werten. Dieser Prozess der Machterhaltung wird umso stärker ausgeprägt sein, je schwächer der jeweilige Vorgesetzte ist. Wenn sich dieser Mechanismus über einige Hierarchiestufen hinweg erstreckt, kann man sich leicht ausrechnen, wie schnell die Effizienz eines Bereiches sinken kann. Natürlich wird diese Art der Potenzialeinschätzung nie jemand in dieser Art und Weise formulieren. Stattdessen wird einstimmig der Mythos des besten Mitarbeiters beschworen.

9.2.3 Selbstsicherheit des Beurteilers

Wenn in einer Organisation ein System zur Potenzialeinschätzung existiert, wissen dies natürlich auch die Mitarbeiter. Daher muss die Einschätzung in irgendeiner Weise kommuniziert werden. Wenn der Vorgesetzte dem Mitarbeiter eine nicht ganz so gute Potenzialeinschätzung mitteilen muss, so aktiviert dies bei ihm die (verständliche) Angst, den Mitarbeiter kritisieren zu müssen. Um diese zu vermeiden, kann er dazu übergehen, einfach eine positive Potenzialaussage zu machen. Es besteht dann die Hoffnung, dass dem jeweiligen Mitarbeiter von anderen Stellen, die sich mit der Potenzialeinschätzung befassen, gesagt wird, dass er eigentlich aus dem System herausfällt. Die unschöne Aufgabe, dem Mitarbeiter nichts Positives oder gar etwas Negatives sagen zu müssen, wird an andere Stellen (z. B. an die Personalabteilung oder an externe Berater) delegiert. Dies hat vielleicht längerfristig auch noch eine Berechtigung, da der Vorgesetzte ja mit dem abgelehnten Mitarbeiter weiterhin zusammenarbeiten muss. Da ist es vielleicht besser, gemeinsam auf »die Personaler« zu schimpfen, die böswilligerweise die entsprechende Entwicklung des Mitarbeiters blockieren. Ein potenzieller Konflikt zwischen Mitarbeiter und Vorgesetztem wird dadurch auf eine externe Stelle (Personalwesen, nächsthöherer Vorgesetzter etc.) verlagert und damit die Arbeitsbeziehung zwischen Vorgesetztem und Mitarbeiter auch nach einer Ablehnung relativ konfliktfrei gehalten.

9.2.4 Vermutete Einschätzung durch den nächsthöheren Vorgesetzten

Eigentlich soll der Vorgesetzte die Beurteilung aus seiner Sicht wiedergeben. Er wird sich in der Regel jedoch auch Gedanken dazu machen, wie wohl sein eigener Vorgesetzter den jeweiligen Kandidaten einschätzt. Dies kann sich eventuell auf seine eigene Potenzialeinschätzung auswirken, sein Vorgesetzter wird im Falle einer identischen Einschätzung sehen, dass er gleich denkt wie er selbst (die Sozialpsychologie bestätigt: wir mögen Leute, die so denken wie wir). Außerdem ist es eher günstig für den Vorgesetzten, mit seinen Vorstellungen nicht allzu sehr seinem Vorgesetzten in die Quere zu kommen. Durch die Einbeziehung der vermuteten Sichtweise des nächsthöheren Vorgesetzten vermeidet der Vorgesetzte Ärger.

In aller Regel werden Potenzialaussagen durch die nächsthöheren Vorgesetzten validiert. Weicht der Beurteiler allzu sehr von den Vorstellungen seines Vorgesetzten ab, so sind Ärger, Diskussionen und Konflikte vorprogrammiert. Daher ist er unter Umständen gut beraten, wenn er sich bereits im Vorfeld Gedanken zur späteren Validierung der Einschätzung des Vorgesetzten macht. So gesehen hängt die Potenzialeinschätzung zu einem gewissen Teil auch von der »Stärke« des Vorgesetzten gegenüber dem nächsthöheren Vorgesetzten ab. Wagt er es, andere Vorstellungen als dieser zu haben? Ist er willentlicher Vollstrecker der antizipierten Vorstellungen seines Vorgesetzen (siehe oben)? Ist er in seiner Position nur zum Machterhalt seines Vorgesetzten geduldet und hat gar keine eigenen Vorstellungen zu haben?

9.2.5 Die Besten sind nicht immer die Geeignetsten

Ein Stereotyp besagt, dass man immer auf der Suche nach den besten und leistungsfähigsten Mitarbeitern ist. Diese Suche nach den Besten hört jedoch spätestens an dem Punkt auf, an dem die eigenen Ängste aktiviert werden. Im Bewerbungsprozess kann man die Angst vor der eigenen Courage der Vorgesetzten z. B. an folgenden Äußerungen erkennen:

- er wäre bei uns unterfordert
- wir wissen nicht, ob wir ihm bieten können, was er erwartet
- er hat sehr wahrscheinlich Schwierigkeiten, sich in die Hierarchie einzugliedern
- er hat überzogene Erwartungen
- etc.

Bei schwachen Vorgesetzten, die von einem guten Mitarbeiter tatsächlich »etwas zu befürchten« haben, ist dieser Mechanismus wiederum stärker ausgeprägt als bei starken Vorgesetzten.

9.3 Fazit

Aus den bisherigen Überlegungen könnte man tatsächlich den Schluss ziehen, Potenzialeinschätzungen seien notwendigerweise »kafkaeske Komödien« (Becker 1991). Dies gilt jedoch nur unter der Prämisse, dass ein rationaler und objektiver Prozess anzustreben sei. Es gibt jedoch noch eine andere Sichtweise. Aus dieser hat die Personalentwicklung eher die Rolle der Sicherstellung und Verschleierung der Macht einzelner Entscheidungsträger und das Herstellen einer Scheinrationalität bei der Personalbeurteilung.

Mit einer Potenzialeinschätzung werden eher Beziehungen zwischen Beurteiler und Beurteiltem beurteilt als dass auch nur der Versuch unternommen werden würde, die Leistung und das Potenzial eines Mitarbeiters annähernd »objektiv« zu beurteilen. Die Personalentwicklung hat auch hierbei wiederum die Rolle des Nebelkerzenwerfers. Sie muss sicherstellen, dass der Mythos aufrechterhalten wird, Beförderung würde von Leistung abhängen und diese Leistung würde auch objektiv beurteilt. Die Personalentwicklung hat wieder einmal die Rolle, die raue, bocksähnliche Welt in eine gottähnliche umzudeuten. Welche sinnvolle Rolle kann die Personalentwicklung im Bereich der Personalbeurteilung spielen?

Es kann ja durchaus Sinn machen, abzufragen, wer aus Sicht der Mächtigen in der Organisation denn geeignet erscheint, kooptiert zu werden. Mit diesen Personen hat sich dann die Personalentwicklung zu befassen und sie entsprechend zu trainieren. Der Potenzialbegriff in dieser Sichtweise bedeutet dann: Potenzial hat derjenige, der in der Organisation jemanden findet, der ihn bei seiner Karriere unterstützen möchte und auch die Macht dazu besitzt, dies durchzusetzen.

Die Personalentwicklung kann auch im Rahmen einer solchen Art der »Potenzialeinschätzung« eine wichtige Rolle spielen. Sie kann den Prozess der Meinungsfindung der Mächtigen innerhalb einer Organisation initiieren, strukturieren und moderieren. Sie kann dadurch sicherstellen, dass nur solche »Potenzialträger« identifiziert werden, die auch einen entsprechenden Rückhalt bei den Mächtigen innerhalb der Organisation besitzen. So gesehen besteht die Rolle der Personalentwicklung beim Erheben der Potenzialeinschätzung in der Organisation eines soziologischen Prozesses der Elitenreproduktion, jedoch nicht in der psychologischen Einschätzung einer Person.

Eher weniger kann eine sogenannte »Potenzialeinschätzung« dazu dienen, etwas über die Persönlichkeit oder die »objektiven« Fähigkeiten der betreffenden Person auszusagen. Daher reicht eine simple Abfrage ohne jegliche Dimensionen und Beschreibungssystematiken aus, um die auf diese Weise definierten »Potenzialträger« zu identifizieren. Systematiken würden dabei lediglich eine (Schein-) »Objektivität« vorgaukeln, die in der Realität keinerlei Entsprechung hat. Eine solche Art von »Methodik« würde dabei wieder lediglich der Verschleierung dessen dienen, was tatsächlich innerhalb der Organisation vor sich geht und hätte eine legitimatorische und keinesfalls eine diagnostische Funktion.

10. Ideologie statt Empirie am Beispiel der Gruppenarbeit

Kapitel 10

Ideologie statt Empirie am Beispiel der Gruppenarbeit

In diesem Kapitel soll die Rolle der Personalentwicklung bei der Diskussion um die Gruppenarbeit beschrieben werden. Man kann daran sehr deutlich sehen, wie sich die Personalentwicklung leicht vor einen ideologischen Karren spannen lässt, besonders dann, wenn das Ganze noch einen »humanistischen« Anstrich hat. Gerade in der Vieldeutigkeit des Begriffes »humanistisch« liegt auch schon ein Grund, warum sich die Personalentwicklung sehr leicht instrumentalisieren lässt. Am Beispiel des Konzepts der Gruppenarbeit lässt sich auch zeigen, wie die Personalentwicklung sich wie eine Fahne im Wind dessen verhält, was im Sinne des Zeitgeistes gerade »in« ist.

10.1 Beschreibung

Alles was mit dem Begriff »Gruppe« zu tun hatte wurde in der Zeit von ca. 1970 bis 1990 glorifiziert. Es verwundert daher nicht, dass diese meist sehr unreflektierte Glorifizierung mit einiger Verspätung dann auch die Betriebe erreichte. Gerber (2004) beschreibt dieses Phänomen:

> *Es gab eine Zeit, in der das Wort »Gruppe« eine hohe soziale Erwünschtheit hatte. Mit Gruppe assoziierte man in den 70er-Jah-*

ren des letzten Jahrhunderts positiv besetzte Begriffe wie Aufbruch, Entwicklung, Befreiung, Solidarität. Gruppe war »in«. Was sich in der Gruppe vollzog, war eben deswegen gut, ganz gleich, ob es sich um Arbeit, Lernen oder Liebe handelte. Die Gruppe war nicht nur der Ort, sondern auch das Medium, sie war nicht nur eine Organisationsform, sie war eine Lebensform.«

Zwei Bücher waren in dieser Zeit sehr populär, »Die Gruppe« (1973) und »Lernziel Solidarität« (1974) des Psychoanalytikers Horst Eberhard Richter. Was in diesen Büchern stand, hatte für eine ganze Generation beinahe Gesetzescharakter. Liest man diese Bücher heute, so erscheint einem das Gedankengut sehr befremdlich und ideologisch völlig überlastet. Schon der Untertitel des Buches »Die Gruppe« mutet seltsam an, er lautet: »Hoffnung auf einen neuen Weg, sich selbst und andere zu befreien«. Im Vorwort zu diesem Buch, das von Hans Jürgen Wirth verfasst wurde und in dem er die Popularität des Buches zu erklären versucht, finden sich dann folgende Begriffe: Es ist die Rede von einer »psychosozialen Neuorientierung«, dem »antiautoritären Klima« der damaligen Zeit, von der »Suche nach neuen Formen des Zusammenlebens«, von »neuen Formen der hierarchiefreien, selbst bestimmten, gleichberechtigten Arbeitsorganisation«, von »emanzipatorischen Gesellschaftsveränderungen«. Die Gruppe wird gesehen als: »Alternative sowohl zur traditionellen Kleinfamilie als auch zu den etablierten gesellschaftlichen Institutionen und Organisationen«, in der Gruppe sollte der Versuch unternommen werden, »die soziale Isolation zu überwinden und die wechselseitige neurotische Verklammerung der Mitglieder aufzubrechen«, aus »Formalisierungen, Ritualisierungen und Hierarchisierungen auszubrechen«, die »psychohygienische Bedeutung der Gruppe« zu erkennen, der »repressiven Entsublimierung« entgegenzutreten. Aus heutiger Perspektive hört sich dies alles sehr befremdlich an, die Gruppe diente als politisches, psychotherapeutisches, gesellschaftsveränderndes und sonst auch für alle möglichen Zwecke instrumentalisierbares Etwas. Aber genau dies ist der geistige Nährboden, auf dem die Glorifizierung der Gruppe basiert.

Gegen diese hochtrabenden und aus heutiger Sicht völlig wirren Ideen schien natürlich die Frage, welchen Beitrag die Personalentwicklung zu einer effizienteren Gestaltung organisationaler Abläufe und zu einer optimierten Zusammenarbeit leisten könnte, völlig illegitim, und wurde maximal als systemstabilisierend (auch ein Zauberwort aus dieser muffigen Zeit) entlarvt. Wie kamen nun solche eher ideologisch bzw. aus dem individualpsychologischen Erleben der damaligen Akteure geprägten Ideen in die Wirtschaft? Ende der 60er-/Anfang der 70er-Jahre herrschte in Deutschland und in vielen nordeuropäischen Ländern eine heute fast unvorstellbare Situation: Die Unternehmen hatten erhebliche Schwierigkeiten Mitarbeiter für die damals sehr arbeitsteilige Produktion zu finden und zu halten. Dies hatte unter anderem auch sehr hohe Fluktuations- und Fehlzeitraten zur Folge. Daher wurde in dieser Zeit intensiv über andere, damals gerne ziemlich hochtrabend sogenannte »sozio-technische« Arbeitssysteme nachgedacht. Dies waren fast in jedem Fall Konzepte der (teil-) autonomen Arbeitsgruppen.

Am bekanntesten war in diesem Zusammenhang das Arbeitsmodell von Volvo im Werk Kalmar und das Werk von Saab in Trollhättan. Über beide Werke wurde nur das Beste berichtet, die Produktivität stieg, die Qualität verbesserte sich, die Reklamationen gingen zurück, die Fehlzeiten reduzierten sich, die Mitarbeiter waren zufriedener, die Investition rechnete sich schneller als erwartet, die Werke waren, wie man sie mit Vokabular bezeichnen würde »benchmark« und »best practice«. Das einzig Unerklärliche an dieser für Unternehmer und Arbeiter geradezu paradiesischen Situation ist die Tatsache, dass das Werk Trollhättan 1989 und das Werk Kalmar 1994 geschlossen wurden. Andere Werke kehrten zur klassischen Fließbandproduktion zurück. Nach all dem PR-Aufwand und dem damit verbundenen Imagegewinn wurde die Schließung der Werke natürlich mit Faktoren begründet, die rein gar nichts mit der Arbeitsorganisation zu tun hatten.

Es dauerte auch nicht lange, bis »neue« Produktionskonzepte propagiert und verwirklicht wurden. Nach den »europäischen« Konzepten der Gruppenarbeit dominierten nun »japanische« Produktionssysteme (am prominentesten derzeit: das Toyota-Produktionssystem).

Die Personalentwicklung hat sich aus wie auch immer definierten »humanistischen« Motiven heraus in einen Prozess der machtpolitischen Auseinandersetzung hineinziehen und instrumentalisieren lassen. Zu einem guten Teil ging es um die (vielleicht ja durchaus berechtigte) Frage: »Wie können sich die Arbeiter von der direkten Führung meist des Meisters befreien?« Sozialwissenschaftliche Konzepte wurden dabei von interessierter Seite gerne aufgenommen und für ihre Zwecke instrumentalisiert. Die Personalentwicklung, die unter chronischem Akzeptanzmangel litt, sah nun endlich ein Feld, auf dem sie als Partner akzeptiert wurde. Die Personalentwicklung wurde wieder einmal für machtpolitische Zwecke eingesetzt, weil sie zu diesem Zweck gerade gebraucht werden konnte. Häufig wurde diese sich bietende Chance einer betrieblichen (Schein-) Akzeptanz seitens der Personalentwicklung auch gerne genutzt.

10.2 Mythos Gruppeneffektivität

Die Gruppenarbeit wurde in den 70er-Jahren vorwiegend aus ideologischen Gründen mythologisiert. Das ideologische Festhalten an dem Mythos der Gruppenproduktivität ist besonders erstaunlich, da es eine jahrzehntelange sozialpsychologische Forschung zu diesem Themenfeld gibt, die sehr klar auf die Schwächen und Risiken von Gruppenarbeit hinweist. All diese Hinweise wurden jedoch systematisch ignoriert.

Der Grund dafür war wahrscheinlich die Tatsache, dass sich in dem Mythos der erhöhten Produktivität von Gruppen gegenüber einer Zusammenfassung von individueller Arbeit sehr gut ideologische Annahmen mit scheinbaren ökonomischen Begründungen belegen ließen. Die vermeintlich höhere Produktivität der Gruppe lieferte den (Schein-) Beleg für ideologische Grundannahmen und wurde daher niemals infrage gestellt.

Natürlich haben auch Berater die Zauberkraft des Begriffes »Gruppeneffektivität« erkannt und machen damit Umsatz. Eine Standardübung um die Überlegenheit einer Gruppe bei Problemlösungen zu demonstrieren ist die folgende:

Einer Gruppe wird ein Begriff vorgegeben, z. B. »Freitagnachmittag«. Jedes Gruppenmitglied soll nun aus den Buchstaben dieses Begriffes so viele Worte wie möglich bilden, also z. B. »Tag«, »nach«, »Nacht«, »Mittag«, etc. Weiterhin sollen die Teilnehmer abschätzen wie viele sinnvolle Begriffe die gesamte Gruppe wohl finden wird.

Das Ergebnis ist bei dieser Übung immer gleich: Natürlich ist die Menge der sinnvollen Begriffe, die die Gesamtgruppe findet, deutlich größer als die Menge, die jeder Einzelne findet. Auch wird die Anzahl der Begriffe, die die Gesamtgruppe wohl finden wird, von den Teilnehmern immer unterschätzt. Diese Demonstration beweist somit, dass die Gruppenarbeit wesentlich effektiver ist als die Einzelarbeit und dass die Gruppeneffektivität häufig unterschätzt wird (und damit nicht hoch genug einzuschätzen ist).

Beweist sie es wirklich? Bei genauerer Betrachtung zeigt sich, dass diese Übung nicht geeignet ist, etwas über die Effektivität von Gruppen auszusagen. Bei dieser Art von Gruppenarbeit handelt es sich nämlich genau genommen gar nicht um eine Gruppenarbeit, weil die Gruppe keine *Realgruppe*, sondern eine *Nominalgruppe* darstellt. Zwischen den einzelnen Personen fand nämlich keine Interaktion statt, sie hätten diese

Übung genauso gut mit »Gruppen«-Mitgliedern durchführen können, die auf der ganzen Welt verteilt sind und ihre Ergebnisse per Internet an einen auswertende Stelle weitergeleitet haben, das Ergebnis wäre das gleiche gewesen. Es handelt sich dabei ausschließlich um einen statistischen Effekt und nicht um einen Gruppeneffekt. Ein Gruppenprozess fand bei dieser Übung nämlich überhaupt nicht statt. Wenn nun jedoch tatsächlich Gruppenprozesse stattfinden, so sieht es mit der »Überlegenheit« der Gruppe nicht mehr so gut aus.

10.2.1 Der Ringelmann-Effekt

Dieser Effekt wurde erstmals von Ringelmann (1913) formuliert. Er beschreibt die Tatsache, dass eine Gruppenleistung immer kleiner ist als die reine Addition von Einzelleistungen, es tritt immer ein Verlust auf. Man kann z. B. die durchschnittliche Kraft messen, die ein Mensch beim Tauziehen aufbringen kann. Zwei Menschen müssten dann theoretisch die doppelte Kraft aufbringen, drei Menschen die dreifach Kraft usw. In der Praxis sieht dies jedoch anders aus: Lässt man Versuchspersonen z. B. mit »maximaler Kraft« an einem Seil ziehen, so ziehen sie im Durchschnitt mit einer »maximalen« Kraft von 63 kg. Fordert man nun zwei Personen dazu auf, mit maximaler Kraft an einem Seil zu ziehen, so tun sie dies durchschnittlich mit 118 kg, drei Personen ziehen durchschnittlich mit 160 kg. Eigentlich müssten zwei Personen jedoch durchschnittlich mit 126 kg und drei Personen mit durchschnittlich 189 kg ziehen. Je mehr Personen also an der Gruppenleistung beteiligt sind, desto geringer ist die tatsächlich erbrachte Leistung im Vergleich zur theoretisch möglichen Leistung.

Diese Differenz wird zudem nicht nur linear größer. Diese Differenz zwischen der potenziellen Leistungsfähigkeit einer Gruppe und der tatsächlichen Leistungsfähigkeit einer Gruppe kann zum einen mit einem Koordinationsverlust (die einzelnen Gruppenmitglieder können sich z. B. gegenseitig behindern) und zum anderen mit einem Motivationsverlust der einzelnen Gruppenmitglieder erklärt werden. Man kann nun mit einer trickreichen Versuchsanordnung die beiden Effekte voneinander trennen, indem man Versuchspersonen tauziehen lässt. Was diese »Versuchspersonen« nicht wissen ist, dass es tatsächlich nur eine richtige Versuchsperson gibt, die anderen »Versuchspersonen« sind Helfer des Versuchsleiters. Die echte Versuchsperson wird jedoch immer an die erste Stelle am Seil platziert. Dadurch wird sichergestellt, dass kein Koordinationsverlust auftreten kann, da es an der ersten Position am Seil noch nichts zu koordinieren gibt. Ergebnisse solcher Versuche zeigen, dass der Gesamtverlust ca. zur Hälfte aus einem Koordinationsverlust und zur Hälfte aus einem Motivationsverlust besteht. Es ist schon seltsam: Nur durch die Tatasche, man weiß, dass noch andere Leute »hinter einem stehen« (im konkreten und im übertragenen Sinn), reduziert sich plötzlich die Maximalkraft. Dieser Effekt wurde seit 30 Jahren mit dem immer selben Ergebnis bei den verschiedensten Aufgaben gefunden, bei Aufgaben zum Brainstorming, Seilziehen, usw. (Kerr & Tindale 2004).

10.2.2 Free Riding und Sucker-Effekt

Ein weiterer gut erforschter Effekt ist das »Free Riding« und damit zusammenhängend der »Sucker-Effekt«. Immer dann, wenn Leistungen nicht explizit einzelnen Personen zugerechnet werden können, kann es zum Trittbrettfahren (free riding) kommen. Es braucht jedoch gar nicht zu tatsächlichem Trittbrettfahren zu kommen, es reicht schon, wenn ein Gruppenmitglied glaubt, andere würden Trittbrettfahren, damit sie die eigene Leistung (quasi präventiv) reduzieren.

10.2.3 Risikoschub

Ein weiteres allgegenwärtiges Phänomen ist der Risikoschub in Gruppen. Gruppen entscheiden in der Regel riskanter als Einzelpersonen. Man kann dies z. B. untersuchen, indem man Einzelpersonen auffordert, einem guten Freund eine Geldanlagemöglichkeit zu empfehlen, die eher riskant oder eher weniger riskant ist. Aus diesen individuellen Empfehlungen kann man dann den Durchschnitt bilden. Wenn man die gleiche Aufgabe Gruppen gibt, so tendieren Gruppen eher zu riskanteren Strategien. Erklären lässt sich diese Tatsache durch mehrere Faktoren. In einer Gruppe sind natürlich die Verantwortlichkeiten auf mehrere Personen verteilt, Risikobereitschaft wird sozial eher positiv bewertet, man weiß als Einzelperson ja auch nicht, wo das »mittlere« Risikomaß liegt, dies wird erst in der Diskussion deutlich.

10.2.4 Konformität

Die Versuche von Solomon Asch zu diesem Gebiet wurden schon im Abschnitt 3.1 beschrieben.

Die oben beschriebenen sozialpsychologischen Effekte sind alle seit Jahrzehnten erforscht und sehr wahrscheinlich jedem von uns aus eigenem Erleben bekannt. Die interessante Frage ist, warum die Effektivität von Gruppenarbeit so lange glorifiziert wurde und die eher negativen Fakten zu diesem Thema systematisch ignoriert wurden. Ein Teil dieses Effektes lässt sich sicher mit den Prozessen der kognitiven Dissonanz erklären (Kapitel 11). Die Wahrnehmung dieser Realitäten würde kognitive Dissonanz erzeugen und wird somit unterdrückt. Ein anderer Teil lässt sich durch die Tatsache erklären, dass das Thema »Gruppe« über lange Zeit einfach sozial erwünscht war, man war im Trend und konnte scheinbar nichts falsch machen, wenn man auf dieser Welle mit geritten ist. Darin liegt jedoch auch eine große Gefahr. Die Personalentwicklung, die sich in den Dienst einer Ideologie oder gewisser Trends stellt, verliert schnell an Glaubwürdigkeit, wenn der Trend verschwindet und ein neuer Trend auftaucht. Man kann dann nur noch versuchen auf den neuen Trend aufzuspringen und so weiter und so fort. Wenn man dies mehr als zweimal praktiziert hat, verliert man damit massiv an Glaubwürdigkeit. Man muss sich dann beim nächsten Trend fragen lassen, wie lange nun diese neuen tiefen Überzeugungen, zu denen man gelangt ist, Bestand haben werden und es wird sehr schnell auf die in der Vergangenheit gewechselten Überzeugungen hingewiesen werden. Eine derartige Personalentwicklung marginalisiert sich selbst sehr schnell.

10.3   Fazit

Am Beispiel des Umgangs mit dem Thema »Gruppenarbeit« kann man gut nachvollziehen, wie leicht, ja geradezu willfährig sich die Personalentwicklung zum Sachwalter ideologischer Interessen machen lässt. Unterstützt wird diese Bereitschaft durch das im Kapitel 1 beschriebene latente Minderwertigkeitsgefühl der Personalentwicklung. Durch einen, wenn auch nur temporären, ideologischen Rückenwind glaubt die Personalentwicklung Auftrieb zu spüren und sieht die Chance, endlich auch einmal ein Stück der ihr sonst oft vorenthaltenen Macht ergattern zu können. Durch diesen Mechanismus wird die Personalentwicklung sehr leicht verführ- und missbrauchbar für alle möglichen ideologischen Interessen.

Dabei werden dann sehr schnell die empirischen, meist sozialpsychologischen Erkenntnisse aktiv ignoriert. Diese Ignoranz der Realität bleibt natürlich nicht ungestraft. Die Vertreter der Personalentwicklung, die das Gruppenkonzept oder ähnliche Ideen unkritisch propagiert haben, werden es nach dessen Scheitern schwerhaben, noch einmal innerhalb der Organisation halbwegs ernst genommen zu werden.

Die Personalentwicklung sollte sich weg von einer ideologischen und hin zu einer empirisch fundierten Disziplin entwickeln. Klaus Grawe hat für den Bereich der Psychotherapie den Wahlspruch »Von der Konfession zur Profession« geprägt. Dieser Wahlspruch stünde auch der Personalentwicklung gut zu Gesicht. Empirische Sachverhalte müssen zur Kenntnis genommen und richtig interpretiert werden, damit sie die Grundlage für Handlungsempfehlungen bilden können. Die Vorstellungen von der betrieblichen Realität müssen sich nach der Realität richten, und nicht die Realitäten den Vorstellungen der Personalentwicklung angepasst werden.

11. Erklärungsversuche

Kapitel 11

Erklärungsversuche

Wie kann man sich den Sachverhalt erklären, dass Unternehmen in vielen Bereichen, allen voran in der Fertigung ein sehr elaboriertes Controllingsystem besitzen und dass dort Prozesse bis in das Detail geplant und teilweise im Sekundenbereich getaktet sind, alles optimiert ist und andererseits bei Themen der Personalentwicklung genau diese Kontroll- und Optimierungsprozesse oft völlig versagen oder gar nicht existieren?

Versucht man die Rolle der Personalentwicklung mit ihren »offiziellen« Funktionen zu erklären (Sicherstellung der Weiterbildung, Auswahl der besten Mitarbeiter zur weiteren Entwicklung, Persönlichkeitsentwicklung der Mitarbeiter, etc.), so erkennt man sehr schnell, dass diese Funktion nur einen eher geringen Teil der Realität erklärt, allenfalls die Funktion der Personalentwicklung als »interne Volkshochschule«. Sehr weite Teile der impliziten Funktion der Personalentwicklung wird man mit dieser Sichtwiese nicht erklaren können. Man braucht einige zusätzliche, andere Erklärungsmuster, damit man die Phänomene, die in den vorangegangenen Kapiteln beschrieben wurden, erklären kann. Um solche Erklärungsmuster geht es in dem folgenden Kapitel. Es werden einige Gedankengänge vorgestellt, die manche ansonsten eher schwer erklärliche Phänomene im Zusammenhang mit der Personalentwicklung erklärbar machen können. Dabei werden die Erklärungen eher in der »rauen und bocksähnlichen« Welt zu finden sein, als in der »gottähnlichen«. Bei den Erklärungsversuchen kann es sich nicht um eine konsistente Theorie handeln, sondern eher um einzelne Fragmente.

11.1 Personalentwicklung als Nebelkerze

Die knappste Ressource innerhalb einer Organisation ist neben dem Geld die Macht, sie ist im Zweifelsfalle sogar noch viel wichtiger als materielle Ressourcen, da derjenige, der Macht hat, auch über die Zuteilung der Ressourcen verfügen kann. Die Arbeitsgebiete der Personal- und der Organisationsentwicklung sind potenziell sehr mächtige Stellen. Würden die Personal- und Organisationsabteilungen tatsächlich und mit vollständiger Durchdringung diejenigen Aufgaben erledigen können, die sie gerne erledigen würden und die oft auch in der Welt der Organigramme, der Selbstdarstellung, der Zeitschriften und der Stellenbeschreibungen formal existieren, so würden sie eine enorme Quelle der Macht innerhalb einer Organisation darstellen. Durch diese Funktionen würden sie die relevanten Stellhebel der Organisation beherrschen.

Essentiell für eine Organisation ist z. B. die Besetzung der Führungspositionen. Würde diese Besetzung tatsächlich von der Personalentwicklung gesteuert, so hätte sie dadurch die Macht, die zukünftigen Machtstrukturen in der Organisation gestalten zu können. Dies wäre nicht nur Macht, sondern eine Art Metamacht. Bei der Konkurrenz um die tatsächliche Macht innerhalb einer Organisation hat der Personalbereich in aller Regel jedoch eine sehr schlechte Ausgangsposition.

Dies ist auch historisch gesehen absolut verständlich. Das Personalwesen war ursprünglich hauptsächlich für die Zeitwirtschaft und die Abrechnung zuständig, also rein administrativ orientiert. In den siebziger Jahren des letzten Jahrhunderts erhielt das Personalwesen dann durch das Betriebsverfassungsgesetz eine zusätzliche, eine sehr stark juristisch geprägte Legitimation und Funktion. Es gab nun eine Fülle neuer juristischer Themen zu beachten, das Personalwesen musste nun »juristisch sauber«, d.h. gemäß den mannigfaltigen neuen juristischen Gegebenheiten geführt werden. Dies war natürlich auch wiederum eine eher administrativ-reaktive Funktion. Beginnend in den 80er-Jahren und verstärkt dann in den 90er-Jahren des letzten Jahrhunderts begann das Personalwesen sich dann selbst als »höherwertiges« Mitglied der Organisation sehen zu wollen. Damals hieß der Slogan: »Vom Verwalter zum Dienstleister«. Der Begriff »Dienstleister« war damals sehr in Mode, man sprach zu dieser Zeit auch oft und viel von der Wandlung der Gesellschaft von der Produktions- zur Dienstleistungsgesellschaft. Da man damit nach einiger Zeit zumindest verbal auf der Höhe der Zeit war, begann man in einem Akt der Selbstüberschätzung sich der nächsten Evolutionsstufe zu widmen. Nun war man ja (zumindest glaubte man das) schon ein paar Jahre erfolgreicher Dienstleister. Daher lautete nun der neue Slogan: »Vom Dienstleister zum Gestalter«.

Leider haben sich diese Wandlungen eher im eigenen Anspruch des Personalwesens und in den Hochglanzbroschüren der Personalzeitschriften sowie auf den Reden der Personalkongresse vollzogen, jedoch weniger in für den Rest der Organisation wahrnehmbaren konkreten Handlungen. Viele Personaler gerieten dadurch in eine Art Selbsttäuschung, indem sie »geistig« zwar die zentralen Gestalter der Organisation waren und ihnen diese eminent wichtige Position in der Welt der Zeitschriften immer wieder bestätigt wurde. Der Rest der Organisation hatte jedoch eine ganz andere Auffassung von der Rolle des Personalwesens (vgl. Kapitel 1). In der Fremdwahrnehmung war es oft noch genau die Verwaltungseinheit, die es seit Jahrzehnten immer schon war.

Im neuen Jahrtausend dann trieb man diese Entwicklung immer weiter. Nun war man plötzlich in der Selbstwahrnehmung »Business Partner«. Man kann gespannt sein, was in Zukunft noch alles auf der begrifflichen Ebene passiert. Der nach wie vor größte Teil des Personalwesens, der wie seit jeher seiner Funktion entsprechend administriert, wird von all diesen Diskussionen sowieso relativ unberührt bleiben.

Was unter dem Strich bleibt ist jedoch eine Art Zugzwang des Personalwesens. Man muss – zumindest in der Außenwirkung – all das haben, was »man« heute so alles hat. Was »man« genau heute so alles haben muss, kann man in den einschlägigen Personalzeitschriften immer brandaktuell nachlesen. Man kann sich aber auch noch einfacher verbal auf die Höhe der Zeit bringen, indem man sich ein paar Prospekte von Personalerkongressen besorgt und sich die Überschriften ansieht. Man ist dann sehr schnell auf der verbalen Ebene auf der Höhe der Zeit.

Personalentwicklung hat eine wichtige Marketingfunktion nach außen, diese darf jedoch nicht mit den tatsächlichen Funktionen im Innenverhältnis der Organisation verwechselt werden. Im internen Verhältnis spielt die Personalentwicklung aber auch eine wichtige machterhaltende Rolle. Man kann versuchen Macht formal über Organigramme, Sachgebietsbeschreibungen, Hierarchien etc. zu definieren. Dies gelingt jedoch nur zu einem gewissen Teil. Macht hat immer auch eine latente, verdeckte, oft auch bewusst vernebelte Komponente. Macht, besonders dann wenn sie auf Mikropolitik basiert, was häufig der Fall ist, lebt geradezu von der Verschleierung, da dadurch viele neue Möglichkeiten eröffnet werden (Ortmann 1988). So gesehen kann die Rolle der Personalentwicklung als eine Funktion gesehen werden, die von den wahren Machtverhältnissen ablenkt, indem sie gewisse Systematiken vorgaukelt, die in der Realität gar nicht existieren, und somit Freiräume für die tatsächlich Mächtigen schafft. Diese Sichtweise erklärt auch, warum von der Organisation für die Personalentwicklung bereitwillig Ressourcen bereitgestellt werden, obwohl (bzw. gerade weil) diese aber oft wirkungslos bleibt. Diese scheinbare Verschwendung »lohnt« sich und rechnet sich ökonomisch aus Sicht des Machtgefüges innerhalb der Organisation. Außerdem verkörpern Personalentwicklungssysteme die rationale Seite der Organisation. Zum Erhalt des Leistungswillens der Organisationsmitglieder ist es notwendig transparent zu machen, dass alles »mit den rechten Dingen« zugeht. Diese »rechten Dinge« werden zum Teil von der Personalentwicklung vertreten. Die Personalentwicklung hat somit eine legitimatorische Funktion, die den Glauben an die Rationalität der Entscheidungen, insbesondere der Personalentscheidungen aufrechterhält.

Die Personalentwicklung spielt der Organisation die »gottähnliche« Seite vor und hilft dabei, die »raue, bocksähnliche« Seite der Organisation zu verdecken und hilft damit den tatsächlichen Machthabern, in Ruhe ihren Tätigkeiten und ihren Machtinteressen nachzugehen. Ganz ähnlich sieht es bei dem Thema »Organisationsentwicklung« aus. Die Entwicklung einer Organisation wird von mächtigen Leuten innerhalb der Organisation bestimmt. Es wäre geradezu absurd zu glauben, dass man für die Entwicklung einer Organisation zentrale Entscheidungen einer Stabsabteilung überlassen würde. Aus dieser machtpolitischen Sichtweise heraus lässt sich erklären, warum es Personalentwicklung und Organisationsentwicklung gibt, warum sie mit Ressourcen ausgestattet werden, aber trotzdem oft eher wenig Einfluss haben.

11.2 Dissonanzreduktion

In diesem Abschnitt wird der Frage nachgegangen, warum die in den vorangegangenen Kapiteln beschriebenen Effekte existieren, aber diese einfach toleriert und hingenommen werden. Ein Grund dafür ist sicher die schlichte Unkenntnis der Zusammenhänge, eine weitere Erklärung bietet die Sozialpsychologie und dort besonders die Forschung zur »kognitiven Dissonanz«. Die Erkenntnisse daraus sollen zuerst allgemein formuliert dargestellt werden. Danach werden die Mechanismen auf die Personalentwicklung übertragen.

>*Wir Menschen kämpfen dafür, eine relativ günstige Sichtweise unserer selbst aufrechtzuerhalten, insbesondere dann, wenn etwas in Erscheinung tritt, was diesem typisch rosigen Selbstbild widerspricht. Die meisten von uns mögen glauben, dass wir vernünftige, anständige Leute sind, die kluge Entscheidungen treffen, sich nicht unmoralisch verhalten und Integrität besitzen. Kurzum, wir wollen glauben, dass wir keine dummen, grausamen und absurden Dinge tun.«*

>(Aronson 2004)

Wenn nun die Prozesse, die in der Personalentwicklung ablaufen, so ablaufen wie sie in den vorangegangenen Kapiteln beschrieben wurden, stellt sich natürlich die Frage, wieso sich diese »Missstände« halten können. Aus dem Missverhältnis zwischen der »rationalen« Berechtigung der Personalentwicklung und den vielen irrationalen Dingen, die real passieren, speist sich eine gewisse »kognitive Dissonanz«, die dann irgendwie (meist auf kognitivem Wege) reduziert werden muss.

11.2.1 Kognitive Dissonanz

Die Theorie der kognitiven Dissonanz stammt in ihrer ursprünglichen Formulierung von Festinger (1957). Alle Menschen (pathologische Erscheinungen einmal ausgenommen) haben das Bedürfnis sich selbst als vernünftig, gescheit und moralisch handelnd zu betrachten. Wenn man nun mit der Tatsache konfrontiert wird, dass man sich irrational, unmoralisch oder dumm verhalten hat, erlebt man dies als sehr unbehaglich und verstörend. Diese Tatsachen passen dann nicht zu dem positiven Selbstbild, das man gerne von sich hat, es entsteht eine »kognitive Dissonanz«. Der Zustand der kognitiven Dissonanz, also der Tatsache, dass zwei Gedanken, die wir über uns selber haben, (z. B. dass man einerseits ein rational handelnder Mensch ist, andererseits aber auch irrationale Dinge tut) ist ein höchst aversiver Zustand, der dringend danach verlangt, verändert zu werden. Je mehr diese dissonanten Gedanken unser Selbstbild betreffen, je mehr also das Bild, das wir von uns selber haben zu Wahrnehmungen in Widerspruch gerät, die dieses Bild drohen ins Wanken zu bringen, desto aversiver sind sie. Ähnlich wie beim Entstehen von Durst, bei dem der Sollwert des Flüssigkeitsgehaltes nicht mit dem Istwert übereinstimmt, erzeugt auch die kognitive Dissonanz einen Handlungsimpuls. Wenn der Flüssigkeitsspiegel im Körper zu niedrig ist, erzeugt das Durst und führt zu Verhalten, den Durst zu stillen. Ähnlich verhält es sich mit dissonanten Kognitionen, die Situation hierbei ist jedoch etwas komplexer.

Es gibt drei prinzipielle Wege, um die kognitive Dissonanz zu reduzieren:

1. Am einfachsten wäre es natürlich, das eigene Verhalten zu ändern. Dass dies jedoch nicht so einfach möglich ist, wird jeder Raucher bestätigen können.

2. Man kann auch eine der beiden dissonanten Kognitionen verändern, also entweder das eigene Selbstbild oder die Wahrnehmung der Informationen, die diesem Selbstbild zuwiderläuft.

3. Man kann jedoch auch versuchen, das eigene Verhalten zu rechtfertigen, indem man neue Kognitionen hinzufügt. Diese Form der Dissonanzreduktion kann dabei abenteuerliche Züge annehmen.

Betrachten wir die drei möglichen Wege zur Dissonanzreduktion am Beispiel eines Rauchers: Jeder Mensch weiß heutzutage, dass Rauchen die Gesundheit gefährdet und eigentlich ein »irrationales« Verhalten ist, da es zu Krankheit und schnellerem Tod führen kann. Es passt nun nicht zum Selbstbild des Rauchers, sich als einen irrational handelnden und teilweise fremdgesteuerten (abhängigen) Menschen zu sehen. Daher wäre es für einen Raucher natürlich am naheliegendsten, »einfach« sein Verhalten zu ändern und fortan nicht mehr zu rauchen, sein Selbstbild und sein Verhalten würden dadurch wieder stimmig.

Wie die Erfahrung zeigt, ist es beim Rauchen wie auch bei jeder anderen Verhaltensweise jedoch sehr schwierig, eingefahrene Verhaltensweisen zu ändern. Raucher, die es nicht schaffen, mit dem Rauchen aufzuhören, bereiten sich nun nicht einfach auf den bevorstehenden früheren Tod vor, sie haben noch eine andere Möglichkeit, die kognitive Dissonanz zu reduzieren, indem sie kognitive Dissonanzreduktionsmechanismen entwickeln. Diese ermöglichen es ihnen dann zwar einerseits weiter zu rauchen und nicht den mühsamen Weg der Verhaltensänderung gehen zu müssen, andererseits aber auch nicht mit dem aversiven Zustand der kognitiven Dissonanz weiterleben zu müssen. Welche Mechanismen kann ein Raucher zu diesem Zweck anwenden?

- Man kann Widersprüche in den Untersuchungen suchen, die den Zusammenhang zwischen Rauchen und Erkrankung belegen.
- Man kann sich einreden, Filterzigaretten oder »paffen« sei doch »relativ« gesund.
- Man kann als Gegenbeispiel immer irgendjemanden finden, der uralt geworden ist, und sein ganzes Leben geraucht hat (die Tatsache, dass sich sehr viele Raucher auf die sehr wenigen dieser Beispiele berufen und die vielen anderen Beispiele ignorieren, wird dabei natürlich verdrängt).
- Man kann den spannungsreduzierenden Aspekt des Rauchens betonen.
- Man kann versuchen, den Genuss (Gewinn) des Rauchens mit dem erhöhten Erkrankungsrisiko (Verlust) in Beziehung zu setzen und dadurch eine »Optimierung« zu erreichen.
- und so weiter

Das Bedürfnis nach Erhaltung der Selbstachtung stellt oft ein Denken her, das nicht rational, sondern rationalisierend ist. Das Gehirn arbeitet dann ständig daran, dass man sich trotz der Widersprüche besser fühlt.

Im Bereich der Personalentwicklung gibt es ebenfalls jede Menge solcher kognitiven Fluchttüren, mit denen man das eigene Verhalten rechtfertigen kann. Dies fällt dabei um so leichter, je weniger Kenntnisse man in den Bereichen der (meist psychologischen) Theoriebildung und der empirischen Forschung besitzt. Sofern man diese Voraussetzung erfüllt, wird es einem als Personalentwickler sicher leichtfallen, für alles, was man gerade tut, sich irgendwo eine (Schein-) Begründung herauszupicken. Das Angebot an pseudotheoretischen Erklärungen ist ja sehr groß und wenn man keine Heuristik besitzt, das Richtige auszuwählen, fällt das »Herauspicken« natürlich besonders leicht.

11.1.2 Rechtfertigung von Anstrengung

Eine potenzielle Quelle für Dissonanzerleben ist der Einsatz von Anstrengung. Sollte der Fall eintreten, dass man sich sehr stark für die Erreichung eines Ziels anstrengen muss und sich dann in Nachhinein herausstellt, dass das Ziel nicht besonders attraktiv war, so hat man ein kognitives Problem: Man möchte sich selbst als einen Menschen sehen, der seine Ressourcen vernünftig einsetzt und seine Ziele richtig aussucht. Demgegenüber steht dann die Bewertung, dass das Ziel trotz hoher Anstrengung eigentlich im Nachhinein die Anstrengung gar nicht gelohnt hat. Dies ist ein sehr aversiver Zustand, der dem Bild von sich selber entgegensteht, rational und effizient zu handeln. Aber zum Glück gibt es ja noch die Mechanismen der kognitiven Dissonanzreduktion.

Da man die Anstrengung retrospektiv nur noch schwer relativieren kann, bleibt nur noch der Ausweg, dass man die (eigentlich eher geringe) Attraktivität des unter hohen Anstrengungen erreichten Ziels »künstlich« erhöht. Nehmen wir z. B. den Fall, dass man große Anstrengungen aufgewendet hat, um in einen Club aufgenommen zu werden und dann bemerkt, dass in diesem Club eigentlich nur lauter langweilige, uninteressante Menschen sind. Man kann dann die kognitive Veränderung vornehmen, diese an sich langweiligen Menschen einfach umzubewerten. Dies fällt immer dann besonders leicht, wenn es kein eindeutiges Kriterium dafür gibt, wie das Ziel zu bewerten ist. In unserem Beispiel gibt es keine objektiven Kriterien dafür, wann ein Mensch nun genau als langweilig oder uninteressant zu bewerten ist. Man ist daher sehr frei in der eigenen Bewertung dieser eher schwammig definierten Erfolgskriterien. Im Zweifelsfall wird dann der Grad der eigenen Anstrengung (der natürlich immer als hoch erlebt wird) als Ersatzmaßstab für die Güte des Ziels genommen.

Was heißt das für die Personalentwicklung?

Personalentwickler unternehmen subjektiv große Anstrengungen, um die für sie ungeheuer wichtigen Themen zu bearbeiten. Das Ergebnis dieser Anstrengungen ist dabei in aller Regel nicht genau messbar (vgl. Kapitel 3), oder nur schwer widerlegbar (vgl. Kapitel 5). Durch diese Eigenheiten der Situation in der Personalentwicklung kann man sich praktisch jedes Ergebnis der eigenen Bemühungen »schöndenken«. Dies ist eine Eigenheit des Arbeitsfeldes »Personalentwicklung«. In der Produktion und in vielen anderen betrieblichen Bereichen lässt sich Zielerreichung und Zielattraktivität sehr viel exakter bestimmen.

Wenige betriebliche Bereiche haben solch große Freiheitsgrade in der Selbstevaluation wie die Personalentwicklung. Das ist einerseits sehr komfortabel (man kann ja eigentlich so gut wie nichts falsch machen), andererseits ist diese Situation ein permanenter Quell der kognitiven Dissonanzreduktion und dem Aufbau einer Scheinwelt, in der fast keine Korrektur des Handelns durch die Realität mehr erfolgen kann. Die Mechanismen der kognitiven Dissonanzreduktion erlauben es, das (natürlich positive) Bild, das man von sich selbst hat, auch dann aufrechtzuerhalten, wenn dazu keine Veranlassung besteht. Das Fatale an dem Prozess der kognitiven Dissonanzreduktion ist, dass man eine Bühne aufbaut und dadurch irrationale Handlungen immer mehr perpetuiert. Der Prozess der kognitiven Dissonanzreduktion perpetuiert sich daher von selbst und produziert immer mehr Irrtümer und kann zu Tragödien führen. Einige dieser Irrtümer und Tragödien wurden in den vergangenen Kapiteln beschrieben.

11.3 Suggestionen

Ein weiterer Erklärungsansatz für die oben beschriebenen Phänomene stellt die Wirksamkeit von Suggestionen dar. In Themen der Personal- und Organisationsentwicklung ist die »private Vernunft« häufig sehr schnell an der Grenze der Beurteilungsfähigkeit angelangt. Eine fundierte wissenschaftliche Beurteilung ist meist jedoch auch nicht möglich, da diese per se eher schwierig ist und eine umfangreiche Beschäftigung mit diesem Thema erfordern würde, was dem »Endverbraucher«, d.h. dem Teilnehmer an einem Seminar oder sonstige von Personalentwicklungsmaßnahmen »Betroffenen«, natürlich allein schon zeitmäßig gar nicht zuzumuten ist.

Dies ist offensichtlich auch vielen Trainern und Beratern bewusst, die Personalentwicklungsmaßnahmen anbieten. Sie setzen daher an die Stelle der »privaten Vernunft« und der wissenschaftlichen Beurteilung die Suggestion. Der Begriff »Suggestion« wird in diesem Zusammenhang verstanden als eine Art der indirekten Beeinflussung. Man sagt mit einer Suggestion nicht einfach geradewegs das was man meint, sondern legt es (dem anderen oder sich selber) »in den Mund«. Man sagt etwas, ohne es explizit verbal formuliert zu haben.

Nach Kraiker (1996) wirkt eine Suggestion unter gewissen Voraussetzungen:

1. Die Suggestion erregt die Aufmerksamkeit des Empfängers.
2. Der Sender der Suggestion wird als kompetent eingeschätzt.
3. Der Empfänger der Suggestion besitzt keine ausreichende Wissenskompetenz, was den Inhalt der Suggestion betrifft.
4. Der Sender der Suggestion wirkt vertrauenswürdig.

Alle vier Bedingungen wirken dabei multiplikativ, d.h., wenn eine nicht realisiert ist, ist die ganze Suggestion wirkungslos. Die Wirkung einer Suggestion kann 5. noch verstärkt werden, indem man mit ihr moralischen Druck ausübt.

Im Bereich der Personalentwicklung kann man diese Funktionen einer Suggestion sehr deutlich beobachten.

1. Nahezu jede Aussage im Bereich der Personalentwicklung wird Aufmerksamkeit erregen. Wenn man z. B. an einem Training teilnimmt, ist die Aufmerksamkeit automatisch sichergestellt,

man will ja etwas lernen. Noch ein Stück höher wird die Aufmerksamkeit ausgeprägt sein, wenn man mit einer Personalentwicklungsmaßnahme konfrontiert wird, die eine Auswirkung auf die weitere berufliche Entwicklung hat (z. B. ein Assessment Center).

2. Der Sender von Aussagen wird schon dadurch als kompetent erscheinen, dass er ein »Trainer« ist, der einen Teil seines Wissens weitergibt. Genau dies ist ja der Zweck von Schulungs-, Bildungs- und Lehrveranstaltungen. Hier wird natürlich auch die Assoziation mit der Schulerfahrung und der Autorität des Lehrers geweckt. Er kann jedoch auch in der Funktion des Vertreters der betrieblichen Hierarchie erscheinen, der Begriff »Kompetenz« wird dann eher verstanden werden als »im Bereich seiner Zuständigkeit«, er ist in dieser Funktion dann also ein (Stell-) Vertreter der organisationalen Macht. Dies wird immer dann der Fall sein, wenn es um Auswahl und Karriere geht.

3. In der Regel wird der Teilnehmer an Personalentwicklungsmaßnahmen, seien es nun Weiterbildungs- oder Auswahlveranstaltungen eine geringere Wissenskompetenz besitzen als der Referent. Weiterbildungsmaßnahmen zeichnen sich ja geradezu dadurch aus, dass ein Wissensgefälle zwischen Referent und Teilnehmern besteht. Bei Auswahlveranstaltungen ist dies auch der Fall, da nur der Auswählende die Kriterien, die Gesamtzahl der Bewerber etc. kennt.

4. Ein Trainer wirkt schon allein dadurch vertrauenswürdig, dass er von einem Unternehmen, das ja (scheinbar) nur rational und wirtschaftlich handelt, engagiert wurde. Der (Trug-) Schluss lautet: »Wenn ein Unternehmen schon so viel Geld (im Unternehmen ein ständig knappes Gut) für Trainer und Berater ausgibt, dann muss dies ja einen guten rationalen Grund haben.« Hier greift wieder der naturalistische Fehlschluss. Durch den Einsatz von Trainern und Beratern gibt die Organisation ja demonstrativ zu, dass sie überfordert ist und den Rat von Experten braucht. Sie wird – so lautet wiederum der (Kurz-) Schluss – in purem Eigeninteresse nur Berater und Trainer engagieren, die absolut vertrauenswürdig sind. Die Trainer und Berater »legitimieren« sich zusätzlich noch durch ihre Referenzliste. Man nimmt wiederum in einem (Kurz-)

Schluss an, dass diese Liste den Ausweis der Legitimität und Kompetenz darstellt. Man wird dabei ignorieren, dass es viele Wege gibt, eine Referenzliste aufzubauen (Beziehungen, …).

Im Bereich der Personalentwicklung wird sehr viel und sehr wirkungsvoll mit Suggestionen gearbeitet. Eine rationale Beurteilung der Themen und der Dienstleistungen, die diverse Trainer und Berater verkaufen, ist kaum möglich. Dadurch wird dem Bereich der Suggestion Tür und Tor geöffnet.

11.4 Alltägliche Erklärungsmuster und wissenschaftliche Erklärungsmuster

Für die Personalentwicklung ist es, egal ob bewusst oder eher beiläufig, egal ob implizit oder explizit, egal ob ausgesprochen oder unausgesprochen, grundlegend eine Vorstellung vom Funktionieren der Menschen und der Steuerung seines Verhaltens zu haben. Erst auf dem Hintergrund dieser Erklärungsmuster kann man dann konkrete Interventionen oder ganze Programme planen und einsetzen. Es ist also nicht so sehr die Frage OB man eine Verhaltens- und Persönlichkeitstheorie hat oder nicht, sondern die Frage WELCHE man hat.

> *»All unser Wissen von der Welt enthält im alltäglichen wie auch im wissenschaftlichen Denken Abstraktionen, Verallgemeinerungen, Formalisierungen, Idealisierungen.«*
> (Schütz 2005)

Man kann nun generell zwischen Alltagstheorien und wissenschaftlichen Theorien unterscheiden (Lauken 1973). Der Begriff »wissenschaftlich« meint dabei nicht eine abgehobene, rein theoretische, wirklichkeitsfremde Vorgehensweise, sondern alleine die Tatsache, dass man sich methodisch mit verschiedenen Vorstellungen auseinandersetzt, dass man sich die Frage stellt: »Sind meine Grundannahmen richtig und wie kann ich überprüfen, ob sie richtig sind?« Da die wissenschaftliche Prüfung von Personalentwicklungsaktivitäten sehr oft verheerend ausfällt, ist man seitens der Personalentwicklung bestrebt, Wissenschaftlichkeit als für die Praxis völlig irrelevant darzustellen.

Der Grund hierfür liegt oft nicht in der Wissenschaftlichkeit selber, sondern eher im mangelnden Verständnis dafür und in der Angst davor, die eigene unzulängliche Arbeit durch eine methodisch saubere Überprüfung als unsinnig zu entlarven. Rationales wissenschaftliches Argumentieren, so wie es die nachmittelalterliche Wissenschaft als Programm der Aufklärung versteht, besteht aus drei Elementen.

1. Es muss auf einer allgemein akzeptierten, weil für jeden evidenten Wissensbasis (der Logik) beruhen.
2. Es muss sich einer Methode bedienen, deren Prinzipien für jeden einsichtig sind, die prinzipiell von jedem angewandt werden können und deren Arbeitsweise von jedem nachvollziehbar und somit nachprüfbar ist.
3. Es soll sich einer Sprache bedienen, mit der sich die Dinge klar und unmissverständlich ausdrücken lassen.

Nun finden sich im Bereich der Personalentwicklung oft besonders viele Alltagserklärungen und besonders wenige wissenschaftliche Erklärungen.

»Es besteht eine tiefe Kluft zwischen alltäglichen Erklärungen (common sense), die versuchen, menschliches Verhalten zu verstehen und Erklärungen, die menschliches Tun auf wissenschaftlicher Basis erklären wollen.«
(Eysenck)

Hauptunterschiede zwischen Alltagserklärungen und wissenschaftlichen Erklärungen

Wissenschaftliche Erklärungen und Alltagserklärungen unterscheiden sich nun in einigen wichtigen Punkten:

1. Interne Konsistenz

Eine wissenschaftliche Erklärung muss intern konsistent, d.h. logisch und widerspruchsfrei sein. Eine Erklärung darf nicht »P« und gleichzeitig »nicht-P« vorhersagen. Das muss bei Alltagserklärungen dagegen nicht unbedingt der Fall sein, diese sind oft sehr tolerant gegen Widersprüche. So kommen viele Alltagsregeln oft paarweise kontradiktorisch vor. Der Volksmund weiß z. B.: dass sich Gegensätze anziehen, aber auch, dass sich gerne Gleich zu Gleich gesellt. Oder dass vier Augen besser sehen als zwei, jedoch auch, dass viele Köche den Brei verderben.

Welche Regel kann nun sinnvollerweise handlungsleitend sein?

Wenn Widersprüche zwischen zwei oder mehreren Erklärungen da sind, so ist dies unproblematisch, schwierig wird es erst dann, wenn auch Widersprüche innerhalb einer Erklärung hingenommen werden. Alltagserklärungen brauchen im Gegensatz zu wissenschaftlichen Erklärungen nicht konsistent zu sein!

2. Empirische Verankerung der Erklärung

Bei diesem Kriterium geht es um die Frage wann und in welchem Ausmaß etwas Beobachtbares als Beleg für eine Erklärung gewertet werden kann. Jeder Mensch verfügt naturgemäß nur über ein gewisses limitiertes Maß an unmittelbarer Erfahrung. Aufgrund dieser limitierten eigenen Erfahrung muss er dann auf »die Allgemeinheit der Zusammenhänge« schließen. Zudem wird diese unmittelbare Erfahrung nicht einfach so registriert, wie sie »objektiv« ist, sondern sie wird »wahrgenommen«. Bei dieser Wahrnehmung kann es dann leicht zu starken Verzerrungen kommen. Besonders stark sind diese Verzerrungen natürlich auf dem Gebiet der Personenwahrnehmung (vgl. Kapitel 9). Wenn man nun die Grenzen der eigenen unmittelbaren Erfahrung überschreitet, so braucht man dazu methodische Hilfsmittel. Diese Hilfsmittel sind die Logik (anstelle der privaten Psychologik) und die Empirie, die ihre Aussagen in der Regel aus statistischen Daten bezieht.

Nun ist es zugegebenermaßen eher schwierig, die Empirie zu den Themen der Personalentwicklung zu überblicken, das setzt ja auch eine gewisse Ausbildung in empirischer Methodik und Statistik voraus und zwingt einen, ständig auf dem Laufenden zu bleiben. Diese Schwierigkeiten kann man dadurch umgehen, dass man sich dieser eigentlich interindividuell verbindlichen Logik unter dem Vorwurf des »Scientismus« zu entziehen versucht.

3. Unklare Formulierung der Begriffe

In Alltagserklärungen werden oft Begriffe verwendet, die eher unpräzise sind. Solche Begriffe können z. B. sein »Persönlichkeit«, »Motivation«, »Führung« etc. So lange man auf einem solchen Präzisionsniveau der Begrifflichkeit diskutiert, wird man so gut wie alles, auch völlig konkurrierende Vorstellungen, unter den Begriffen subsumieren können.

4. Erklärung oder Prognose

Im Bereich der Alltagserklärungen ist eine Erklärung dann erfolgreich, wenn sie zurückliegende Ereignisse einigermaßen logisch und treffend erklärt. Diese retrospektive Funktionalität, die immer auch nachträgliche (Um-)Interpretationen ermöglicht, ist jedoch nur bedingt aussagekräftig. Die Beweiskraft einer Erklärung ergibt sich vielmehr aus der Güte ihrer Vorhersage, die dann retrospektiv geprüft werden kann, aber auf jeden Fall vorher abgegeben werden muss.

Alltagserklärungen folgen also ganz anderen Grundsätzen als wissenschaftliche Erklärungen. Der Anspruch an Alltagserklärungen ist dabei natürlich deutlich geringer als der an wissenschaftlichen Erklärungen. Genau in diese »Lücke« stoßen viele Argumentationen, wie sie oft von Trainern und Beratern verwendet werden.

Die Fundierung der Personalentwicklung ist sehr oft auf das Gebiet der Alltagserklärungen begrenzt. Das öffnet natürlich der Fähigkeit von Trainern und Beratern Tür und Tor, ihr Tun in Verkaufsgesprächen als sinnvoll erscheinen zu lassen. Dabei kommt es oft mehr auf das Verkaufstalent des Beraters an als auf die Qualität seines Produktes. Es stellt sich häufig auch gar nicht die Frage nach einer wissenschaftlichen Bewertung einer zu verkaufenden Dienstleistung, da der potenzielle Käufer sich auch auf das Gebiet der Alltagserklärungen beschränkt. Man kann nun auch versuchen die Regeln der wissenschaftlichen Erklärung generell außer Kraft zu setzen. Damit hat man sich dann jeglicher Legitimationsnotwendigkeit von vorneherein entledigt.

Wie im Kapitel 7 dargelegt wurde, versucht gerade die systemische Sichtweise diese Regeln der wissenschaftlichen Erklärung zu umgehen. Dieses »bypassen« der wissenschaftlichen Erklärungen als programmatische Basis zu nehmen befreit einen natürlich von der zugegebenermaßen schwierigen Auseinandersetzung mit den relevanten wissenschaftlichen Ergebnissen. Ein weiterer Grund, warum man sich auf diesem Gebiet innerhalb kürzester Zeit zum Berater ausbilden lassen kann.

Alltagserklärungen können also zwar aus erkenntnistheoretischer Sicht nicht viel leisten. Sie haben trotzdem eine für das Individuum sehr wichtige Funktion, nämlich eine psychologische. Es muss also nicht gefragt werden: »Sind Alltagserklärungen gut oder schlecht?«, sondern es muss gefragt werden »Wozu dienen Alltagserklärungen, wenn sie schon keine validen Theorien sind?«.

Die Antwort auf diese Frage lautet: Sie haben eine wichtige Funktion, denn sie geben (auch eventuell irreführende) Orientierungen. Der Zustand der Orientierungslosigkeit ist sehr aversiv, da ist es immer noch besser irgendeine Erklärung zu haben als gar keine. Wenn man sich auf die Alltagserklärung für sein (Trainer-, Berater-, Personalentwickler-) Tun beschränkt, so ist man intellektuell immer auf der scheinbar sicheren Seite, da man ja nicht widerlegt werden kann. Genau jedoch in dieser prinzipiellen Widerlegbarkeit liegt der Unterschied zwischen gegen Kritik immunisierter Alltagserklärung und methodisch und inhaltlich sauberen Erklärungen mit Allgemeingültigkeitsanspruch. Dieses glatte Parkett müssen jedoch eher schwache Trainer, Berater und Personalentwickler tunlichst meiden.

11.5 Der tiefere machtpolitische Sinn von Modeerscheinungen

Der rasche Wechsel von Trends und sogenannten Managementkonzepten und -moden (vgl. Kapitel 2) hat einen sehr handfesten Vorteil. Bei vielen Veränderungen innerhalb einer Organisation geht es darum, Einfluss und Macht innerhalb einer Organisation neu zu verteilen. Es geht dabei in aller Regel darum, Personen gezielt zu platzieren oder darum, »störende« Personen von gewissen Positionen zu entfernen. Eine offene Diskussion über solche aus Sicht der jeweils Mächtigen »störende« bzw. »erwünschte« Personen wäre natürlich sehr unangenehm und für andere Mitarbeiter sehr demotivierend. Viel einfacher und zudem effizienter ist es dagegen, zunächst einmal eine Diskussion über neue Konzepte der Organisation zu führen und im zweiten Schritt dann über die sich scheinbar aus reinen Sachzwängen ergebenden Änderungen bei den entsprechenden Personen zu reden.

Ein Organisationsprojekt ist immer auch ein Projekt, bei dem es um die Stellung von Personen geht. Man kann die jeweils angestrebten Änderungen damit jedoch scheinbar sachlich begründet durchführen. Man kann mit dieser Taktik den eigentlichen Zweck verschleiern. Die Diskussion über Trends und Managementkonzepte auf der (scheinbar) sachlichen Seite ist somit ein sehr schönes Instrument, um Mikropolitik zu betreiben.

> Oftmals stehen bei Organisationsprojekten, die sich aus den Änderungen ergebenden personellen Konsequenzen bereits fest bzw. sind der alleinige Ausgangspunkt der Überlegungen. Eine interessante Variante dieses Vorgehens besteht darin, dass man eine Arbeitsgruppe einsetzt, die sich mit organisatorischen Änderungen befasst. Wenn diese Gruppe dann zu Ergebnissen kommt, die sich mit den angestrebten personellen Veränderungen decken, ist das Ergebnis optimal. Das Management kann dann die Änderungen damit begründen, dass die Vorschläge dazu ja nicht autoritär vom Management verordnet wurden, sondern in einem fast basisdemokratischen Prozess entstanden sind. Dabei kann man sich natürlich der üblichen Personalentwicklungsfloskeln bedienen wie »Betroffene zu Beteiligten machen« etc. Kommen die organisatorischen Vorschläge der Arbeitsgruppe jedoch den angestrebten personellen Veränderungen nicht entgegen, kann man versuchen, durch geänderte Vorgaben oder geänderte Rahmenbedingungen doch noch auf »demokratischem« Weg zu den Änderungen zu gelangen, die Projektgruppe muss dann eben so lange weiter arbeiten, bis die gewünschten Ergebnisse vorliegen. Wenn gar nichts mehr nützt, kann man sich im Notfall dann immer noch auf dem Wege des Direktionsrechts mit seinen eigenen Vorstellungen durchsetzen. Der Versuch, die Änderungen auf mikropolitischem Wege »demokratisch« durchzusetzen, lohnt sich daher allemal.

Daher ist es hilfreich, sich bei jedem Organisationsprojekt zunächst einmal die Frage zu stellen: »Wer soll wohin und wer soll wo weg?« Wenn man das Ergebnis des scheinbaren Organisationsprojekts an dieser Fragestellung ausrichtet, kommt man oft schneller zu dem vom Management gewünschten Ergebnis und spart sich auch noch eine Menge Arbeit. Die Personal- und Organisationsentwicklung kann in diesem Prozess eine fatale Rolle einnehmen. Im schlimmsten Falle dient sie als Lieferant für einen pseudo-theoretischen Überbau der ganzen Aktion, indem sie Rechtfertigungen für die Notwendigkeit der Änderungen auf dem Hintergrund der aktuellen Trends und Managementkonzepte liefern soll. Man kann dabei auch einer in der Regel ständig von der innerbetrieblichen Irrelevanz bedrohten Personalentwicklung eine »echte Chance« geben, zu zeigen, was sie kann. In einer solchen Situation ist die Personalentwicklung endlich als »Businesspartner« (scheinbar) akzeptiert. Man gibt ihr nun (scheinbar) die Chance, die neuesten Managementkonzepte zu implementieren. Fast jedem Personalentwickler schlägt das Herz doch höher, wenn er bei einem Organisationsveränderungsprojekt mitarbeiten darf, bei dem die Betroffenen (scheinbar) hochgradig beteiligt sind, bei dem sich die Organisation »selbst neu erfindet«, bei dem Abläufe durch die Mitarbeiter neu definiert werden, bei dem die »lernende Organisation« Wirklichkeit wird.

Die mikropolitisch Handelnden wissen sehr genau, welche Begriffe man den Personalentwicklern anbieten muss, damit man diese für die eigenen Zwecke ge- oder missbrauchen kann. Da nun solche (mikro-) politischen Veränderungen immer wieder notwendig sind (»nichts ist beständiger als der Wandel«), braucht man natürlich auch immer neue Managementkonzepte, in deren Namen man Organisationsprojekte durchführt und Personal- und Organisationsentwickler, die diese Konzepte willfährig aufnehmen.

11.6 Inverse Kausalketten

Besonders hilfreich bei der Erklärung von Personalentwicklungsphänomenen ist die Sichtweise, bei der man die Umkehrung von Kausalketten betrachtet. Dabei werden Ursache und Wirkung vertauscht, es wird quasi »rückwärts gerechnet«. Die Umkehrung von Kausalketten, die im Bereich der Personalentwicklung sehr oft vorkommt, dient letztlich dazu, eine »gottähnliche« Seite vorzugaukeln, da die ansonsten sichtbar werdenden realen Kausalketten eher »rau und bocksähnlich« sind und daher von den Herrschenden verschleiert werden müssen. Ein hervorragender Mechanismus dieser Verschleierung ist eben die Umkehr von Kausalketten. Dies soll anhand einiger Beispiele erläutert werden.

11.6.1 Potenzialeinschätzung

Die offizielle Lesart beim Einsatz von Potenzialeinschätzungen ist die: Der Vorgesetzte nimmt aufgrund differenzierter Verhaltensbeobachtungen anhand sehr differenzierter und operationalisierter Kriterien eine analytische Einschätzung seiner Mitarbeiter vor, die er dann zu einer Gesamteinschätzung, eben der Potenzialaussage, verdichtet. Dazu erhält er intensive Schulungen zum Gesamtsystem und zu den Beobachtungsfehlern, die dabei auftreten können. Die Realität sieht in der Regel anders aus: Der Vorgesetzte »weiß« natürlich, welcher seiner Mitarbeiter (aus welchen Gründen auch immer) ein »guter« Mitarbeiter ist, den er fördern möchte. Die Bewertung in den Formularen mit den Kriterien wird dann rückwärts an diese subjektive, holistische Gesamteinschätzung angepasst.

11.6.2 Leistungsbeurteilung

Nach offizieller Lesart findet auch hier eine saubere, analytische, durch Verhaltensbeobachtungen verifizierte Beurteilung der Leistung der Mitarbeiter statt. In der Realität ist in einem Betrieb nur die Leistung zweier Arbeitnehmergruppen exakt zu beurteilen. Erstens die Leistung der Akkordarbeiter (bei ihnen ist dann auch eine Leistungsbeurteilung unnötig, es findet eine LeistungsMESSUNG statt) und zweitens die Geschäftsführung, deren Leistung (zumindest wenn sie lange genug im Amt ist, um tatsächlich für die Entwicklung verantwortlich zu sein) sich unmittelbar aus den Bilanzen des Unternehmens ergibt. Die Leistung des weitaus größeren Teils der Belegschaft ist nicht exakt messbar und findet nur auf dem Weg der Glaubhaftmachung statt. Dadurch sind natürlich wieder der holistischen Gesamteinschätzung der Beurteiler (nach welchen Kriterien auch immer) Tür und Tor geöffnet.

11.6.3 Beauftragung von Trainern

Das offizielle Vorgehen sieht so aus: Man klärt intensiv und strukturiert mit den internen »Kunden« die Bildungsbedarfe ab, danach wählt man sehr strukturiert aus dem großen Angebot der Trainingsanbieter den geeignetsten Trainer aus. In der Realität dagegen wird sehr oft nach dem Stammtrainer gegriffen, egal, ob er auf dem jeweiligen Feld seine Kompetenz hat oder nicht. Häufig geben sogar die Trainer weitgehend die Themen vor, die sie gedenken zu trainieren.

11.6.4 Gott und das Amt

Es gibt ein altes Sprichwort: »Wem Gott ein Amt gibt, dem gibt er auch Verstand«. Dieses Sprichwort ist lediglich eine andere Formulierung für den von Max Weber so bezeichneten »naturalistischen Fehlschluss«, der die Vorstellung beschreibt, dass die Dinge so wie sie sind auch richtig sind, denn sonst wären sie ja anders. Bei dieser Sichtwiese geht es darum, die (Macht-)Verhältnisse, so wie sie sind, zu legitimieren. Die Rolle der Personalentwicklung besteht dann darin, den Angehörigen einer Organisation das Gefühl bzw. die Illusion zu vermitteln, dass es bei der (Re-)Produktion der Machtverhältnisse mit rechten Dingen zugeht, dass die Mächtigen und Privilegierten in der Organisation nur deshalb Macht und Privilegien haben, weil sie sehr kompetent und gut ausgebildet sind und allgemein über sehr viel »Potenzial« verfügen.

Die Personalentwicklung hat oftmals die Funktion, diese und ähnliche Kausalketten zu verdrehen und damit die realen Absichten der Beteiligten und die realen Machtverhältnisse zu verschleiern.

11.7 Versuch einer Erklärung der Realität

Im letzten Abschnitt dieses Buches soll versucht werden, einen Mechanismus zu beschreiben, der einige seltsame Dinge, die man erlebt, wenn man sich mit dem Thema Personalentwicklung beschäftigt, erklärbarer macht. Ein solcher Mechanismus könnte in etwa so aussehen:

In der Akquisitionsphase muss ein Personalentwickler einen Experten für ein Themenfeld engagieren, für das er in aller Regel selbst kein Experte ist. Ihm bleiben daher zur Beurteilung eines Trainers nur Ersatzkriterien. Akquiriert ein Personalentwicklungsverantwortlicher nun einen ungeeigneten Trainer, so ist das meist auch nicht weiter schlimm, da viele Maßnahmen oft einen eher symbolischen Stellenwert haben. Im Akquisitionsgespräch mit dem Personalentwickler, aber auch mit den sogenannten internen Kunden, hat der einigermaßen gewiefte Berater dann in der Regel ein einfaches Spiel, wenn er die üblichen Schlagworte (Kapitel 2 und 7) benutzt, Standardübungen verwendet, das rezitiert, was in den gängigen Personalerzeitschriften gerade geschrieben wird oder auf den Barnum-Effekt hofft.

Bei der Durchführung des Trainings kann sowieso nichts mehr schiefgehen. Man braucht nur ein paar Knalleffekte, etwas Kommunikation, etwas Feedback (Kapitel 4), vielleicht auch wieder den Barnum-Effekt (Kapitel 5) und ein paar Standardübungen (Kapitel 6). Die Effektivität des Trainings wird sowieso nicht gemessen und die Bewertung durch die Teilnehmer kann gezielt gesteuert werden (Kapitel 3).

Wenn es bei der PE-Maßnahme nicht um Training, sondern um hierarchische Entwicklung geht, hat man sowieso ein leichtes Spiel, da es in Wahrheit sowieso eher um Machtreproduktion geht (Kapitel 8).

Sollte man sich als Berater oder interner Personalentwickler wider jedes Erwarten jedoch trotzdem Kritik gegenübersehen, kann man immer noch darauf verweisen, dass Personalbeurteilung immer ein schwieriges Geschäft ist (Kapitel 9) und dass man als interner oder externer Berater ja sowieso nur das »System« irritieren kann (Kapitel 7). Das reicht zumindest für Personaler in aller Regel als Argumentation aus.

Sollte Kritik von außerhalb des Personalbereiches kommen, so kann man getrost darauf hoffen, dass der Personalbereich sowieso eine von dem übrigen Unternehmen losgelöste Selbstsicht hat und sich diese auch gegen massive Lernerfahrungen verteidigen kann (Kapitel 1). Diese Selbstsicht des Personalwesens wird auch so lange vom Rest der Organisation toleriert werden, solange die Personalentwicklung nicht versucht, in bestehende und in der Regel an der Personalentwicklung vorbeigehende Machtstrukturen einzugreifen und sich auf seine eher symbolische und verschleiernde Funktion beschränkt. Insofern trägt die Personalentwicklung zu einer Stabilisierung der Hierarchie, in ihrer wörtlichen Übersetzung der »heiligen Ordnung«, bei. Dies tut sie hauptsächlich dadurch, dass sie dem ganzen Prozess einen rationalen und wissenschaftlichen Anstrich gibt.

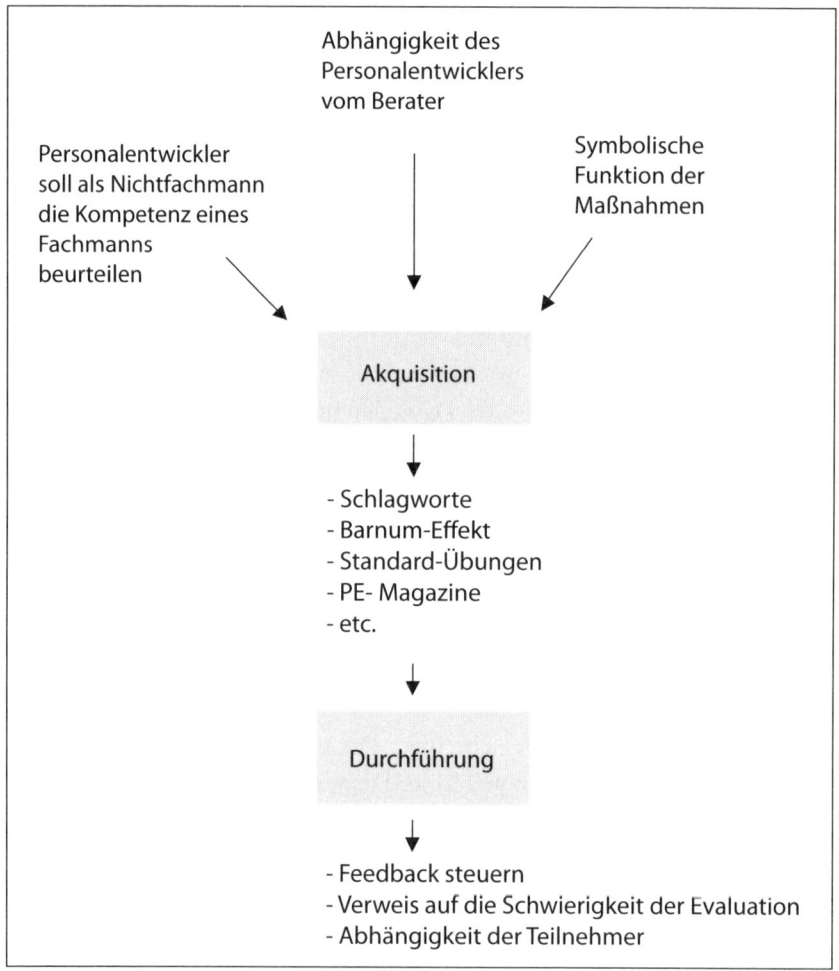

Abb. 11: Mechanismus

Mithilfe dieser Überlegungen sind die seltsamen Erscheinungen, die die Personalentwicklung oft hat, vielleicht etwas einfacher zu verstehen. Im Windschatten dieses Ablaufs und der vielen Pseudofunktionen der Personalentwicklung können sich die Auswüchse entwickeln, die in den vorausgegangenen Kapiteln dieses Buches beschrieben wurden.

Zusammenfassung für die Praxis

Zusammenfassung für die Praxis

Das Bild, das in diesem Buch von der Personalentwicklung gezeichnet wurde, ist ziemlich düster und an manchen Stellen vielleicht etwas überspitzt. In der Übertreibung wird jedoch manches klarer, was sonst vielleicht eher schwerer wahrnehmbar ist. Leider sieht die Realität der Personalentwicklung jedoch häufig auch ohne große Überspitzung so wie in den vorliegenden Kapiteln beschrieben aus.

Die Personalentwicklung steht auf der Makroebene als Tätigkeitsfeld sowie auch auf der Mikroebene im konkreten Handeln innerhalb einer Organisation an einem Scheideweg.

Die Personalentwicklung muss sich von einer Konfession zu einer Profession entwickeln, sonst läuft sie Gefahr, zu einer »modernen« Variante des Aderlasses zu werden, häufig praktiziert, aber völlig wirkungslos. Dabei sollte sie sich in folgende Richtungen entwickeln:

1. Die Personalentwicklung sollte ein realistisches Selbstbild entwickeln und sich dabei ihrer (meist sehr engen) Grenzen bewusst sein. Ein zu sehr idealisiertes Selbstbild wirkt nach außen eher lächerlich und verringert die Akzeptanz mehr als es sie erhöht.
2. Der Rückzug auf einige wenige »archimedische« Punkte ist produktiver als die Flucht in eine irreale Allmachtsfantasie.
3. Das verbale und begriffliche Niveau innerhalb der Personalentwicklung sollte dem Niveau des Handelns angepasst, das heißt in aller Regel reduziert werden.
4. Eine Begründung des eigenen Handelns anhand der jeweils gängigen und schnell wechselnden Trends ist wenig produktiv und sollte unterlassen werden.

5. Eine Evaluation von Personalentwicklungsmaßnahmen sollte entweder richtig, das heißt gemäß sozialwissenschaftlicher Versuchsplanung erfolgen. Der Versuch von Pseudoevaluationen sollte unterlassen werden, da dieser sehr schnell erkannt wird und sich die Personalentwicklung damit nur lächerlich machen würde.

6. Es dürfen nur Trainingsmaßnahmen durchgeführt werden, die den Endpunkt einer Evaluierung darstellen und nicht erst evaluiert werden müssen. Das Training verkommt anderenfalls zu einer Art modernem Aderlass: Oft und lange praktiziert, aber ohne jede Wirkung. Die Trainingsmaßnahmen müssen sich dabei stringent aus einem empirisch evaluierten (!) Theoriegebäude ableiten lassen.

7. Neben einem Fertigkeitsaufbau muss in jedem Training auch die Angstabbaukomponente bearbeitet werden.

8. »Knalleffekte« bei Trainingsmaßnahmen haben immer eine sehr rationale Erklärung. Diese Effekte sollten im Training keine Rolle spielen.

9. Sobald es in Personalentwicklungsmaßnahmen auch nur entfernt um den Bereich »Persönlichkeit« geht, sollte dies ausschließlich von Diplom-Psychologen erfolgen. Die Argumentation, man wolle die Personen ja nur auf einer eher oberflächlichen Ebene zum Nachdenken über sich selbst bringen, verfängt dabei nicht, da die Reaktion der Personen eine andere ist.

10. Zur Bewertung von Instrumenten im Bereich der Personalentwicklung sind nur die teststatistischen Kennwerte sinnvoll, die in der DIN 33430 beschrieben sind und von unabhängigen (!) Instituten, also nicht deren Entwickler (!), erhoben wurden.

11. Das scheinbar valideste Kriterium, nämlich die Zustimmung der Personen, die mit einem solchen Instrument konfrontiert wurden, ist in Wirklichkeit völlig irrelevant, da es nur den Barnum-Effekt reproduziert.

12. Auf hochtrabende Begriffe, die die Vertrautheit mit den unterschiedlichsten wissenschaftlichen Disziplinen suggerieren sollen, wie sie z. B. die »Systemischen Ansätze« massenhaft beinhalten, sollte im Vokabular der Personalentwicklung verzichtet werden. Man macht sich damit bei denen, die z. B. wirklich etwas von Kybernetik verstehen, nur lächerlich. Eine verbale Abrüstung ist hier zwingend erforderlich, um Akzeptanz zu gewinnen.

13. Eine »Prozessberatung« ohne Expertenwissen ist sinnlos. Das Prozessberatungswissen ist nur ein kleiner Teil des Expertenwissens und setzt dieses zwingend voraus. Der Glaube an die Existenz der Möglichkeit einer Prozessberatung ist zwar attraktiv, weil ja alles im Leben ein »Prozess« ist. Er ist jedoch nur eine verbal aufgerüstete Form der Allmachtsfantasie des Personalwesens, das Expertenwissen dazu fehlt. Ein »Experte« auf dem Gebiet der Prozesse sein zu wollen, reicht dazu natürlich nicht aus, sondern bleibt nur ein schnell durchschaubares Wortspiel.

14. Die tatsächliche Reichweite der Personalentwicklung im Bereich der Führungskräfteentwicklung (Elitenrekrutierung) ist oft eher gering. Die Funktion der Personalentwicklung besteht hierbei oft nur in einer vernebelnden, die tatsächlichen soziologischen Prozesse verdeckenden Funktion. Bei der Selektion der wirklich relevanten Akteure innerhalb einer Organisation hat die Personalentwicklung oft eher wenig mitzureden. Sie kann sich maximal auf die »unteren« Ebenen beschränken und für die »oberen« Ebenen höchstens ein attraktives Rahmenprogramm bereitstellen.

15. Die Personalentwicklung kann dennoch eine wichtige Rolle im Bereich der Eliterekrutierung innerhalb einer Organisation spielen, indem sie den Kooptationsprozess moderieren kann und dann dafür Sorge tragen kann, dass die (nach welchen Kriterien auch immer) identifizierten »Potenzialträger« eine optimale Förderung erfahren.

16. Potenzialeinschätzungen und Leistungsbeurteilungen, welcher Form auch immer, stellen keinesfalls eine »objektive« Beschreibung von Personen und deren Kompetenzen dar, sondern sind vielmehr der Ausdruck von Beziehungs- und Machtverhältnissen. Der Versuch der Personalentwicklung, hierbei mit Beschreibungssystematiken, Kategoriensystemen, Bobachtertrainings etc. etwas zu bewirken, ist zum Scheitern verurteilt und dient bestenfalls wiederum der Verschleierung der tatsächlich ablaufenden Mechanismen. Die Rolle der Personalentwicklung kann hierbei nur in der Moderation und der Organisation der Willensbildung der jeweils Mächtigen bestehen und hierbei auch einen Mehrwert generieren.

17. Die Personalentwicklung kann leicht dazu verführt werden, sich vor einen ideologischen Karren spannen zu lassen, besonders

leicht gelingt das, indem man der Personalentwicklung dadurch den Zugang zu etwas Macht verspricht, den man ihr sonst eher verweigert. Daher sollte man immer prüfen, ob man sich durch die Aussicht auf Macht und eigene Wichtigkeit blenden lässt, wenn man sich innerhalb der Organisation engagiert.

18.   Die Personalentwicklung muss sich von einer (häufig beraterge-steuerten) Konfession zu einer empirisch-wissenschaftlich fundierten Profession wandeln, wenn sie eine wirkliche Bedeutung innerhalb einer Organisation erlangen will. Gelingt ihr dieses nicht, so wird sie auch weiterhin lediglich als eine relativ bedeutungslose Verschleierungsinstanz agieren müssen, die gerne auf Kongressen und in Zeitschriften Zuflucht in die Illusion der eigenen Allmacht sucht.

19.   Die Personalentwicklung benötigt dazu in Zukunft Akteure, die Alibi- und Verschleierungsfunktionen entweder bewusst spielen oder konsequent ablehnen, die ihre Möglichkeiten und ihre Grenzen ohne selbstwertbedingte Verzerrungen erkennen und diese als archimedische Punkte nutzen, an denen sie die Hebel ansetzen können. Diese Akteure sollten fachlich-methodisch so versiert sein, dass sie die Qualität von Beratern und Trainern erkennen können und von ihrer Persönlichkeit so frei sein, dass sie sich nicht von Beratern und Trainern abhängig machen lassen.

Die Personalentwicklung sollte dabei ihre in der Regel gut ausgeprägte Fähigkeit zur Dissonanzreduktion weniger nutzen.

Ein Abgleich des Selbst- und des Fremdbildes, wie es von der Personalentwicklung in vielen Maßnahmen FÜR ANDERE propagiert wird, sollte intensiver genutzt werden, auch wenn es sehr wahrscheinlich wehtut. Der Verweis darauf, dass der Schuster oft die schlechtesten Schuhe hat, hilft hier leider nicht weiter.

Epilog

Als dieses Buch schon weitgehend konzipiert war, erschien das Heft 11/2006 der »Personalwirtschaft«.

In ihm meldete sich der schon öfters zitierte Herr Sattelberger mal wieder zu Wort. Er beschreibt darin sein Wirken in der Personalentwicklung:

> *Seit über 31 Jahren – mit zweimaliger Unterbrechung durch Tätigkeiten im Linienmanagement – bin ich jetzt Personaler. In den 80er- und 90er-Jahren habe ich mich vielfach mit Büchern und Fachartikeln zur Weiterentwicklung der Personalerprofession geäußert: Manchmal rechthaberisch oder auch blauäugig naiv. Modewellen wie die »Lernende Organisation« mitinszenierend, manchmal nüchtern-strategisch die Herausforderungen, aber auch Handlungsfelder der Personalarbeit im globalen System Arbeit skizzierend. Erst durch meine vierjährige Tätigkeit (1999–2003) als Produkt- und Operationsvorstand der Lufthansa Passage-Airline – also nach mehr als zwei Jahrzehnten professionellen Wirkens – ist mir ein erleuchtendes Licht aufgegangen. Viel zu lange hatte ich mich in meinem praktischen oder auch innovativen Wirken und Denken mit der oberen Spitze der Organisationspyramide beschäftigt: introvertiert und segmentiert. Erst als ich für 22 000 Mitarbeiter in der Verantwortung stand, wurde mir bewusst, wie wenig meine vorherige Personalarbeit wirklich die kritische Masse derer erreichte, deren Arbeit das Rückgrat des Unternehmens darstellte.*

> *Ich gestehe selbstkritisch, dass es erst einer vierjährigen Linienerfahrung bedurfte, um zu diesen eigentlich recht simplen Erkenntnissen zu kommen und noch dazu erst in reifen Berufsjahren.*

Vermeintlich selbstkritisch gibt Sattelberger hier freudestrahlend eine Bankrotterklärung ab. Das ist besonders bemerkenswert, da er selbst ein Exponent für windige Konzepte und Worthülsen war, wie sie in diesem Buch beschrieben wurden. So ganz weit her kann es jedoch nicht gewesen sein mit der Selbstkritik, denn er scheut sich im weiteren Verlauf des Artikels (natürlich nun aus einer geläuterten Perspektive heraus) nicht davor, dem Personalwesen die nun endgültig »richtige« Richtung vorzugeben. Der Artikel ist ein schönes Beispiel dafür, wie man in der Personalentwicklung auch noch aus den Fehlern, die man nach eigenem Bekunden jahrelang gemacht hat, Kapital schlagen kann. Wer soll eine solche Art der Personalentwicklung noch ernst nehmen? Etwas mehr erleuchtendes Licht täte vielen Personalentwicklern gut, am besten nicht erst nach 20 Jahren.

Danke, Herr Sattelberger, für diese Zusammenfassung.

Literatur

Ajzen, I. & Fishbein, M. (1977): »Attitude-behaviour-relations: a theoretical analysis and a review of empirical research« Psych. Bullet. (84)

Antons, K. (1976): »Praxis der Gruppendynamik« Hogrefe, Göttingen

Aronson, E. (2004): »Sozialpsychologie«, Pearson, München

Asch, S. (1957): »Effects of group pressure on the modification an distortion of judgement« In: Guetzkow, H. »Group, Leadership and Men« Pittsburgh, Carnegie

Bandura, A. (1977): »Towards a unifying theory of behavioral change« Ps. Rev ()84)

Becker, F. (1991): »Potenzialbeurteilung – eine kafkaeske Komödie?« ZfP 1/91

Bongartz, W. (2000): »Hypnosetherapie« Hogrefe, Göttingen

Budzinsky, T. (1973): »EMG biofeedback and tension headache: a controlled outcome study« Psychosom. Medicine (35)

Carpa, F. (1976): »The Thao of Physics« Fontana, London

Dahrendorf, R. (1972): »Konflikt und Freiheit« Piper, München

Deci, E. (1995): »Human Autonomy: The basis of the self-esteem« Plenum Press, New York

Dörner, D. (1992): »Die Logik des Misslingens« Reinbek, Hamburg

Endruweit, G. (1986): »Elite und Entwicklung. Theorie und Empirie zum Einfluss von Eliten auf Entwicklungsprozesse« Lang, Frankfurt

Ericson, M. (1980): »The collected papers of Milton H. Ericson on Hypnosis« Irvingson, Philadelphia

Festinger, L. (1957): »A theory of cognitve dissonance«, Row & Peterson Evaston

Furst, M. (1983): »Estimating alcohol prevalence« In: »Galanter, M. »Recent development in alcoholism« Plenum Press, New York

Gebert, D. (2004): »Innovation durch Teamarbeit« Kohlhammer, Stuttgart

Hartmann, M. (1996): »Topmanager. Die Rekrutierung einer Elite« Campus, Frankfurt

Hauke, G. (2004): »Management vor der Zerreißprobe?« CIP, München

Hindle, T. (2001): »Die 100 wichtigsten Managementkonzepte« Econ, München

Hoerner, R. (1997): »Heiße Luft in neuen Schläuchen« Eichborn, Frankfurt

Jessl, Randolf (2005): Personalmagazin 2/2005

Kerr, N. & Tindale, R. (2004): »Group performance and decision making« Annual Rev. of Ps. (55)

Kleinmann, M. (1997): »Assessment Center« Hogrefe, Göttingen

Kompa, A. (1989): »Assessment Center: Bestandsaufnahme und Kritik« Hampp, Mering

Kraiker, C. (1996): »Suggestion im wissenschaftlichen Diskurs« Hypnose und Kognition (13)

Kossak, H. (2004): »Hypnose« Beltz, Weinheim

Kraiker, C. (1986): »Quarks und Superquarks« Hypnose und Kognition

Kutz, M. (1992): »Karrieren und Kriterien« Informationen für die Truppe

Kuntz: »Deutscher Vertriebs- und Verkaufsanzeiger« 211/06

Larbig, W. (1989): »Transkulturelle und laborexperimentelle Untersuchungen zur zentralnervösen Schmerzverarbeitung: Empirische Befunde und klinische Konsequenzen« In: Miltner, W., Larbig, W. & Brengelmann, J.: »Psychologische Schmerzbehandlung« Röttger Verlag, München

Larbig, W. (1982): »Schmerz« Kohlhammer, Stuttgart

Laucken, U. (1973): »Naive Verhaltenstheorie«, Dissertation Tübingen

Leymann, H. (1993): »Äthiologie und Häufigkeit von Mobbing am Arbeitsplatz – eine Übersicht über die bisherige Forschung« Z. f. Personalforschung 7 (2)

Leymann, H. In: Dammann, H. & Strickstrock F. (1995): »Der neue Mobbing-Bericht« Rowohlt, Reinbek

Malik, F. (2004): »Gefährliche Managementwörter« FAZ, Frankfurt

Mant, A. (1974): »An Eurepean look at assessment centers« European Business

Maturana, H. (1987): »Der Baum der Erkenntnis« Schutz, München

Mischel, W. (1968): »Personality and Assessment« Wiley, New York

Ortmann, G: (1988): »Macht, Spiel, Konsens« In: Küpper, W. & Ortmann, G. »Mikropolitik«, Westdeutscher Verlag Opladen

Peters, T. und Waterman, B. (1982): »Auf der Suche nach Spitzenleistungen« Warner, New York

Pöhler, W. (1973): »Soziale Voraussetzungen und soziale Konsequenzen veränderter Kooperation bei der Aufhebung der Fließarbeit« In: »Humanisierung des Arbeitslebens« RKW, Frankfurt

Richter, H. (1973): »Die Gruppe« Edition Psychosozial

Richter, H. (1974): »Lernziel Solidarität« Edition Psychosozial

Ringelmann, M. (1913): »Reserces sur les moteurs animals« Annales de `l Institut Nationale Agronomique (2)

Rosenzweig, P. (2008): »Der Halo-Effekt. Wie Manager sich täuschen lassen« Gabal, Offenbach

Sattelberger, T. (2005): »Heilsame Ohrfeigen für die Personaler«, Personalführung 3/2005

Schad, N. (2002): »Outdoortraining« Luchterhand, Neuwied

Schein, E. (2003): »Prozessberatung« EHP, Begisch Gladbach

Schein, E. (1969): »Process consultation« Addison

Schütz, A. (2005): »Je selbstsicherer, desto besser?« Belz, Weinheim

Schlippe, A. (2000): »Lehrbuch der systemischen Therapie und Beratung« Vandenhoeck & Ruprecht, Göttingen

Schwarz, G. (2005): »Konfliktmanagement« Gabler, Wiesbaden

Schulz von Thun, F. (1981): »Miteinander reden – Störungen und Klärungen« Rowohlt, Hamburg

Schwäbisch, L. & Siems, M. (1979): »Anleitung zum sozialen Lernen« rororo, Hamburg

deShazer, S. (1989): »Wege der erfolgreichen Kurzzeittherapie« Klett, Stuttgart

Thönneßen, J. (2001): »Entscheidungen aus dem Bauch heraus« Personalwirtschaft 4/2001

Thorndike, E. (1920): »A Constant Error in Psychological Ratings« J. of App. Ps. (4) 1920

Ulich, E. (2005): »Gruppenarbeit in der Autoindustrie: Ein Blick zurück als Denkanstoß« In: Jonas, K, Keilhofer, G., Schaller, J. (Hg): »Human Ressource Management im Automobilbau« Huber, Bern

Vogel, H. (1997): »Werkbuch für Organisationsberater« Aachen

Vopel, K. (1978): »Interaktionsspiele« Isko Perss, Hamburg

Winter, B. & Kanning, U. (2004): »Outdoor-Training zwischen Anspruch und Wirklichkeit« Personalführung 5/2004

Weber, H. (1986): »Arbeitskatalog der Übungen und Spiele« Windmühle, Hamburg

Womack, J, Jones, T & Ross (1991): »Die zweite Revolution in der Autoindustrie« Campus, Frankfurt

Fredy Hausammann

Personal Governance

als unverzichtbarer Teil der Corporate
Governance und Unternehmensführung

2007. 281 Seiten, mit Tabellen und Abbildungen,
gebunden
CHF 52.– / EUR 34.–
ISBN 978-3-258-07112-1

In der Corporate Governance ist ein Perspektivenwechsel angesagt: von
der Governance des Unternehmens zur persönlichen Governance des
Top-Managers. Es geht dabei um ein neues Management-Verständnis:
um reflektierte Selbsteinschätzung und Selbstüberprüfung, um ethi-
sches Management, um den Umgang mit Stress-Situationen und mit
der eigenen Reputation, um die persönliche Weiterentwicklung und um
die Notwendigkeit ausserberuflicher Passionen. Das Konzept der Personal
Governance zeigt auf, dass das persönliche Verhalten der Manager als
Bestandteil einer guten Corporate Governance entscheidend ist für den
nachhaltigen Erfolg und die Gesundheit von Managern, Unternehmen
und Gesellschaft.

:Haupt **Haupt Verlag** Bern · Stuttgart · Wien
verlag@haupt.ch · www.haupt.ch

Gerhard Dammann

Narzissten, Egomanen, Psychopathen in der Führungsetage

Fallbeispiele und Lösungswege
für ein wirksames Management

2008. 221 Seiten, 6 Abbildungen, gebunden
CHF 44.– / EUR 29.90
ISBN 978-3-258-07226-5

Zwischen Erfolg im Management und Formen der Egomanie gibt es einen engen Zusammenhang: in Gestalt der positiv-narzisstischen Führungspersönlichkeit, die produktive Resultate erbringt, und in Gestalt des Psychopathen, der Macht und Einfluss missbraucht. Zahlreiche und aktuelle Fallbeispiele belegen den bislang kaum untersuchten Zusammenhang von Führung, Macht, Charisma, Machiavellismus und Narzissmus in Wirtschaft und Politik. Der international bekannte Psychologe und Facharzt Gerhard Dammann liefert nicht nur praktische Hinweise zur «Diagnostik» der Psychopathen in der Chefetage, sondern auch konkrete Beratungs- und Interventionsmöglichkeiten für den Management-Alltag. Mitarbeitende und Vorgesetzte erhalten so wertvolle Tipps für den Umgang mit dem ganz alltäglichen Wahnsinn im Management.

⋮ Haupt **Haupt Verlag** Bern · Stuttgart · Wien
verlag@haupt.ch · www.haupt.ch

Helmut Gillich

Experimente mit Elektrolumineszenz

Alles über elektrolumineszierende Leuchtfolien, Leuchtbänder und Leuchtschnüre

Miit 219 Abbildungen

FRANZIS

Bibliografische Information Der Deutschen Bibliothek

Die Deutsche Bibliothek verzeichnet diese Publikation
in der Deutschen Nationalbibliografie: detaillierte bibliografische Daten
sind im Internet über http//dnb.ddb.de abrufbar

© 2003 Franzis' Verlag GmbH, 85586 Poing

Satz: Fotosatz Pfeifer, 82166 Gräfelfing
Druck: Legoprint S.p.A, Lavis (Italia)
Printed in Italy

ISBN 3-7723-5700-8

Vorwort

Elektrolumineszenz-Bauelemente sind dem Elektronik-Amateur hinsichtlich ihrer Eigenschaften und Anwendungen relativ unbekannt. Meines Wissens (2002) hat nur ein Elektronikhändler diese Bauelemente als „EL-Folien" in seinem Programm.

Auch ich musste nach Literatur recherchieren und Versuche durchführen, um überhaupt die EL-Bauelemente kennen zu lernen.

Meine Erfahrungen habe ich in diesem Buch niedergeschrieben. Reichhaltige Erklärungen der Eigenschaften werden durch Diagramme ergänzt. Für die praktische Anwendung finden sich viele Schaltbeispiele.

Der Anhang enthält neben der Originalveröffentlichung von G. Destriau allgemeine Angaben über Fotowiderstände und Fotoelemente. Ausführlich ist das Spektrum des sichtbaren Lichtes dargestellt. Zusätzlich werden mehrere Kapazitätsmessverfahren gebracht, die sich zum Nachbau eignen.

Helmut Gillich   Nürnberg, 2003

Wichtiger Hinweis:

Nach Nachfrage bei TÜV und DEKRA wurde bestätigt, daß ab Mai 2003 unzulässige Lampen und Leuchten am Kraftfahrzeug bei der Hauptuntersuchung als „erheblicher Mangel" eingestuft werden.

Nicht mehr zulässig sind Lichterketten, Firmenembleme sowie Namensschriftzüge aus Leuchtdioden und beleuchtete Figuren. Auch Leuchten im Innenraum, die unmittelbar nach außen wirken, beispielsweise Laufschriftzüge, Namensschilder und farbige Lampen (z.B. der Mini-Weihnachtsbaum) hinter der Windschutzscheibe sind verboten.

Es ist also nicht möglich, EL-Bauelemente im Kfz (über Regler und Inverter an der Kfz-Batterie) z.B. als Werbemittel, zu betreiben. Siehe hierzu auch StVZO § 51a Abs. 4.

Inhalt

1 Grundlagen

1.1 Entwicklung

H. J. Round beschrieb 1907 seine Beobachtung, dass beim Stromdurchgang durch ein mit seiner Spitze gegen einen Siliziumkarbid-Kristall gedrücktes Katzenhaar an der Kontaktstelle ein Leuchten auftritt.

Dieser Round-Effekt wird heute vielfach als „Lossev-Effekt" bezeichnet. Lossev zeigte 1923, dass ein Zinksulfid-Kristall unter Einfluss eines elektrischen Feldes Licht emittiert.

Erst Georges Destriau (1903–1961) gelang es 1936, eine ausgedehntere Leuchtfläche dadurch zu erzeugen, indem er eine Ölsuspension von Zinksulfid als Dielektrikum in einen Kondensator füllte, dessen eine Platte durchsichtig war. Bei Anregung durch eine Wechselspannung emittierte der Kondensator ein intensives Grünlicht.

(Anhang 1: Auszug aus Originalveröffentlichung von G. Destriau)

1.2 Grundsätzlicher Aufbau eines „Leuchtkondensators"

Der Leuchtstoff ist in transparentes Email eingebettet und auf einer emaillierten Metallplatte aufgebracht. Eine durchsichtige, leitende Zinnoxidschicht bildet die obere Elektrode, durch die das Licht flächenartig austritt. Diese Schichten werden durch eine aus transparentem Email bestehende Deckschicht gegen Feuchtigkeit geschützt.

Je nach Anforderungen wurden dann die „Leuchtplatten" in verschiedenen Arten hergestellt:

a) auf Glasbasis
   Zwischen den beiden leitenden Schichten (Flächenelektroden) befindet sich als Dielektrikum der Leuchtstoff in einem organischen Bindemittel. Dabei ist eine Elektrode durchsichtig. Die Abdeckung der Elektroden erfolgt durch Glasplatten.

b) auf Keramikbasis

Als Dielektrikum wird eine Keramikschicht mit eingebettetem Leucht-
stoff verwendet. Das Dielektrikum befindet sich ebenfalls zwischen
zwei Flächenelektroden, wovon eine lichtdurchlässig und mit einer
Isolierschicht versehen ist.

(Nach OSRAM-Unterlage 220/B 4/459)

Erst etwa 1960 gelang es, Elektrolumineszenzfolien herzustellen. Sie sind
biegsam (Biegeradius ca. 2 cm) und haben eine Dicke von 0,8 mm. Abgeschlossen werden sie von einer luftdichten Kunststofffolie.

1.3 Aufbau einer Elektrolumineszenzfolie

Auf einer Trägerfolie (5) aus Kunststoff ist Aluminium als untere Elektrode (4) aufgedampft. Aluminium gibt eine zusätzliche Reflexion, wodurch
die Helligkeit erhöht wird.

Das Dielektrikum (3) ist, je nach gewünschter Leuchtfarbe, eine Mischung
aus Zinksulfid (ZnS) mit Zusätzen aus Kupfer, Bor und Farbpartikeln.

Auf diese Schicht kommt eine leitfähige und durchsichtige Elektrode, teilweise aus aufgedampftem Aluminium oder Zinnoxid.

Abgeschlossen wird die gesamte Anordnung durch eine feuchtigkeitsdich-
te Kunststofffolie (1). Damit ist gleichzeitig auch eine elektrische Isolie-
rung gegeben.

Die Leuchtfarbe der Leuchtschicht ist bei einer bestimmten Zusammensetzung auch von der Frequenz der angelegten Wechselspannung abhängig. So verändert sich eine Leuchtfarbe z. B. von Gelb bei 50 Hz, Grün bei
ca. 1.000 Hz zu Blau bei 2.000 Hz.

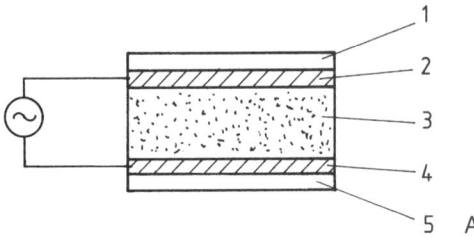

Abb. 1: Aufbau

Die erhältliche weiße Leuchtfolie strahlt bei 50 Hz grün und bei einer Frequenz von 350 Hz weiß.

Für EL-Folien gilt außerdem:

- Sie emittieren keine UR- bzw. UV-Strahlung.
- Irgendeine radioaktive Strahlung war nicht festzustellen.
- Eine Wärmeentwicklung tritt nicht auf.
- Sie werden durch Magnetfelder nicht beeinflusst.

1.4 Anwendung allgemein

Bei hellem Tageslicht sind aktive Leuchtfolien kaum zu erkennen. Erst bei Dämmerung bzw. Dunkelheit sind sie deutlich sichtbar. Daher ist der Einsatz von Elektrolumineszenzfolien dann angebracht, wenn eine gleichmäßige Ausleuchtung in abgedunkelter Umgebung gefordert wird.

Beispiele:

Kennzeichnung von Fluchtwegen
Beleuchtung von Instrumentenskalen
Führerstände von Lokomotiven
Schaltzentralen
Kommandobrücken auf Schiffen
usw.

Auch leuchtende Namensschilder an Klingelanlagen, Kennzeichnung von Stufen, Sitzreihennummerierung im Kino oder Theater und sogar Radioskalenbeleuchtung sind machbar.

Nur – wenn der Strom ausfällt, steht man wirklich im Dunkeln!

Übrigens hat Westinghouse 1956 mit seinen „Rayescent"-Lichtquellen ein Wohnzimmer mit leuchtenden Wänden und Mobiliar gestaltet.

Die erste Anwendung im privaten Haushalt war das Nachtlicht. Es besaß einen Profilstecker für Normal- und Schukosteckdosen. Die EL-Platte darin strahlte in Grün. Das freundliche Dämmerlicht wirkt nach Meinung von Psychologen beruhigend, so dass es für Kinderzimmer sogar empfohlen wurde.

Diese Orientierungsleuchten sind jetzt durch Geräte ersetzt, die eine grün leuchtende Glimmröhre haben.

1.5 Schaltzeichen

Für Elektrolumineszenz-Bauelemente gibt es kein besonderes Schaltzeichen.

In amerikanischen Veröffentlichungen findet man eine Darstellung nach *Abb. 2*:

Ich habe das Zeichen eines Kondensators gewählt. Um die Besonderheit des Dielektrikums hervorzuheben, wurde es gepunktet gezeichnet (*Abb. 3a*).

Wird das EL-Element als Leuchtquelle verwendet, so werden zwei abweisende Pfeile angesetzt (*Abb. 3b*).

Es handelt sich demnach um einen „Licht emittierenden Kondensator". Bemerkung: Hoffentlich kommt keiner auf die Idee und nennt das Bauelement „LEC = Light Emitting Capacitor"!

Da aber ein EL-Bauelement auch lichtempfindlich ist (siehe Kapitel 6), muss in diesem Fall eine Darstellung nach *Abb. 3c* angewendet werden. Damit ist ein „lichtempfindlicher Kondensator" gemeint.

Auch hier die Bemerkung: Hoffentlich wird das Bauelement nicht als „LDC = Light Dependent Capacitor" bezeichnet!

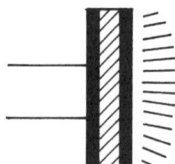

Abb. 2: Amerikanisches Schaltzeichen

a   b   c

Abb. 3: Schaltzeichenentwurf

2 EL-Bauelemente, Montage, Härtetest

2.1 Verwendete Elektrolumineszenzfolien

Die Versuche wurden mit EL-Folien aus dem Angebot von „Conrad Electronic" ausgeführt.

Sicher gibt es noch andere Bezugsquellen. Aber für mich als Nürnberger war diese Einkaufmöglichkeit am günstigsten.

Die EL-Folien gibt es in zwei Größen (*Abb. 4*):

Folie A: 112 mm x 87 mm = 9.744 mm^2 (wirksame Fläche = 9.240 mm^2)
Folie B: 138 mm x 34 mm = 4.692 mm^2 (wirksame Fläche = 4.352 mm^2)
Die Foliendicke beträgt etwa 0,4 mm.
Sie sind in vier Farben erhältlich: Weiß, Rot, Grün, Blau.
Siehe auch Original-Datenblatt im Anhang!

Die Firma LIGHTEC, Bamberg, bietet eine breite Palette an EL-Folien an. Besonders bemerkenswert ist die „Slimlight-Multikontaktfolie", *Abb. 5*.
Die schneidbare Multikontaktfolie lässt sich je nach gewünschter Form mit dem Schneidemesser, der Schlagschere, dem Schneideplotter oder auch mit der Schere zuschneiden.

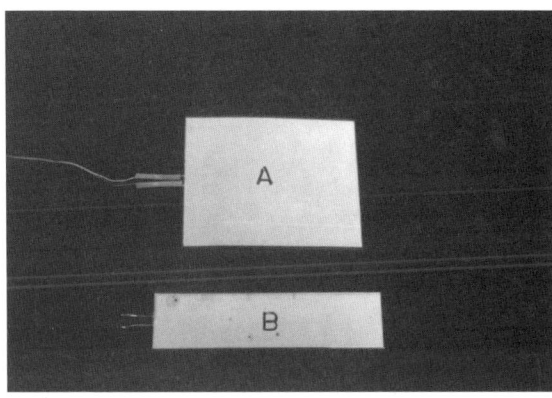

Abb. 4: Darstellung der erhältlichen EL-Folien

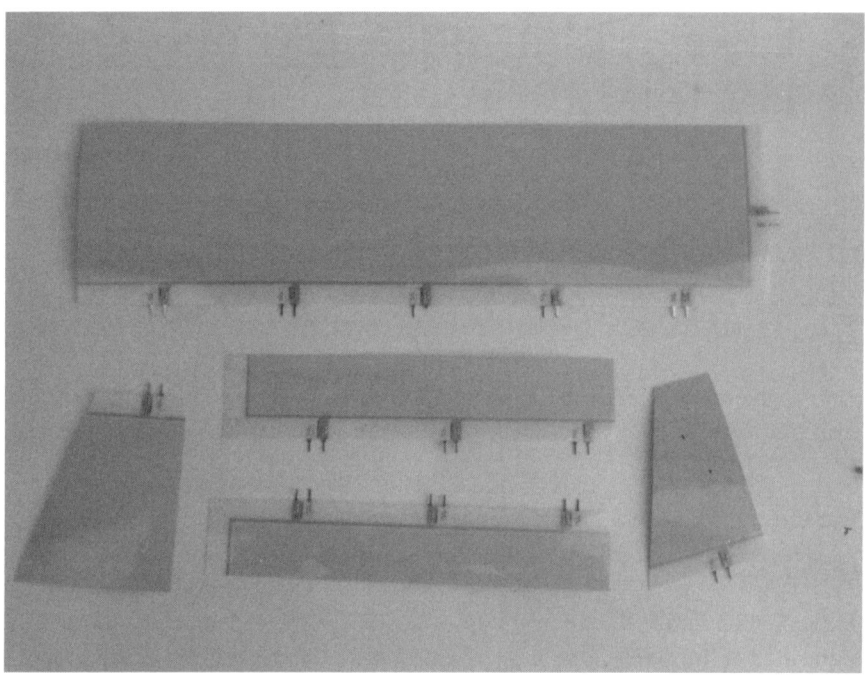

Abb. 5: Slimlight-Multikontaktfolie, mit abgeschnittenen Teilen (unten links und rechts)

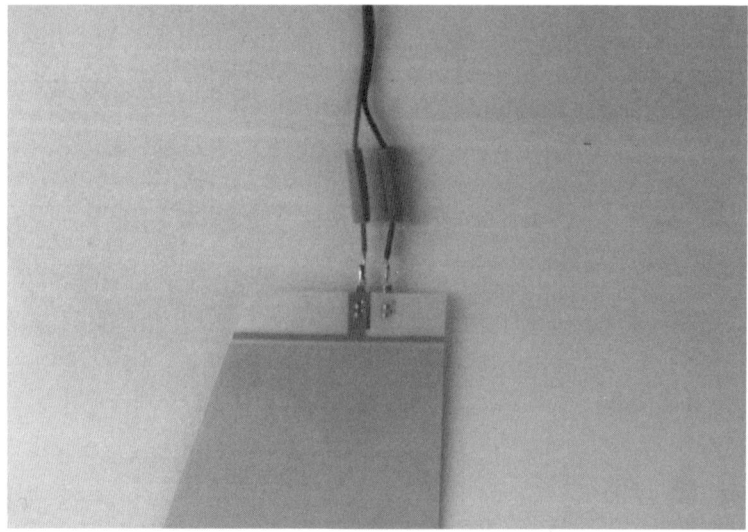

Abb. 6: Multikontaktfolie mit angelöteter Litze

Abb. 7: Multikontaktfo-
lie in einer IC-Fassung

Sie hat auf drei Seiten im Abstand von 5 cm insgesamt 20 Anschlussmög-
lichkeiten (bei Foliengröße 30 x 40 cm^2).

Sie kann in der Farben Blau, Blaugrün, Grün, Weiß, Gelb und Rot geliefert werden.

Für die Versuche wurde problemlos an die Anschlussstifte eine zweiadrige
Litze angelötet (natürlich mit Isolierschlauch), *Abb. 6*.

Da die Pins dem Rastermaß = 5,08 mm entsprechen, passt die Folie z. B.
in eine sechspolige IC-Fassung (*Abb. 7*).

Allerdings sind diese EL-Folien nicht besonders gegen Feuchtigkeit geschützt. Es ist daher notwendig, sie zu laminieren, d. h. in eine zusätzliche
Folie einzuschweißen (so wie die EL-Folien von CONRAD ausgeliefert
werden).

2.2 Die Elektrolumineszenz-Leuchtschnur

Die Firma LIGHTEC, Bamberg, hat auf EL-Basis einen „Leuchtdraht"
entwickelt (Slimlight-Fibers), der extrem biegbar und ringsherum leuch-
tend ist.

Beispiele zeigen die *Abbildungen 8* und *9*.

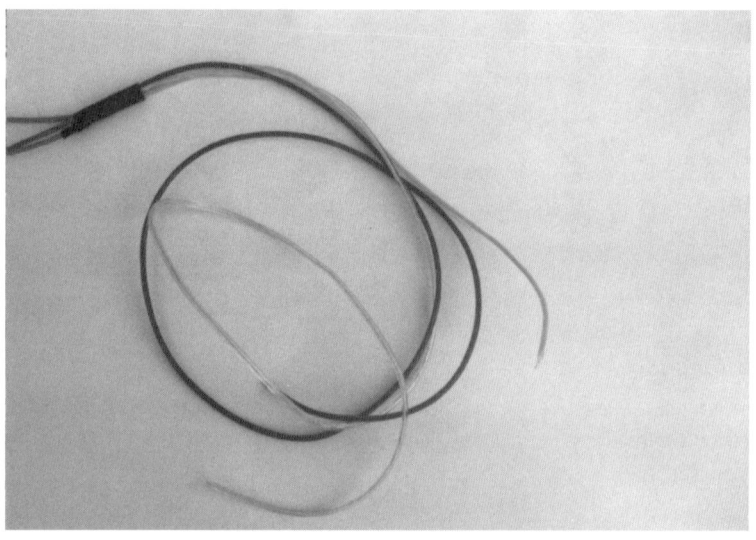

Abb. 8: Leuchtschnüre, nicht angesteuert

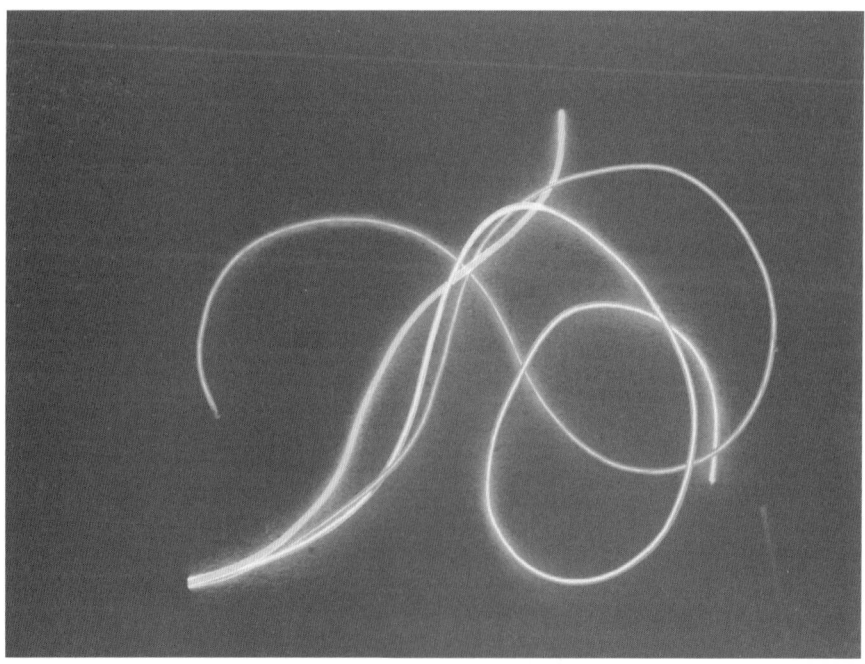

Abb. 9: Leuchtschnüre im Dunkeln

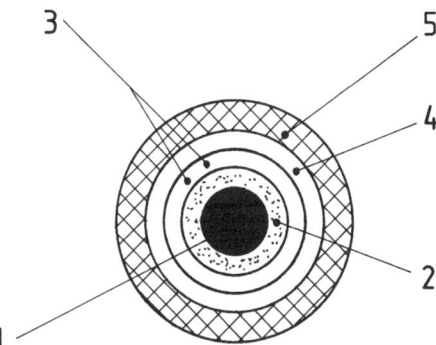

Abb. 10: Schematischer Aufbau
einer Leuchtschnur

Der prinzipielle Aufbau ist in der Zeichnung (*Abb. 10*) dargestellt:

Auf einem ca. 0,5 mm starken Leiter (1) ist das Dielektrikum, also die Leuchtschicht, (2) aufgebracht. Sie hat eine Dicke von etwa 0,3 mm. Um sie herum sind zwei Drähte (3) mit 0.1 mm Durchmesser als Gegenelektrode gewendelt. Eine dünne Folie (4) sorgt für festen Sitz.

Die ganze Anordnung wird mit einem transparenten, farbigen Kunststoffmantel (5) umspritzt. Der Außendurchmesser beträgt zwischen 2,9– 3,6 mm.

Für den Amateur ist es etwas schwierig, an diese Leuchtschnüre ein Speisekabel anzubringen. Deshalb empfehle ich, sie von der Firma konfektionieren (mit Anschlusskabel) zu lassen.

2.3 Farbige EL-Folien – selbst gemacht

Nicht immer bekommt man EL-Folien in einer bestimmten gewünschten Farbe. Die Auswahl beschränkt sich meist auf vier Farben, deren Helligkeit zudem noch unterschiedlich ist: Grün, Rot, Blau, Weiß.

Eine Firma (Danielson) hat z. B. folgende Standardfarben für ihre „Quantaflex-Micro-Lampen": Blaugrün, Blau, „Aviaton"-Grün, Orange, „kühles" Weiß, „warmes" Weiß, Violett, „echtes" Weiß

Die Leuchtfarbe einer EL-Folie ist ja durch die Zusammensetzung der

Abb. 11: Vierfarbscheibe auf EL-Folie

Leuchtschicht bestimmt. Normalerweise wird die Farbe „Grün" am meisten angewendet, weil sie der Augenempfindlichkeit am nächsten kommt.

Hier kommt nun ein Trick, wie man dies durchführt:

Man benötigt nur eine weiße EL-Folie. Diese belegt man mit normalen Farbfolien, die z. B. im Schreibwarenhandel oder in Bastelgeschäften erhältlich sind. Ich benutzte Schutzumschläge von Schulheften (!).

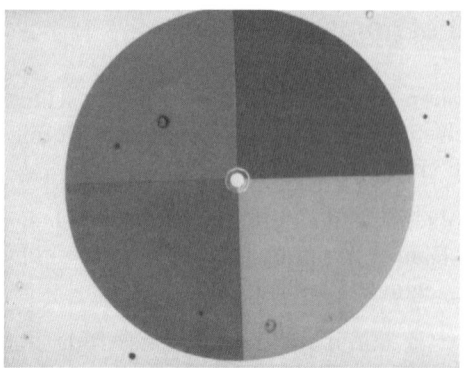

Abb. 12: Vierfarbscheibe, durch EL-Folie beleuchtet (siehe auch Farbtafel 1)

Für den ersten Test wurde eine Vierfarbscheibe auf die EL-Folie gelegt (*Abb. 11*).

Nach dem Einschalten des Inverters ergab sich eine einwandfreie farbliche Darstellung (*Abb. 12*).

Der nächste Versuch wurde mit verschiedenfarbigen Streifen aus Farbfolien (grün, gelb, blau, rot) ausgeführt (*Abb. 13*).

Auch hier war bei Leuchten der weißen EL-Folie ein deutlicher Farbunterschied zu erkennen.

Allerdings: Bei den Fotografien dieses Aufbaus wurde leider (weshalb, warum?) die grüne Farbfolie blau wiedergegeben (*Abb. 14*).

Um die Fläche der EL-Folie ausnutzen zu können, wurden größere Schnitte der Farbfolien angefertigt (*Abb. 15*).

Abb. 13: Farbfolien auf EL-Folie (siehe auch Farbtafel 1)

Abb. 14: Leuchtende Farbfolien (siehe auch Farbtafel 2)

Abb. 15: Größere Farbfolien (siehe auch Farbtafel 2)

Am Beispiel einer gelben Farbfolie sei die Wirkung demonstriert (*Abb. 16* und *17*).

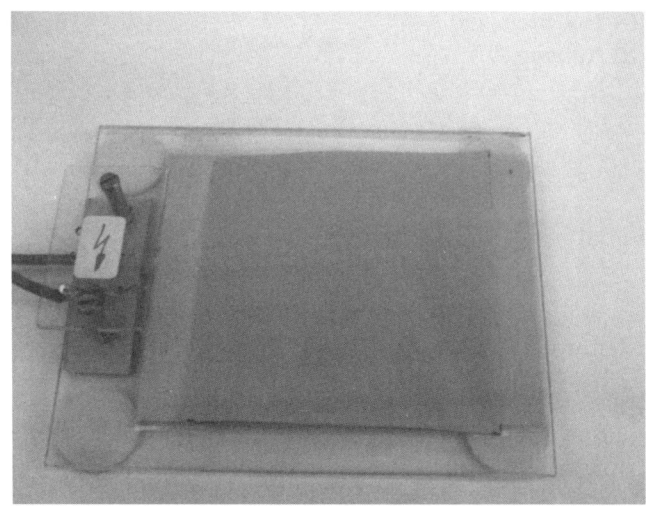

Abb. 16: Gelbe Farbfolie auf EL-Folie (siehe auch Farbtafel 3)

Abb. 17: Gelbe Farbfolie auf leuchtender EL-Folie (siehe auch Farbtafel 3)

2.4 Farbmischung, dargestellt mit einer EL-Folie

(geeignet für den Physikunterricht)

Siehe hierzu Anhang A 4:

Farbenlehre

Spektrum des sichtbaren Lichtes

Mit Farbfolien kann man aus dem weißen Licht einer EL-Folie gezielt Farben ausscheiden.

Die gelbe Farbfolie lässt z. B. kein Blau durch, übrig bleiben Rot und Grün, die sich zu Gelb mischen.

Legt man nun, wie in *Abb. 18*, gekreuzt auf die gelbe Farbfolie eine blaue Farbfolie, so wird Rot ausgefiltert und es bleibt nur Grün übrig.

Abb. 18: Grün aus Gelb und Blau (siehe auch Farbtafel 4)

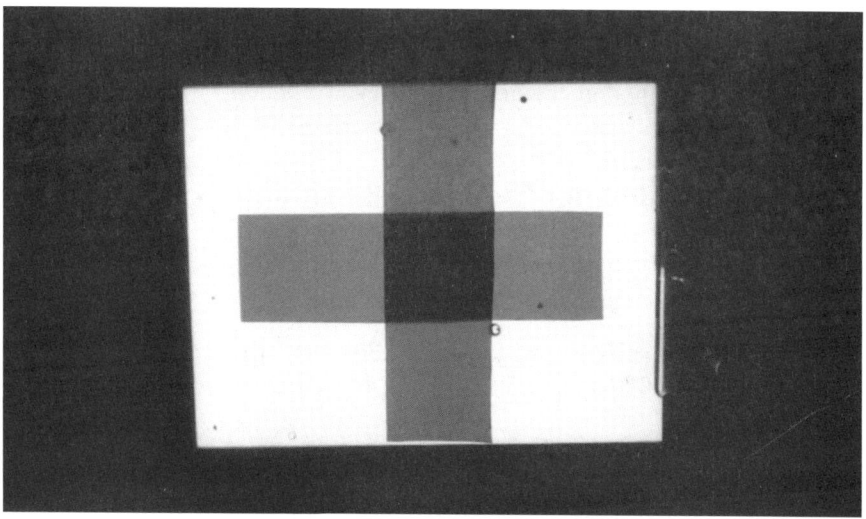

Abb. 19: Violett aus Rot und Blau (siehe auch Farbtafel 4)

Bei einer roten und blauen Farbfolie erscheint Violett (*Abb. 19*).

Legt man auf die gelb-blaue Folienkreuzung noch eine rote Farbfolie (*Abb. 20*), so erscheint das Zentrum der Kreuzung schwarz, während an den Eckpunkten die Komplementärfarben entstehen.

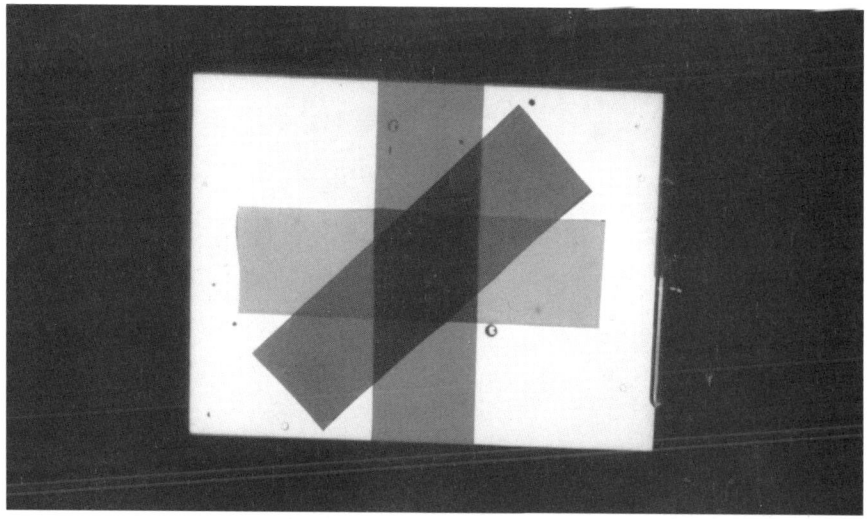

Abb. 20: Gelb, Blau und Rot aufeinander (siehe auch Farbtafel 4)

Es muss vermerkt werden, dass Farbfolien einen unterschiedlichen Farbton und eine unterschiedliche Farbdichte aufweisen. Daher können die Versuche u. U. nicht den gewünschten Effekt erreichen.

2.5 Polarisierung der EL-Folien-Strahlung

Das ausgesandte Licht einer EL-Folie kann ohne weiteres polarisiert werden, wie es auch beim normalen Licht der Fall ist.

Man legt zwei Polarisationsfilter, kurz „Polfilter" (im Fotohandel erhältlich), auf eine weiß leuchtende EL-Folie (*Abb. 21*).

Die Helligkeit ändert sich je nach Drehung eines der Polarisatoren. Es gibt eine Stellung maximaler Helligkeit (*Abb. 22*).

Geht man von dieser Stellung aus, so wird bei Drehung um 90° die durchstrahlte Fläche dunkel (*Abb. 23*).

Abb. 21: Polfilter auf EL-Folie

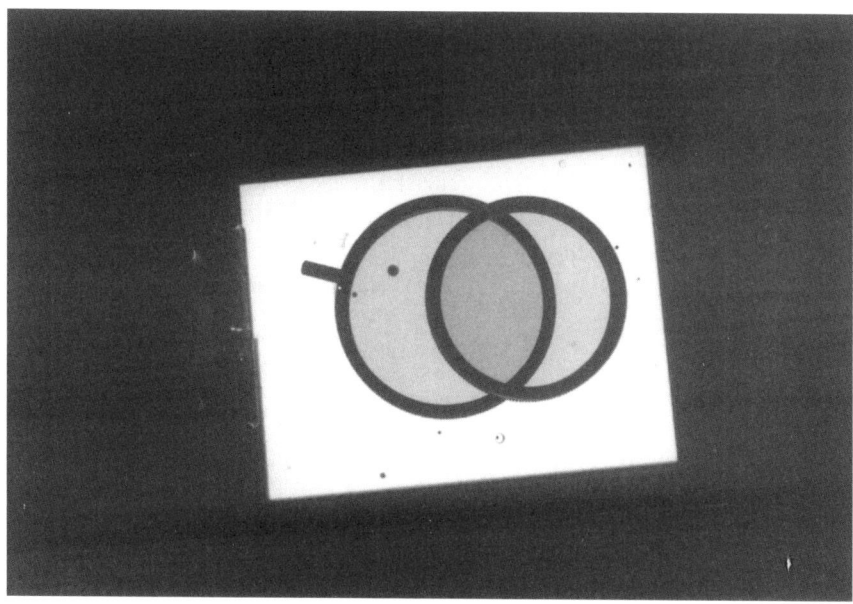

Abb. 22: Polfilter in Hellstellung

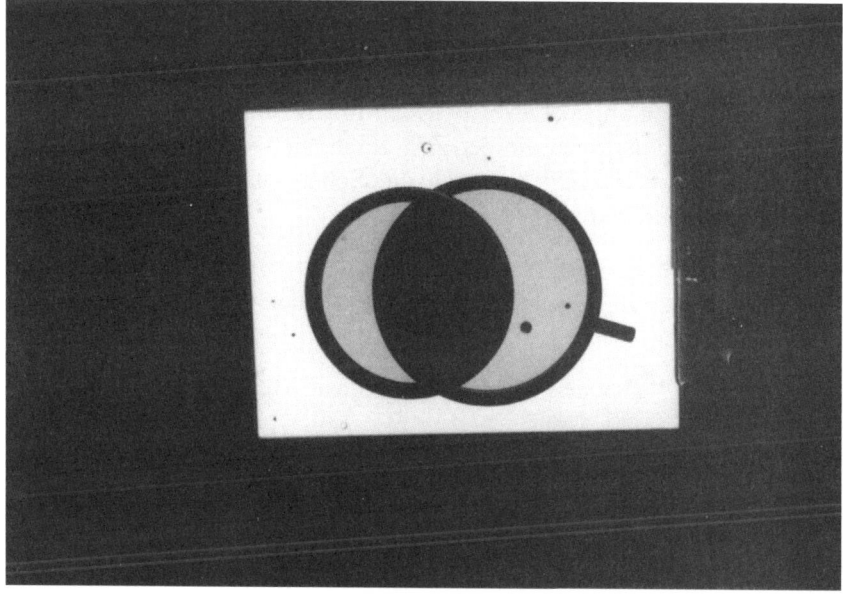

Abb. 23: Polfilter um 90° gedreht

Dreht man um weitere $90°$, so hat man wieder maximale Helligkeit.

Natürliches Licht enthält Wellen der verschiedensten Schwingungsebenen (auch ein EL-Bauelement).

Nur die Komponente jeder Welle, die in der Schwingungsebene des ersten Polarisators liegt, wird hindurchgelassen. Der Polarisator wirkt also wie ein sehr engmaschiges Gitter. Hinter dem Polarisator ist das Licht linear polarisiert. Je nach Stellung des zweiten Polarisators (auch Analysator genannt) senkrecht oder parallel zum ersten Polarisator, ist die durchstrahlte Fläche hell oder dunkel.

Die Polarisationswirkung der Filter ist von der Lichtfarbe des EL-Bauelements unabhängig.

Die Lichtstärke wird durch ein Polfilter um etwa 60 % verringert. Fotografiert man z. B. mit einem solchen Filter, so muss die Belichtungszeit auf das Dreifache verlängert werden bzw. die Blende um 1 1/2 Stufen weiter geöffnet werden.

2.6 Montage der Leuchtfolien

Für die Versuche sollten die Leuchtfolien auf einer ebenen Unterlage befestigt werden. Gut eignet sich ein passendes Gehäuse, das auch die Anschlussbuchsen aufnehmen kann.

Ursprünglich war angedacht, die Leuchtfolien mit zweiseitigem Klebeband zu befestigen. Nach einiger Zeit zeigte sich jedoch, dass irgendein Bestandteil der Klebeschicht durch die Schutzfolie diffundiert und die Leuchtschicht beschädigt.

Abzuraten ist auch vom Ankleben mit einem sogenannten „Sekundenkleber" (Cyanacrylat-Kleber). Denn man will doch die Folie mal wieder entfernen können.

Nach mehreren Versuchen wurde die einfachste Methode gefunden (hierzu *Abb. 24*):

Die Folie (1) wird mit einem transparenten Klebestreifen (Tesa-Film) (2) auf dem Gehäuse befestigt. Die Anschlüsse (3) der Elektroden werden leicht nach oben gebogen und mit den Lötösen (4) verbunden. Die anderen Seiten der Lötösen werden mit Schaltdraht an 4-mm-Buchsen (5) angeschlossen.

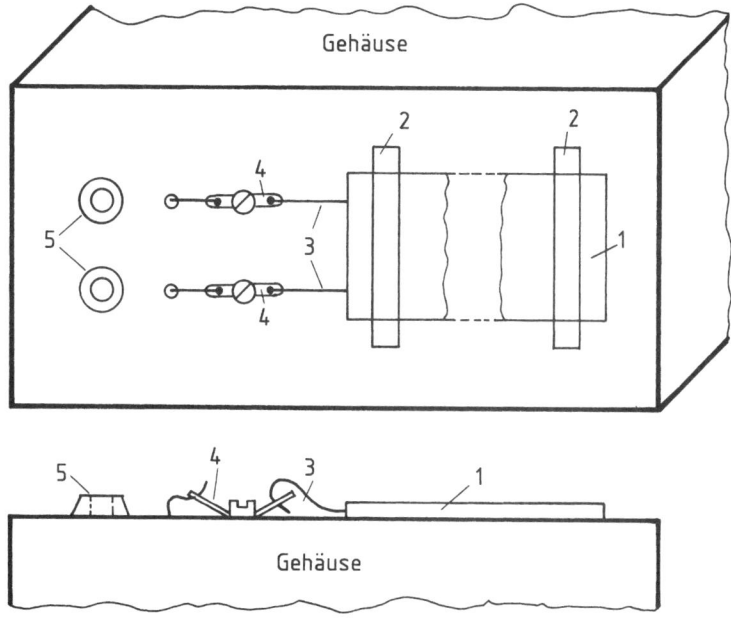

Abb. 24: Montage der Leuchtfolien

Folien der Größe A passen direkt auf die Rückseite eines Gehäuses P3 von TEKO (*Abb. 25*).

Abb. 25: Gehäuse P3 mit Leuchtfolie

Die Lötösen und die Anschlüsse der Leuchtfolie sind wegen des Berührungsschutzes unbedingt abzudecken. Oft genügt dazu ein Streifen Isolierband.

Bei den Versuchsaufbauten wurde über den Anschlusspunkten mithilfe von kurzen Distanzringen (5 mm) eine durchsichtige Kunststoffplatte montiert (*Abb. 26*).

Zusätzlich wurden die Abdeckplatten noch mit einem Hochspannungspfeil gekennzeichnet (*Abb. 27*).

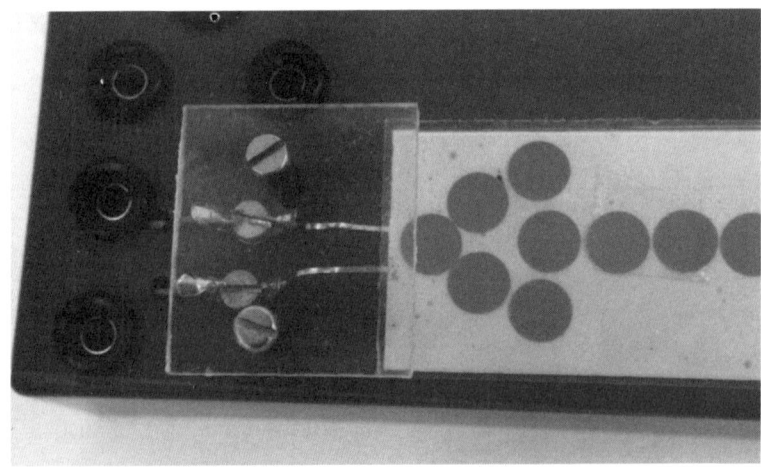

Abb. 26: Abdeckung der spannungsführenden Anschlüsse

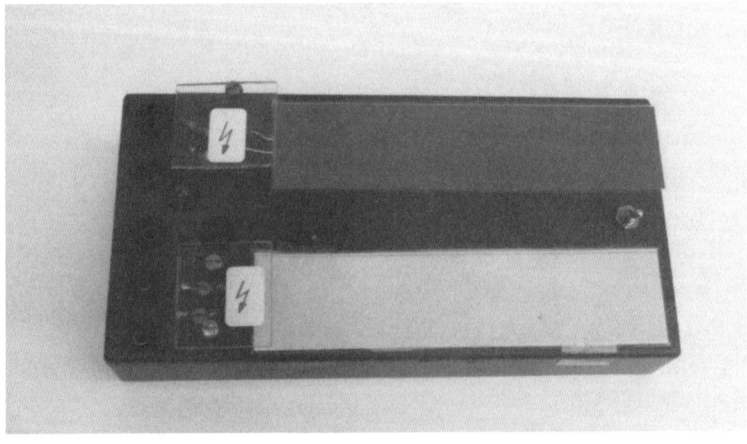

Abb. 27: Endgültige Abdeckung für Berührungsschutz

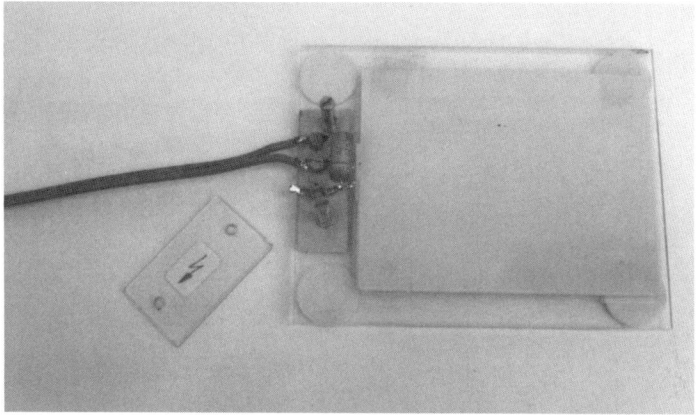

Abb. 28: EL-Folie auf Kunststoffplatte (Schutzabdeckung entfernt)

Ergänzend wurden in dem Gehäuse noch eine Glimmröhre mit Vorwiderstand und ein Taster (für Versuche nach Kapitel 8.2) untergebracht.

Eine weitere Montageversion zeigt *Abb. 28.*

Hier wurde eine blaue EL-Folie, Größe A, auf einer passenden Kunststoffplatte befestigt. Die Anschlüsse sind ebenfalls an Lötösen geführt. Zusätzlich wurde ein Vorschaltkondensator C = 22 nF vorgesehen. Die Anordnung kann dann direkt an 230 V AC betrieben werden.

2.7 Beschriftung

Oft genügt das Leuchten der Folie nicht. Gewünscht wird die Darstellung
von Informationen. Dazu können auf die Folie mit einem wasserfesten
Filzschreiber Buchstaben, Zahlen und Symbole aufgezeichnet werden.

Stempelfarbe ist zu dünn, so ist der Kontrast zur leuchtenden Folie sehr
gering. Außerdem verwischt sie auf der Folie sehr leicht.
Auch Klebepunkte können z. B. für eine Richtungsmarkierung (Pfeil)
angebracht werden. Sie sind bei Tageslicht ebenso gut zu erkennen wie bei
leuchtender Folie (*Abb. 29*).

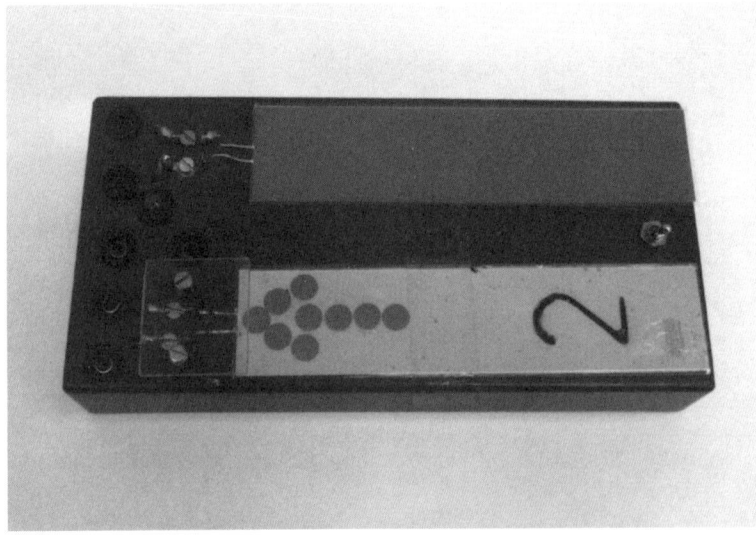

Abb. 29: Kennzeichnungen auf einer EL-Folie

2.8 Härtetest an einer EL-Folie

In verschiedenen Versuchen sollte festgestellt werden, welche Belastungen eine EL-Folie verträgt.

2.8.1 Mechanische Beanspruchungen

Die EL-Folie wurde um einen Rundkörper mit einem Durchmesser von 60 mm gebogen und befestigt (*Abb. 30*).

Abb. 30: Rundkörper mit
EL-Folie (siehe auch Farbtafel 5)

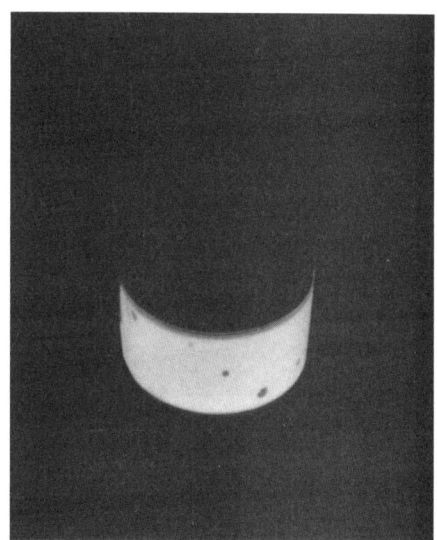

Abb. 31: Gebogene EL-Folie in Betrieb
(siehe auch Farbtafel 5)

Sie blieb weiterhin funktionsfähig (*Abb. 31*).

Die EL-Folie wurde einmal rechtwinklig geknickt (*Abb. 32*).

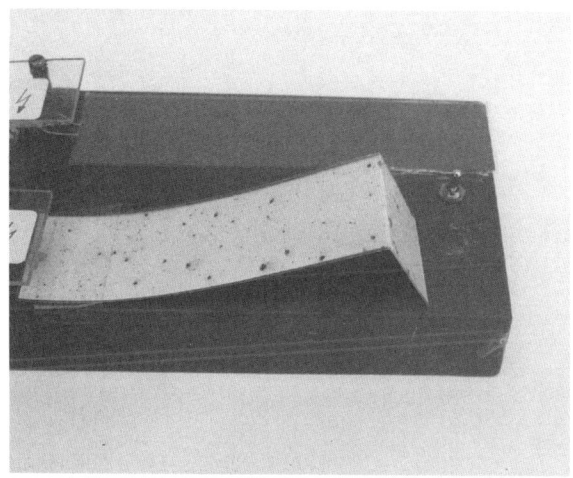

Abb. 32: Geknickte
EL-Folie (siehe auch
Farbtafel 5)

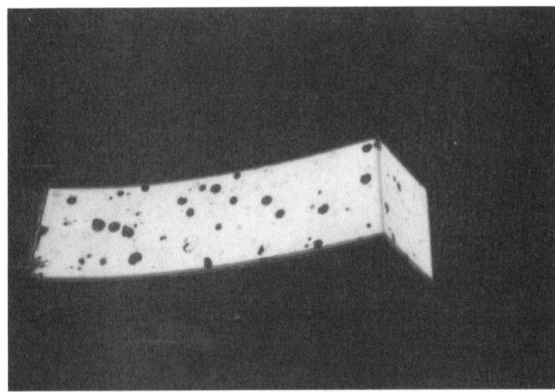

Abb. 33: Geknickte EL-Folie in Betrieb (siehe auch Farbtafel 6)

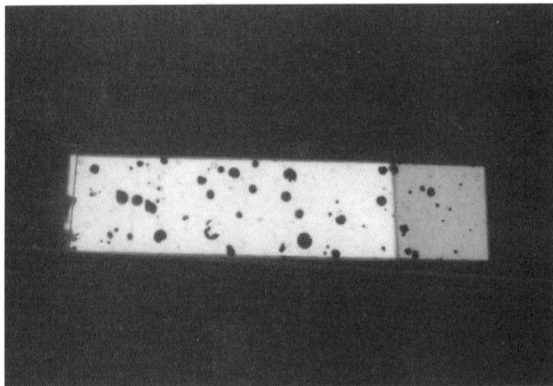

Abb. 34: Mehrmals geknickte EL-Folie. Man beachte den Helligkeitsunterschied auf der rechten Seite (siehe auch Farbtafel 6)

Abb. 35: EL-Folie und Hammer

Auch hier blieb sie in Ordnung (*Abb. 33*).

Erst nach mehrmaligem Knicken zeigte sich, dass die Leuchtschicht unterbrochen wird (*Abb.34*).

Auch mehrere Hammerschläge (*Abb. 35*) konnten die EL-Folie nicht zerstören.

Eine Folie wurde mehrmals abgeschnitten bzw. für Schraubbefestigung gelocht (*Abb. 36*),

Wenn die „Schadstellen" mit einem Sekundenkleber versiegelt werden, bleiben sie intakt, da keine Feuchtigkeit eindringen kann. Auch Durchnageln der EL-Folie (*Abb. 37*) beeinträchtigt nicht die Funktionsfähigkeit.

Abb. 36: Gekürzte, gelochte EL-Folie

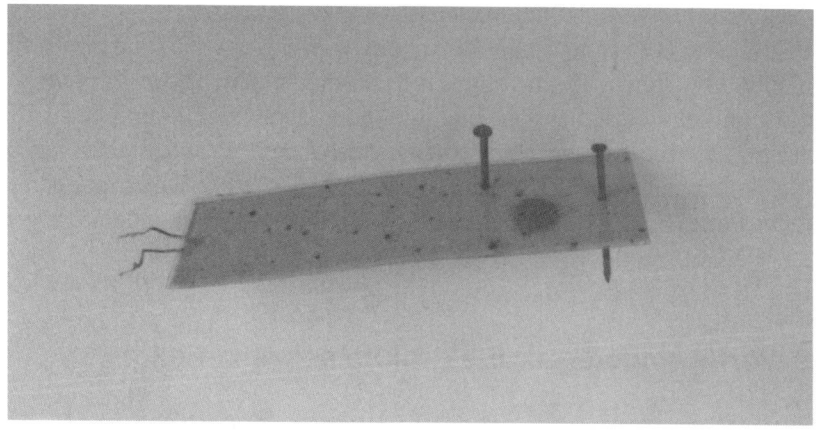

Abb. 37: Nägel und Reißzwecke durch eine EL-Folie

2.8.2 Chemische Beständigkeit

Die EL-Folie ist gegen alle im Haushalt gebräuchlichen Mittel (Essig, Spülmittel, Reiniger, Benzin usw.) resistent. Auch andere Chemikalien (Alkohol, Benzol, Toluol, Tri usw.) haben keine Einwirkung.

2.8.3 Thermische Beständigkeit

Die EL-Folie erweicht unter Heißluft (Föhn) nicht. Nach Anzünden mit einer Flamme brennt sie mit gelb rußender Flamme weiter; es bleibt ein schwarzer Rückstand.

Die EL-Folie wurde im Gefrierschrank auf –26 °C herabgekühlt. Währenddessen leuchtete sie ungehindert weiter.

2.8.4 Elektrische Beanspruchung

Hier liegt der wunde Punkt. Wird die anliegende Spannung zu sehr erhöht, so kommt es zu Durchschlägen der Leuchtschicht. Die EL-Folie sieht dann so aus, als hätte sie „Sommersprossen". Vergleiche hierzu die Abbildungen 33 und 34.

2.8.5 Anschlussdrähte

Bei mehrfachem Bewegen brechen sie meist an der EL-Folienkante ab. An den kümmerlichen Rest, der eventuell aus der Folie ragt, kann man kaum löten.

Vorbeugend empfehle ich:

An die Anschlussdrähte löte man eine flexible Leitung, z. B. Zwillingslitze NYFAZ 2 x 0,14 mm^2. Die Lötstellen werden mit passendem Isolierschlauch überzogen. Dann folgt ein Schrumpfschlauch, der zweiseitig so eingeschnitten wird, dass er in die Folienfläche hineinragt. Nach dem Schrumpfen sind die Anschlussdrähte mechanisch gesichert. Der auf der Folie liegende Schrumpfschlauch verbindet sich trotz Erwärmung nicht mit der Folie. Daher sollte man diese Stelle mit etwas Sekundenkleber mit der Folie verkleben.

2.9 Vorführmuster für Elektrolumineszenz-Folie

Als Antwort auf die Frage „Was ist eigentlich eine „Elektro – lu – lu – lumi – Folie?" habe ich auf das Gehäuse des 9-V-Wandlers (nach Kapitel

Abb. 38: Demonstration einer EL-Folie

8.1) den Rest einer weißen EL-Folie montiert (*Abb. 38*). Nach einer kurzen mündlichen Erklärung schaltet man ein und bei entsprechender Abdeckung durch einen Gegenstand (Hand, Aktenkoffer etc.) kann man das Leuchten erkennen.

Wegen der Frequenz des Wandlers leuchtet die Folie nicht weiß, sondern mehr grünlich.

Die Folie ist angeklebt und die Anschlüssen sind direkt ins Innere der Gehäuses (TEKO P2) geführt.

3 Inverterbetrieb von EL-Folien

Als Ergänzung zu den EL-Folien ist ein Inverter (= Spannungswandler) lieferbar. Er setzt eine Gleichspannung von 5 V in die für den Betrieb der EL-Folien erforderliche Wechselspannung um.

Technische Angaben nach Datenblatt:

Type: WE 5–50
Eingangsspannung: 5 V DC
Eingangsstrom: 50 mA
Ausgangsspannung: ca. 60–100 V
Ausgangsfrequenz: 600 Hz
Folienfläche: 50–105 cm^2

Der Inverter ist in einem Modulgehäuse der Größe 27 x 17 x 18 mm^3 eingegossen. Daher ist seine Schaltung nicht ermittelbar. Für die praktische Anwendung wurde das Inverter-Modul auf einer Streifenplatine montiert. Die Anschlüsse wurden an Steckstifte geführt. Zusätzlich wurden noch eine Diode D und ein Elko C vorgesehen.

Die Diode D schützt gegen Verpolung. Allerdings wird wegen der Durchlass-Spannung der Diode die tatsächliche Spannung am Wandler um etwa 0,8 V verringert.

Der Elektrolytkondensator dient einmal als Pufferkondensator, um Schwankungen der Speisespannung zu verringern. Zum anderen ist er notwendig, um bei einfachen Netzgeräten eine Selbsterregung zu verhindern.

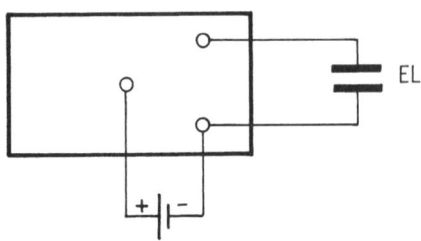

Abb. 39: Anschlussbild von unten (nach Datenblatt)

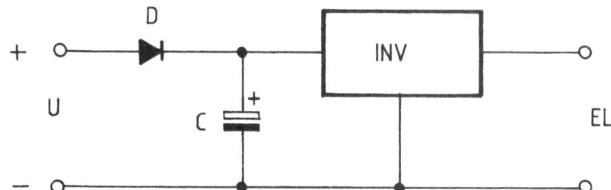

Abb. 40: Schaltung
des EL-Inverters

Die endgültige Schaltung zeigt *Abb. 40.*

Einzelteilliste:

INV = Spannungswandler für EL-Folien
D   = Si-Diode 1 N 4001
C   = Elektrolytkondensator 2200 µF/12 V
U   = Speisespannung (max. 7 V)

Die Platine wurde auf der Platte eines TEKO-Gehäuses P2 montiert und die Anschlüsse an Buchsen geführt. Die *Abbildungen 41* und *42* zeigen die Ausführung.

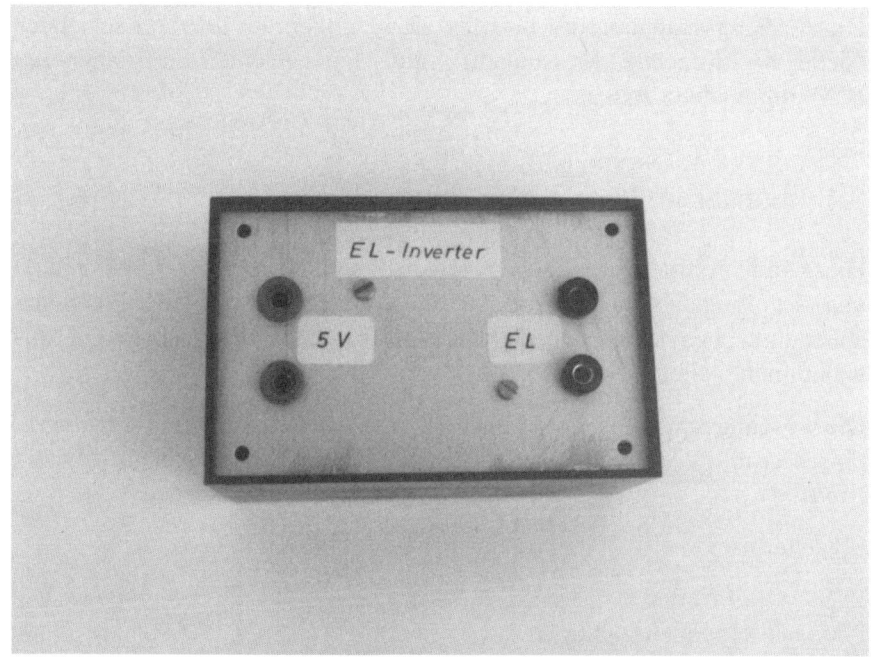

Abb. 41: Außenansicht des EL-Inverters

Abb. 42: Der innere Aufbau des Inverters

Wichtiger Hinweis:

Die Ausgangsspannung des Inverters ist besonders im Leerlauf sehr hoch (siehe nachfolgende Messungen!). Bei Experimenten ist daher auf Berührungsschutz zu achten.

3.1 Inverter im Leerlaufbetrieb

Hier wurde ermittelt, wie hoch die Ausgangsspannung U_A in Abhängigkeit von der Eingangsspannung U_E wird. Außerdem wurde die Frequenzabhängigkeit gemessen und die Kurvenform der Ausgangsspannung aufgenommen.

Die Ausgangsspannung U_A, ebenso die Kurvenform, kann nur oszillographisch ermittelt werden. Es wurde nachstehende Messanordnung gewählt (*Abb. 43*).

Einzelteilliste:

INV = Inverter
FZ = Frequenzzähler
Oszi = Oszilloskop
Spannungsteiler 10 : 1, bestehend aus den Widerständen 900 kΩ/100 kΩ

Es ergaben sich folgende Werte:

Die Frequenz des Inverters beträgt bei $U_E = 2$ V etwa 5.200 Hz und sinkt bei $U_E = 6$ V auf etwa 3.900 Hz.

Die Frequenzform zeigt das Oszillogramm in *Abb. 44*:

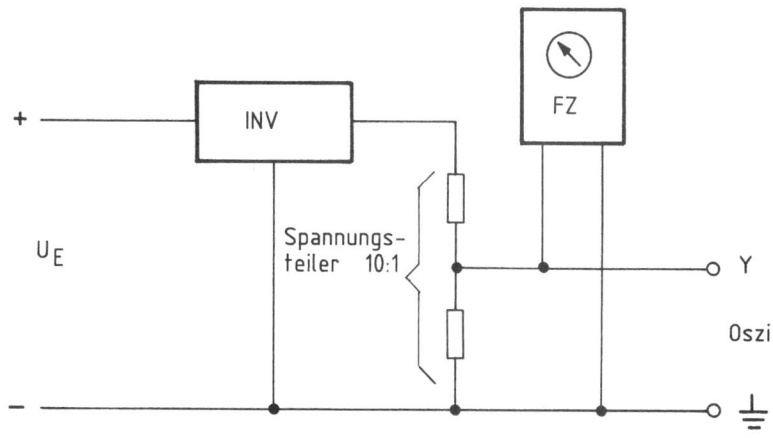

Abb. 43: Messung im Leerlauffall

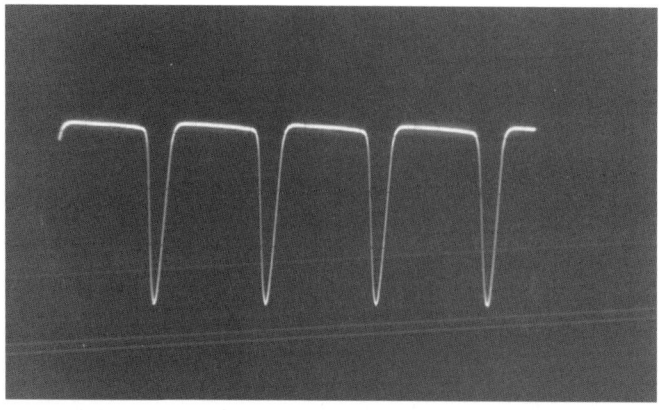

Abb. 44: Kurvenform der Ausgangsspannung im Leerlauf

Die Ausgangsspannung U_A im Leerlauf steigt auf ziemlich hohe Werte an, siehe dazu *Abb. 45*.

Es sei erwähnt, dass es sich hier um einen „Quasi-Leerlauf" handelt. Denn immerhin stellen der Spannungsteiler und die angeschlossenen Messgeräte eine kleine Belastung dar.

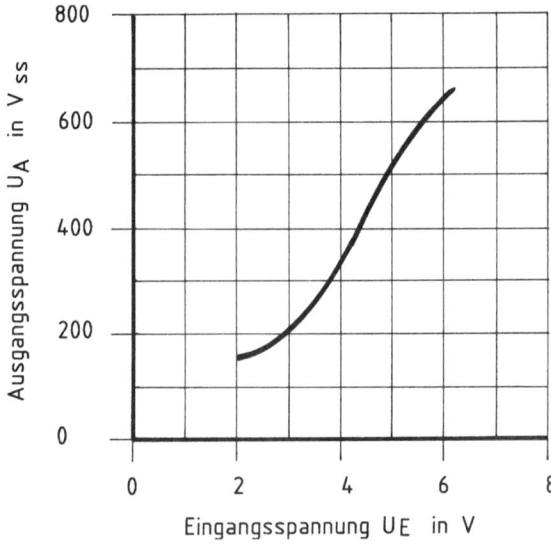

Abb. 45: Ausgangsspannung U_A im Leerlauf abhängig von Eingangsspannung U_E

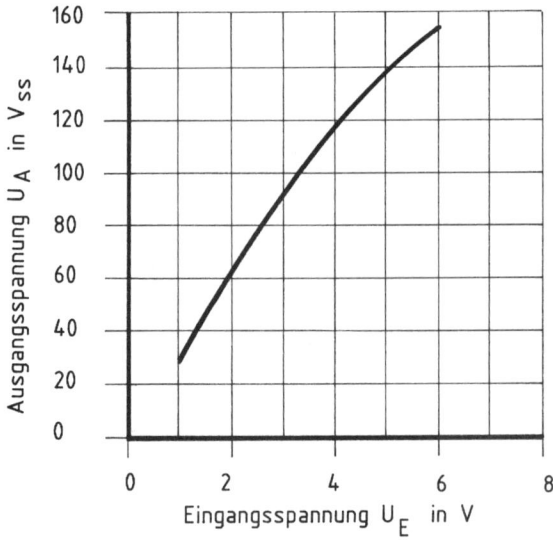

Abb. 46: Ausgangsspannung U_A bei Belastung mit EL-Bauelementen, abhängig von der Eingangsspannung U_E

3.2 Betrieb bei Belastung (mit EL-Bauelementen)

Durch den Anschluss der EL-Bauelemente am Ausgang des Inverters ergibt sich eine andere Frequenz und eine niedrigere Ausgangsspannung U_A. Die Ausgangsspannung U_A verläuft fast linear mit dem Wert der Eingangsspannung U_E (*Abb. 46*).

Sie weicht je nach Folienart und -größe geringfügig von dem gezeichneten Verlauf ab. Durch das angeschlossene EL-Bauelement ändert sich auch die Kurvenform der Ausgangsspannung (*Abb. 47*).

Die Kapazität der EL-Bauelemente bestimmt rückwirkend die Frequenz des Inverters. Die sich einstellende Frequenz ist wiederum von der Foliengröße und der Leuchtschichtfarbe abhängig (*Abb. 48*).

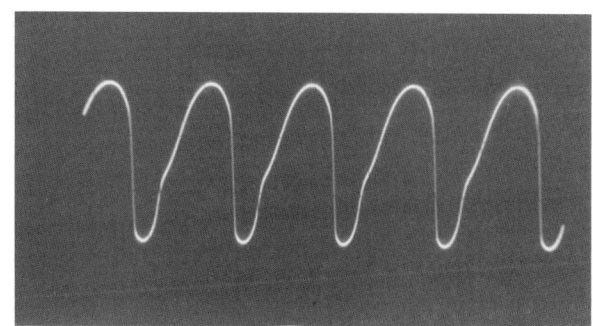

Abb. 47: Oszillogramm
der Ausgangsspannung
bei Belastung

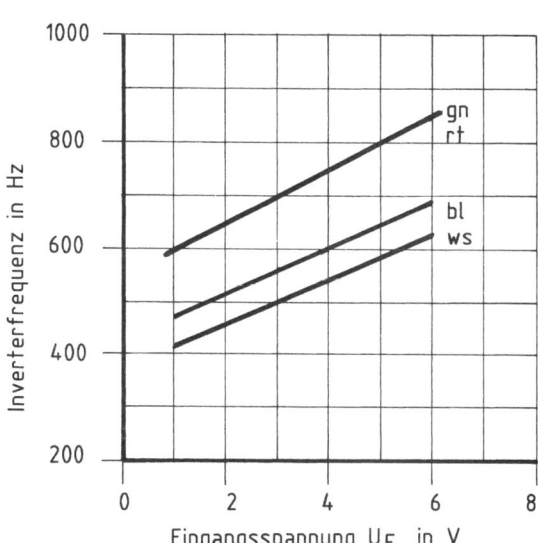

Abb. 48: Inverterfrequenz
abhängig von Eingangs-
spannung und EL-Folie

3.3 Helligkeitseinstellung bei Inverterbetrieb

Die Messschaltung zum Ermitteln der Helligkeit ist in *Abb. 49* dargestellt:

Die Helligkeit der EL-Bauelemente lässt sich einmal durch die Höhe der Eingangsspannung U_E ändern (*Abb. 50*).

Die Helligkeit lässt sich aber auch mit Vorschaltkondensatoren einstellen (*Abb. 51*).

Hier wurde die Eingangsspannung auf den Nennwert $U_E = 5$ V gehalten. Bei geschlossenem Schalter S wird einmal die maximale Helligkeit

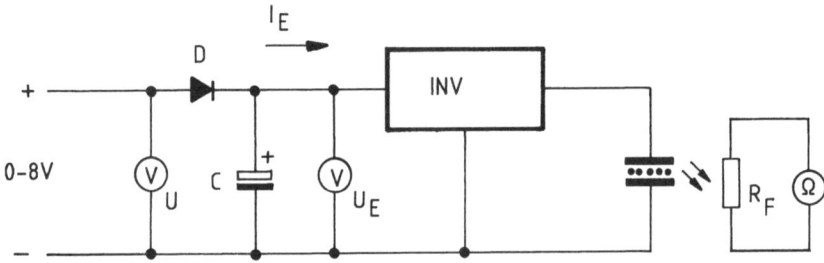

Abb. 49: Messschaltung zur Helligkeitsmessung

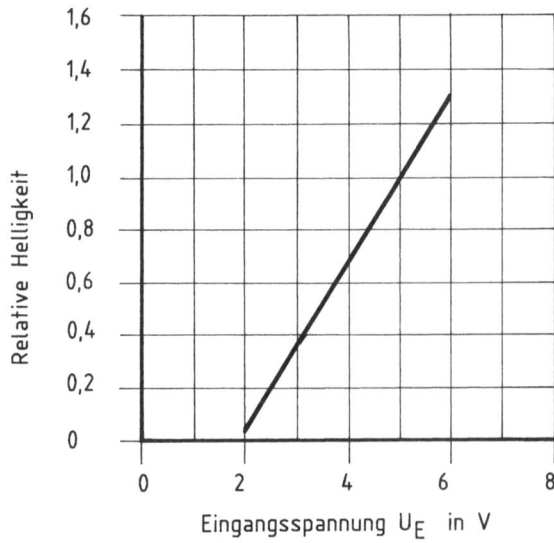

Abb. 50: Relative Helligkeit, abhängig von der Eingangsspannung U_E

gemessen. Der erhaltene Widerstandswert wird dabei als „1" bzw. 100 % der relativen Helligkeit angesetzt. Anschließend werden bei offenem Schalter S Kondensatoren mit verschiedenen Werten angeschaltet. Es ergab sich daraus die dargestellte Helligkeitskurve nach *Abb. 52*.

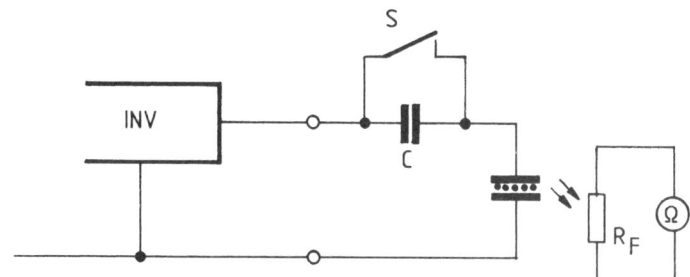

Abb. 51: Messanordnung mit Vorschaltkondensatoren

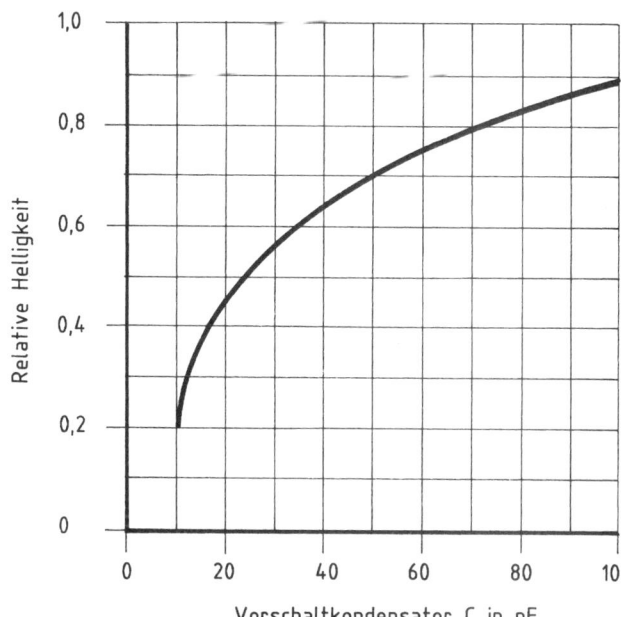

Abb. 52: Helligkeits-
einstellung mit
Vorschaltkonden-
satoren

3.4 Nennbetrieb des Inverters

Unter Nennbetrieb des Inverters wird hier der Betrieb an der Nenn-eingangsspannung U_E = 5 V mit Belastung durch eine EL-Folie verstanden. Die dabei erhaltenen Werte unterscheiden sich nur durch Foliengröße und -farbe.

EL-Folie, Größe A, weiß:
Inverterfrequenz f   =   600 Hz
Ausgangsspannung U_A =   120 V_{ss}
Betriebsstrom I_E =   85 mA

EL-Folie, Größe A, blau:
Inverterfrequenz f   =   660 Hz
Ausgangsspannung U_A =   120 V_{ss}
Betriebsstrom I_E =   80 mA

EL-Folie, Größe B, grün und rot:
Inverterfrequenz f   =   810 Hz
Ausgangsspannung U_A =   120 V_{ss}
Betriebsstrom I_E =   60 mA

3.5 USV für Elektrolumineszenz-Bauelemente

„USV" ist eine Abkürzung für „Unterbrechungsfreie Stromversorgung". Eine derartige Stromversorgung wird unter Umständen bei Sicherheitsleitsystemen (siehe Kapitel 7.8) verlangt. Das heißt, dass bei Netzstromausfall weiterhin eine ausreichende Erkennbarkeit der Zeichen vorhanden sein muss.

Für EL-Folien wurde eine passende Schaltung entworfen. Das Prinzip ist einfach (*Abb. 53*).

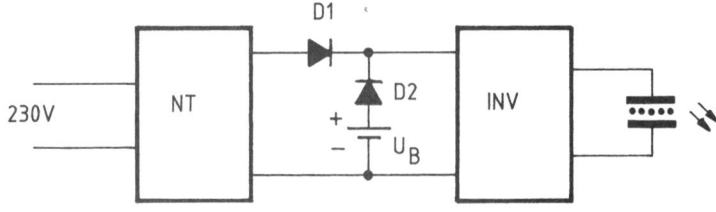

Abb. 53: Schema der Notstromversorgung

Im Normalfall wird der Inverter (INV) über die Diode D1 vom Netzteil (NT) gespeist. Fällt die Netzspannung aus, so übernimmt die Batterie (oder der Akkumulator) U_B über die Diode D2 die Versorgung des Inverters.

Die *Abbildungen 54a* und *54b* zeigen Außenansicht und Innenaufbau der Stromversorgung.

Abb. 54a:
Außenansicht

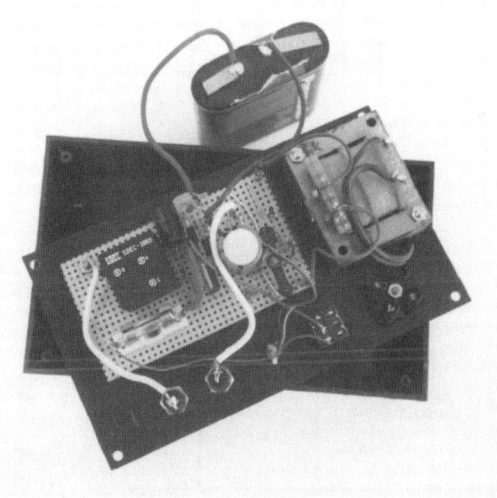

Abb. 54b:
Innenaufbau

Grundlage ist ein Netzgerät nach Abb. 55.

Es handelt sich hier um ein übliches Netzteil für Kleinspannungen. Der einzige Zusatz ist die Leuchtdiode zur Betriebsanzeige, die bei Netzausfall erlischt.

Einzelteilliste:

Tr = Transformator 230 V/12 V–15 VA
G1 = Brückengleichrichter B40 C800
D1 = Leuchtdiode grün
D2 = Si-Diode 1N4148
R = Widerstand 1kΩ, 1/4 W
C = Elektrolytkondensator 1000 µ F/35 V

Der Inverter soll mit U = 5 V betrieben werden. Daher wird dem Netzteil ein Festspannungsregler 7806 nachgeschaltet (*Abb. 56*).

Einzelteilliste:

C1, C2 = Kondensatoren 0,1 µF/100 V
Festspannungsregler 7806

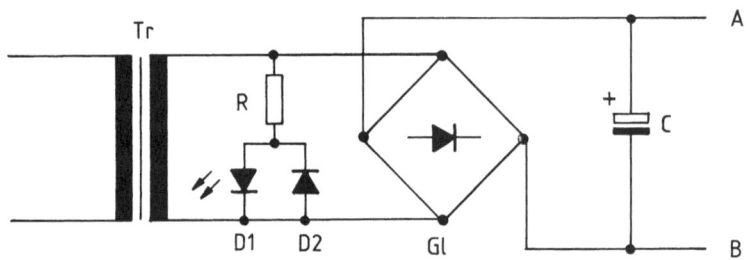

Abb. 55: Schaltung eines Kleinspannungsnetzteils

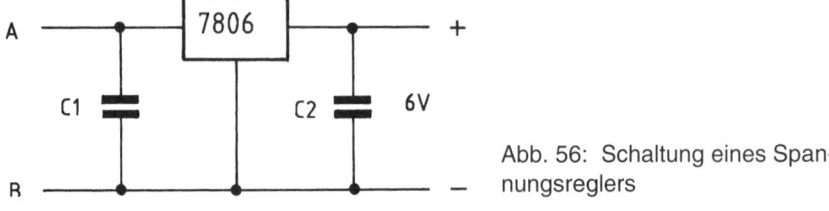

Abb. 56: Schaltung eines Spannungsreglers

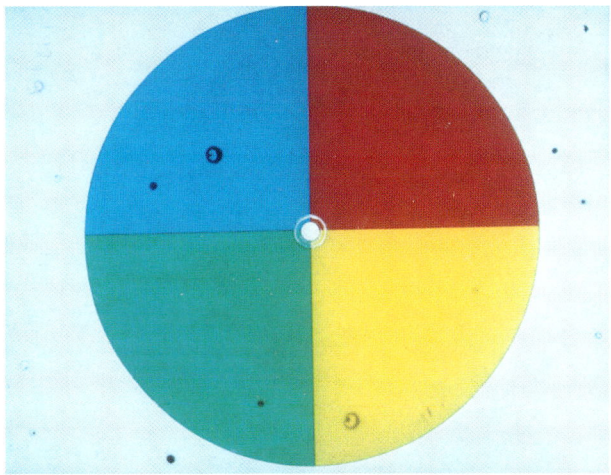

Abb. 12: Vierfarbscheibe, durch EL-Folie beleuchtet

Abb. 13: Farbfolien auf EL-Folie

Abb. 14: Leuchtende Farbfolien

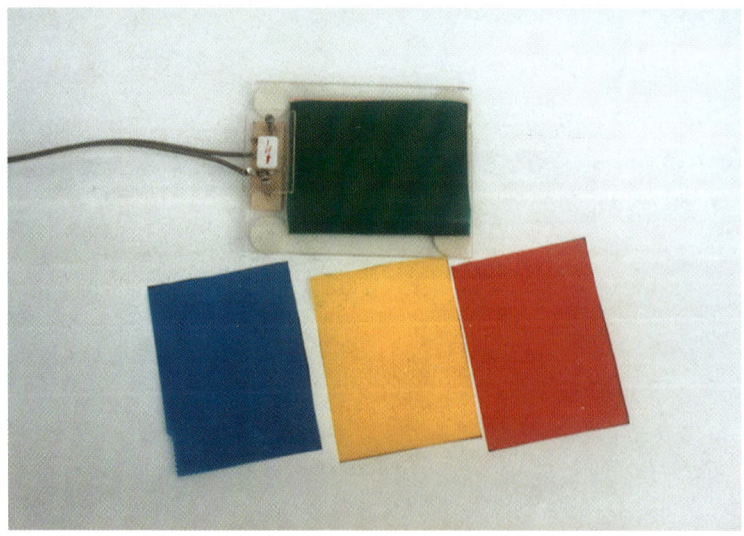

Abb. 15: Größere Farbfolien

Abb. 16: Gelbe Farbfolie auf EL-Folie

Abb. 17: Gelbe Farbfolie auf leuchtender EL-Folie

Abb. 18: Grün aus Gelb und Blau

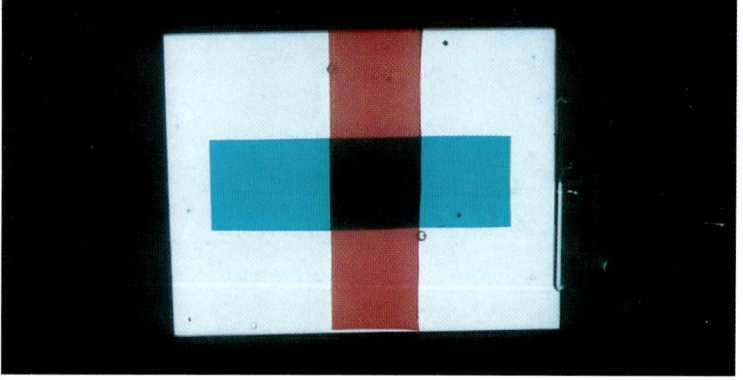

Abb. 19: Violett aus Rot und Blau

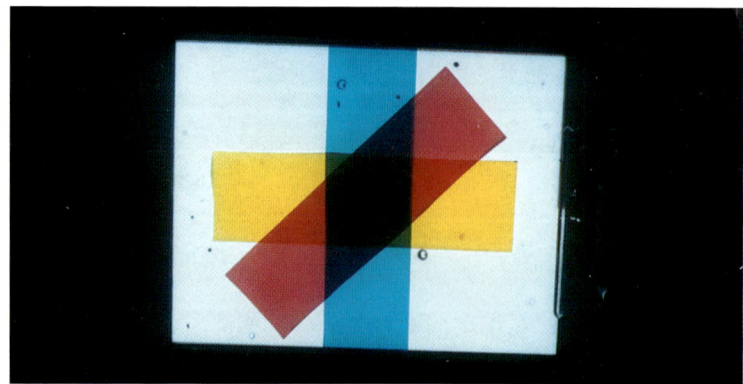

Abb. 20: Gelb, Blau und Rot aufeinander

Abb. 30: Rundkörper mit
EL-Folie

Abb. 31: Gobogono EL-Folie in Betrieb

Abb. 32: Geknickte
EL-Folie

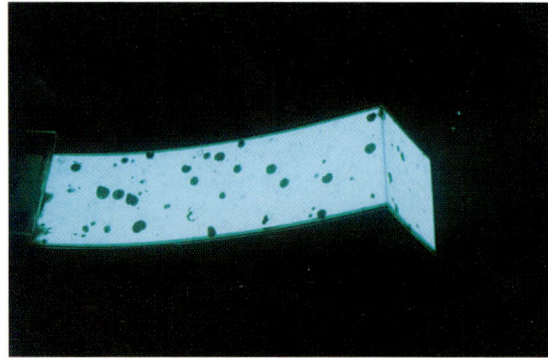

Abb. 33: Geknickte EL-Folie in Betrieb

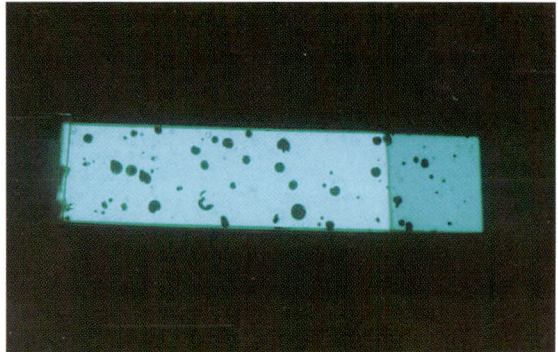

Abb. 34: Mehrmals geknickte EL-Folie. Man beachte den Helligkeitsunterschied auf der rechten Seite

Abb. 140: Kinosaal mit Markierung der stufenförmigen Sitzreihen

Abb. 142/143: Ansicht
der Stufenprofile (Montagequerschnitt)

Abb. 141: Beleuchtung von Stufenkanten

Abb. 144: Bartheke

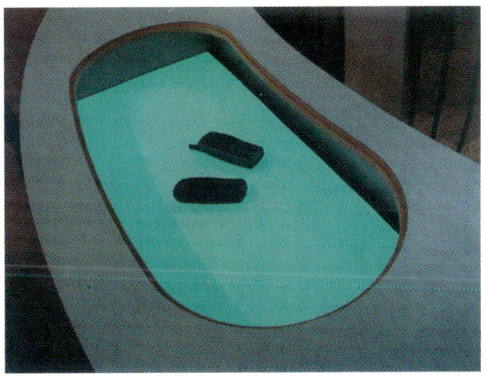

Abb. 145: Verkaufstresen

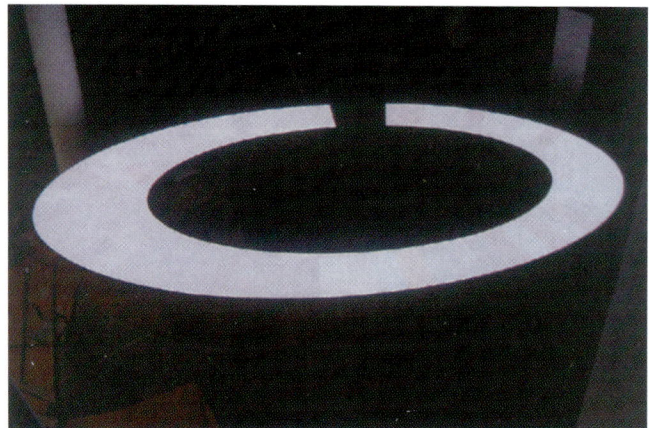

Abb. 146:
Empfangstresen

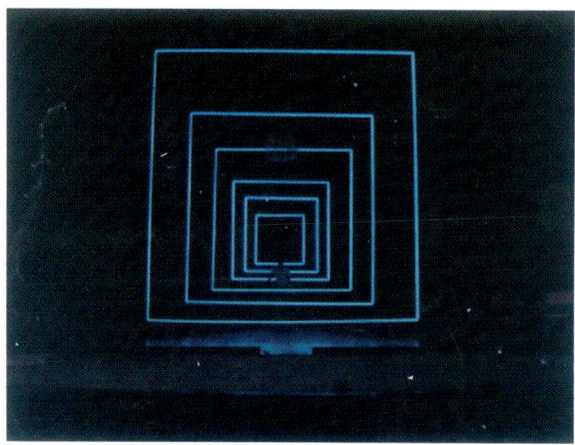

Abb. 148: Theater Neu-
strelitz – Tiefe im Raum

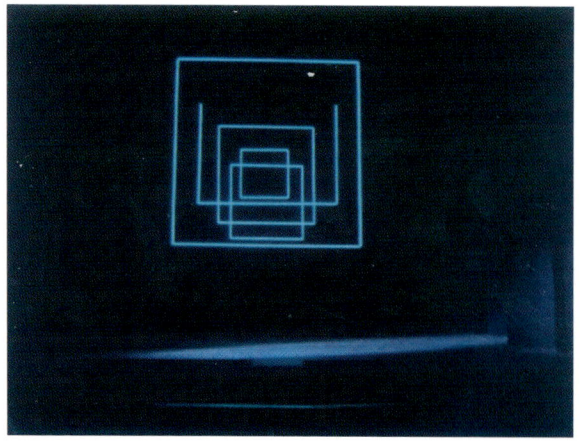

Abb. 149: Theater Neu-
strelitz – Tiefe im Raum

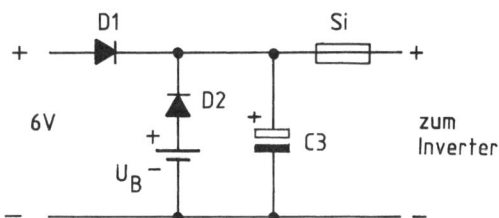

Abb. 57: Anschaltung der Notstromspannungsquelle

Anschließend folgt die Diodenkombination mit der Notstromspannungsquelle (*Abb. 57*).

Einzelteilliste:

D1, D2 = Si-Dioden 1 N 4001
C3   = Elektrolytkondensator 220 µF/35 V
UB   = siehe Text
Si   = Feinsicherung 100 mA –mT–

Diode D1 verhindert eine Rückspeisung aus der Spannungsquelle U_B. Ihr Spannungsabfall wird durch eine höhere Ausgangsspannung des Festspannungsreglers ausgeglichen (deswegen 7806).

Die Diode D2 ist eine Schutzdiode, damit die Batterie U_B nicht vom Netzteil geladen wird und unter Umständen explodiert. Denn es ist eine ganz normale Zink-Kohle-Batterie, die zur Speisung des Inverters benutzt wird.

Versucht wurde der Betrieb mit einer 4,5-V-Flachbatterie 3 R12 mit einer durchschnittlichen Kapazität von etwa 1,5–2 Ah. Selbst nach 25 Stunden war nur ein geringer Helligkeitsabfall der EL-Folie festzustellen. Besser geeignet wäre z. B. eine so genannte „Laternenbatterie (4 R25)" mit 6 V Spannung und einer Kapazität von 7 Ah.

Warum wurden keine Akkumulatoren verwendet? Die Schaltung würde etwas aufwendiger und die Erhaltungsladung muss je nach Akkutype besonders berechnet werden. Dazu kommt noch, dass sie nach länger dauernder Entladung neu aufgeladen werden müssen.

Bei einem Versuch mit einem 9-V-Akku (140 mAh), der in Erhaltungsladung betrieben wurde, erlosch die EL-Folie nach etwa 30 Minuten Netzausfall.

4 Betrieb an Netzspannung 230 V/50 Hz

Der Anschluss von EL-Folien an die Netzspannung ist unter gewissen Voraussetzungen möglich.

4.1 Netztrennung

Unabdingbar ist eine Trennung vom normalen Installationsnetz. Das heißt, es ist unbedingt ein Trenntransformator vorzusehen. Oft hat man keinen Trenntransformator zur Verfügung. Hier hilft ein alter Amateurtrick:

Zwei Kleinspannungstransformatoren werden mit ihren Niederspannungswicklungen zusammengeschaltet (*Abb. 58*).

Die Primärwicklung von Tr 1 wird mit dem Netz verbunden. An der 230-V-Wicklung von Tr 2 lässt sich dann eine relativ hohe Wechselspannung abnehmen. Ich gebe hier keine Zahlenwerte an, da die Innenwiderstände der Transformatoren die Ausgangsspannung herabsetzen. Ebenso wirkt eine Belastung von Tr 2 auf den Innenwiderstand zurück.

4.2 Kleines Netzteil für Versuche

Dieses Netzteil (mit Trenntransformator) wurde ursprünglich für Versuche mit Glimmröhren entworfen. Es eignet sich aber auch für den Betrieb von EL-Folien. Die Schaltung zeigt *Abb. 59*.

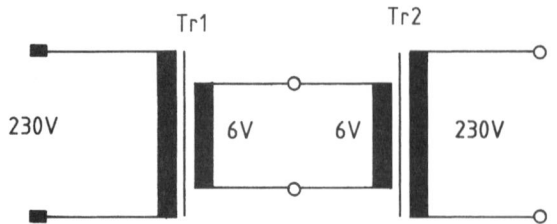

Abb. 58: Netztrennung mit zwei Kleinspannungstransformatoren

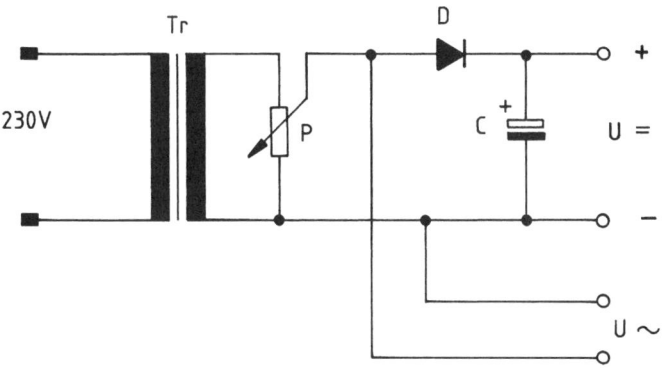

Abb. 59: Schaltung des Netzteils

Einzelteilliste:

Tr = Trenntransformator 230 V/230 V
D = Si-Diode 1 N 4007
C = Elektrolytkondensator 100 µF/350 V
P = Potentiometer 1 MΩ/0,25 W

An ihm kann man über das Potentiometer P Wechselspannungen und Gleichspannungen stufenlos einstellen. Vorteilhaft ist es, wenn man die Spannungen mit einem Voltmeter, das an die Ausgangsbuchsen angeschlossen wird, kontrolliert. Wegen des hohen Potentiometerwertes ist auch der Innenwiderstand des Netzteils hoch; Belastungsänderungen wirken sich daher stark auf die abgegebene Spannung aus.

Diese Schaltung passt in eine TEKO-Gehäuse P2 (siehe *Abb. 60* und *61*).

4.3 Vorwiderstand für EL-Folien

Von dieser Möglichkeit (*Abb. 62*) möchte ich abraten.

Die sich ergebenden Spannungsverhältnisse sind sehr komplex, sodass unter Umständen die EL-Folie durchschlagen kann. Ein ungefährer Richtwert für den Vorwiderstand wäre etwa R = 180 kΩ, 1/4 W bei einer Spannung von 230 V AC.

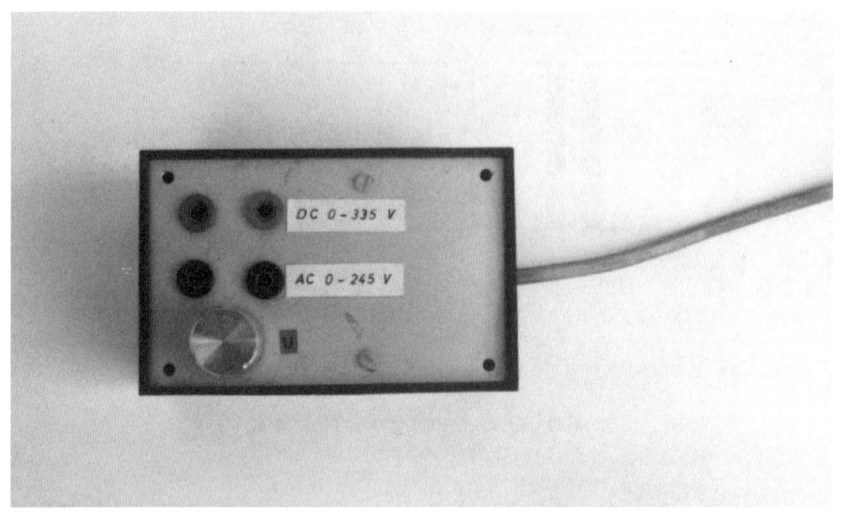

Abb. 60: Außenansicht des Netzteils

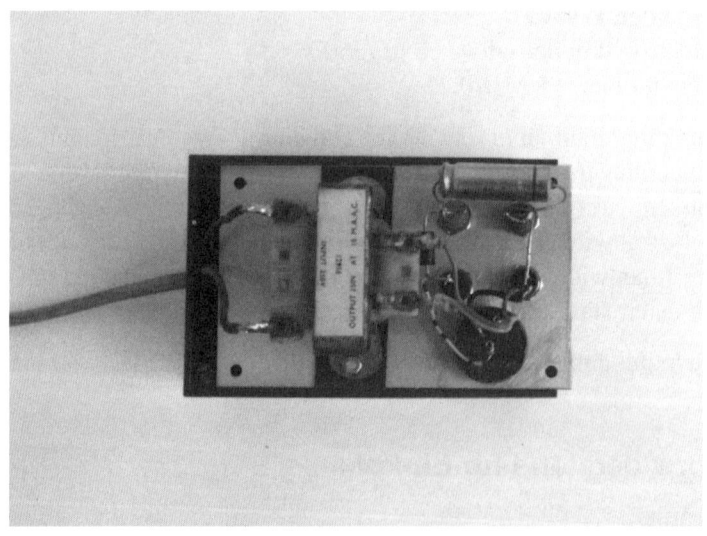

Abb. 61: Innenaufbau des Netzteils

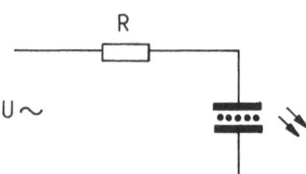

Abb. 62: Vorwiderstand für EL-Folien

4.4 Glimmlampe als Vorschaltelement

Auch eine Glimmlampe mit eingebautem Vorwiderstand kann zum Vorschalten vor einem EL-Bauelement verwendet werden (*Abb. 63*).

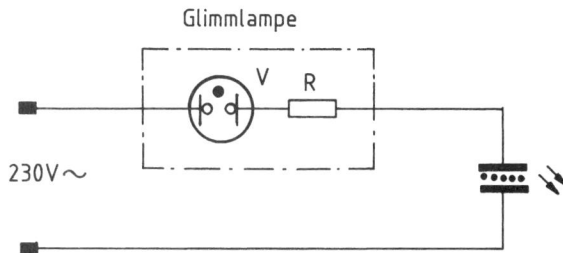

Abb. 63: Glimmlampen-
„Vorwiderstand"

4.5 Vorschaltkondensator

Die geeignetste Methode für den Betrieb an 230 V AC ist immer noch ein Vorschaltkondensator (*Abb. 64*).

Sein Wert ist von der Foliengröße abhängig. Aus den Messungen nach Kapitel 4.5.1 sind folgende Kapazitätswerte erforderlich:

Folie Größe A: C = 47 nF
Folie Größe B: C = 27 nF

Noch ein Vermerk.

Bei Betrieb an 50 Hz erscheint nicht immer die angegebene Lichtfarbe. So leuchtet die weiße Folie leicht grünlich.

4.5.1 Ermittlung des Vorschaltkondensators für 230 V/50 Hz
Bei einer Speisespannung von U = 230 V/50 Hz wurde die Spannung an

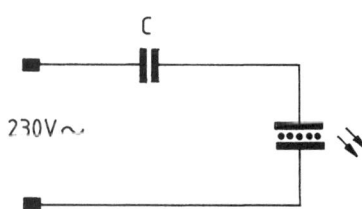

Abb. 64: Vorschaltkondensator für EL-Folie

der EL-Folie ermittelt, die sich bei verschiedenen Werten des Vorschaltkondensators C ergibt (*Abb. 65*).

Als Spannungsmesser M muss ein Analoginstrument verwendet werden (hier Unigor 3p, MB 250 V AC, $R_i = 4\ k\Omega/V$).

Für die Folien ergaben sich unterschiedliche Spannungswerte, da die Eigenkapazität flächenabhängig ist.

Im Diagramm (*Abb. 66*) sind daher zwei Kennlinien für die Foliengrößen A und B gezeichnet.

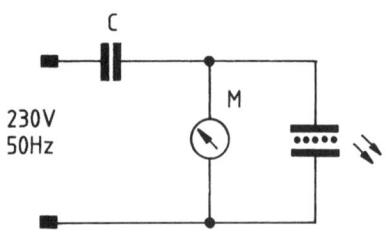

Abb. 65: Messschaltung

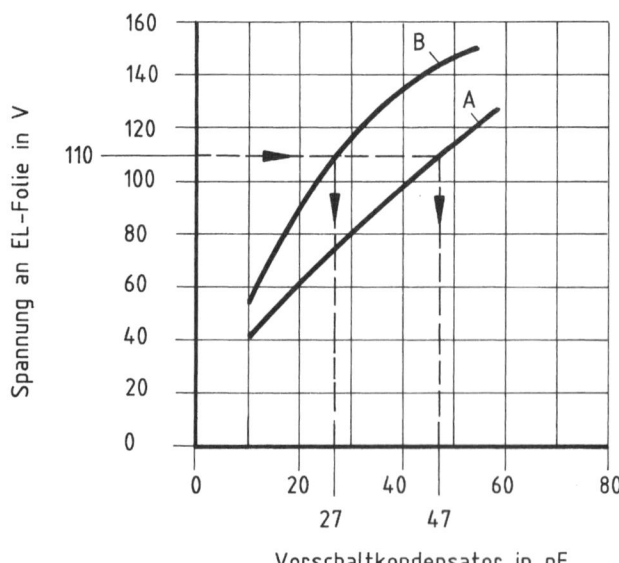

Abb. 66: Spannung an der Folie, abhängig vom Vorschaltkondensator C

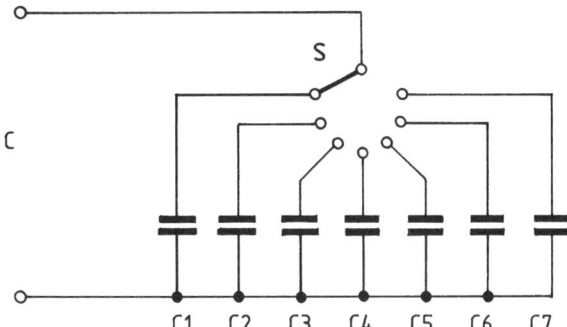

Abb. 67: C-Box

Nimmt man die zulässige Betriebsspannung der Folien zu 110 V AC an, dann ermittelt man aus den Kurven den passenden Vorschaltkondensator C (gestrichelt gezeichnet) für 230 V AC.

Hier ergab sich:

Foliengröße A: C = 47 nF
Foliengröße B: C = 27 nF

4.5.2 Kondensatorset zum Prüfen (C-Box)

Es wurde schon mehrfach erwähnt, dass sich Kapazitäten am besten zum Betrieb von EL-Bauelementen an höherer Spannung eignen. Zum Testen wurde daher eine kleine Schaltung (*Abb. 67*) aufgebaut.

Einzelteilliste:

C1 = 10 nF/630 V=
C2 = 15 nF/630 V=
C3 = 22 nF/630 V=
C4 = 27 nF/630 V=
C5 = 33 nF/630 V=
C6 = 47 nF/630 V=
C7 = 56 nF/630 V=
S = Stufenschalter 1 x 7

Die Anordnung passt in ein Gehäuse P 2 von TEKO.

Die Abbildungen (*Abb. 68a* und *b*) zeigen den Aufbau:

Abb. 68a: Außenansicht

Abb. 68b: Verdrahtung

4.6 Serienschaltung – Parallelschaltung von EL-Bauelementen

Theoretisch ist eine Reihenschaltung von EL-Bauelementen nach *Abb. 69* möglich.

Voraussetzung ist, dass die Folien die gleiche Kapazität im Betrieb besitzen. Durch unterschiedliche Kapazitäten ergäbe sich eine unterschiedliche Spannungsverteilung. Die EL-Folie mit der kleineren Kapazität erhielte dann eine höhere Spannung als die EL-Folie mit der größeren Kapazität.

Besser ist die Parallelschaltung von EL-Folien mit jeweils passendem Vorschaltkondensator C nach *Abb. 70*.

Damit ist eine problemlose Anpassung an die Speisespannung möglich.

4.7 Helligkeitseinstellung bei 50 Hz

4.7.1 Einstellbares Netzgerät

Mit dem Netzgerät nach Kapitel 4.2 lässt sich jede Betriebsspannung einstellen. Damit wird auch die Helligkeit spannungsabhängig geändert. Der an der Folie anliegende Spannungswert sollte 110 V AC nicht überschreiten.

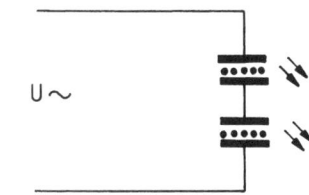

Abb. 69: Serienschaltung zweier EL-Bauelemente

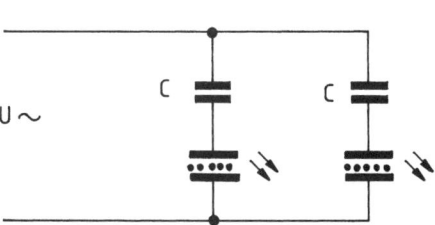

Abb. 70: Parallelschaltung von EL-Bauelementen

4.7.2 Stufenweise Helligkeitseinstellung

Eine schrittweise Änderung der Helligkeit erreicht man mit einem Klein-spannungstransformator, der umgekehrt an ein Kleinspannungsnetzteil angeschlossen wird (*Abb. 71*).

Es ist zu vermerken, dass infolge der Innenwiderstände der Transformato-ren nicht die volle Spannung von 230 V erreicht wird, siehe Tabelle:

12-V-Wicklung an	**ergibt an 230-V-Wicklung**
6 V	95 V
8 V	125 V
10 V	160 V
12 V	190 V

Diese Messergebnisse fallen je nach verwendeten Transformatoren unter-schiedlich aus!

4.7.3 Helligkeitseinstellung mit Spannungsteiler

Möglich ist auch die Einstellung mittels Potentiometer an einer festen Wechselspannung (*Abb. 72*).

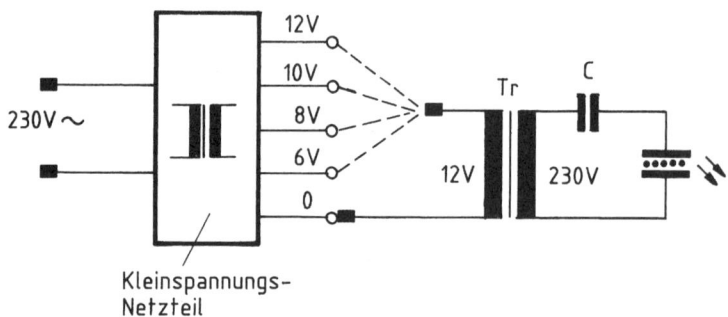

Abb. 71: Einstellung über Transformator

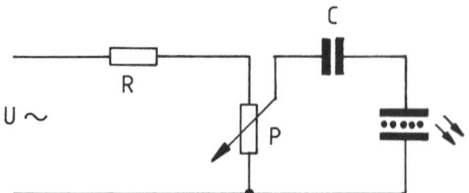

Abb. 72: Helligkeitseinstellung mit Potentiometer

Einzelteilliste:

R = Widerstand 100 kΩ, 1/4 W
P = Potentiometer 1 MΩ, 0,25 W
C = Kondensator 33 nF/630 V=

4.7.4 Helligkeitseinstellung mit Diode

Mit einer Diode im Speisespannungskreis lässt sich die Helligkeit nur in zwei Stufen einstellen, vgl. hierzu *Abb. 73*.

Bei geschlossenem Schalter S liegt die volle Sinusspannung an Kondensator C und dem EL-Bauelement.

Bei Betrieb mit Diode (Schalter S geöffnet) wird nur eine Halbwelle der Spannung wirksam. Der Widerstand R ist erforderlich, damit ein Stromfluss durch die Diode stattfindet; ohne Widerstand würde die Kapazität (C und C_{EL}) als Ladekondensator wirken.

Einzelteilliste:

D = Si-Diode 1 N 4007
R = Widerstand 10 kΩ, 5 W
C = Kondensator 33 nF/630 V=

Ergebnis:
Die Helligkeit (gemessen an allen vier Folien) geht im Durchschnitt auf etwa 25 % bei geschlossenem Schalter S zurück. Bei Inverterbetrieb ist diese Schaltung wegen der höheren Frequenz nicht anwendbar.

4.7.5 Helligkeitseinstellung mit Vorschaltkondensatoren

Die beste Methode ist immer noch die Anwendung von Vorschaltkondensatoren (*Abb. 74*).

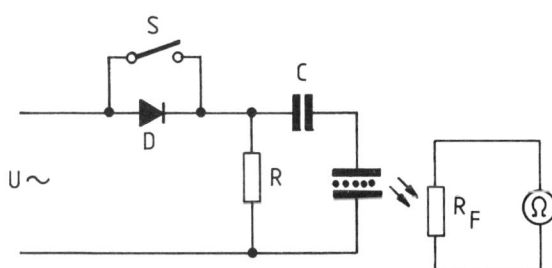

Abb. 73: Diode als Hellig-
keitseinsteller

Zur Messung wurde die EL-Folie direkt an eine Spannung von 100 V/50 Hz angeschlossen. Der dabei auftretende Helligkeitswert wurde als „1" der relativen Helligkeit gesetzt. Durch Vorschalten verschiedener Kondensatoren lässt sich die Helligkeit ändern. Das Ergebnis zeigt die Grafik in *Abb. 75*.

Zum Prüfen eignet sich die C-Box nach Kapitel 4.5.2.

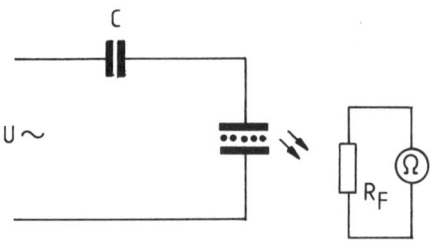

Abb. 74: Kondensator zur Helligkeitseinstellung

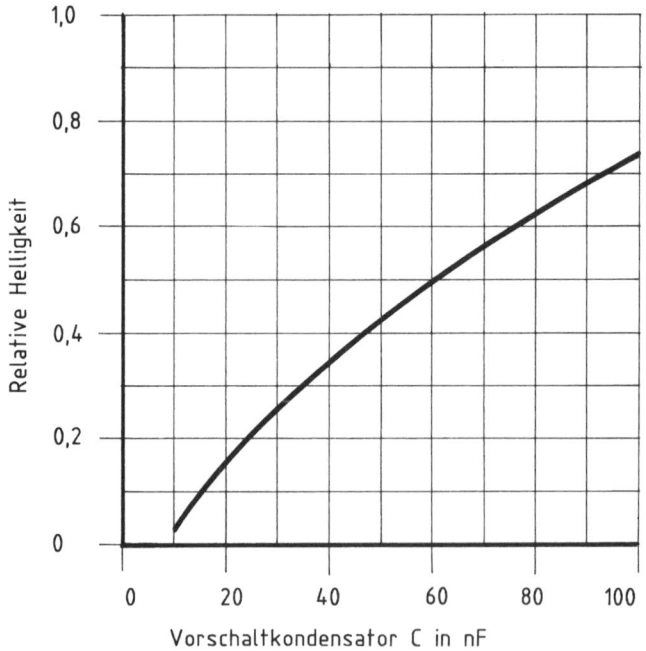

Abb. 75: Relative
Helligkeit abhän-
gig vom Wert des
Vorschaltkonden-
sators C bei
100 V/50 Hz

5 Messungen an EL-Bauelementen

5.1 Frequenzgeneratoren

Jedes EL-Bauelement benötigt zur Anregung eine Wechselspannung bestimmter Frequenz. Um die Abhängigkeit der Helligkeit von der Anregungsfrequenz bestimmen zu können, wurden Frequenzgeneratoren mit einstellbarer Frequenz gebaut.

5.1.1 Rechteckgenerator mit CMOS 4011

Dieser Generator liefert positive Rechteckimpulse in einem einstellbaren Bereich von etwa 5 Hz bis etwa 50 kHz in vier Stufen. Innerhalb jeden

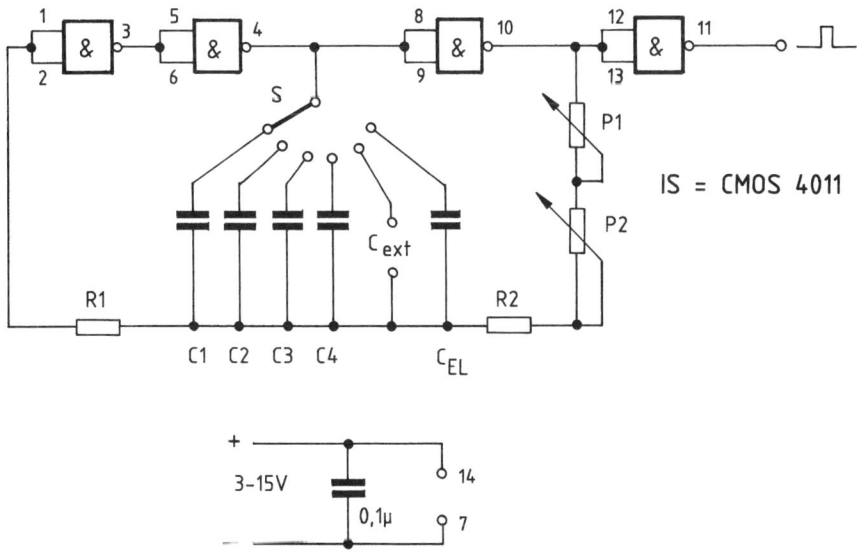

Abb. 76: Schaltung des Rechteckgenerators

Bereichs wird die Frequenz durch ein Potentiometer eingestellt. Zusätzlich ist noch ein Bereich vorgesehen, der die üblichen Frequenzen für den Betrieb eines EL-Bauelements erzeugt. Eine weitere Stufe dient zum Anschluss einer externen Kapazität.

Die Schaltung (*Abb. 76*) zeigt, dass der einfache R-C-Oszillator aus drei NAND-Gattern eines CMOS 4011 besteht.

Die Kondensatoren C1–C_{EL} bestimmen in Verbindung mit den Potentiometern P1 und P2 die Frequenz. Dabei soll P2 in Mittelstellung stehen. P1 wird grob auf die Frequenz abgestimmt und mit P2 erfolgt die Feineinstellung.

Die vierte NAND-Stufe wird als Puffer benutzt, um Rückwirkungen auf den Eingang zu vermeiden. Da die Schaltung eine geringe Stromaufnahme hat (etwa 0,3 mA), genügt als Spannungsquelle eine 9-V-Batterie. Spannungsänderungen durch Verbrauch bzw. Alterung der Batterie wirken sich kaum auf die erzeugte Frequenz aus.

Einzelteilliste:

IS   = CMOS 4011
R1   = Widerstand 100 kΩ, 1/4 W
R2   = Widerstand 22 kΩ, 1/4 W
P1   = Potentiometer 1 MΩ; 0,25 W
P2   = Potentiometer 47 kΩ, 0,25 W
C1   = Kondensator 0,1 µF/50 V (f = 5 Hz – 61 Hz)
C2 =   Kondensator 10 nF/50 V (f = 45 Hz – 570 Hz)
C3   = Kondensator 1 nF/50 V (f = 460 Hz –6 kHz)
C4   = Kondensator 100 pF/50 V (f = 4,2 kHz – 50 kHz)
C_{EL} = Kondensator 2,2 nF/50 V (f = 280 Hz – 4,7 kHz)

Die einstellbaren Frequenzen sind im Diagramm (*Abb. 77*) dargestellt. Zusätzlich wurde der Bereich EL gesondert herausgezeichnet (*Abb. 78*).

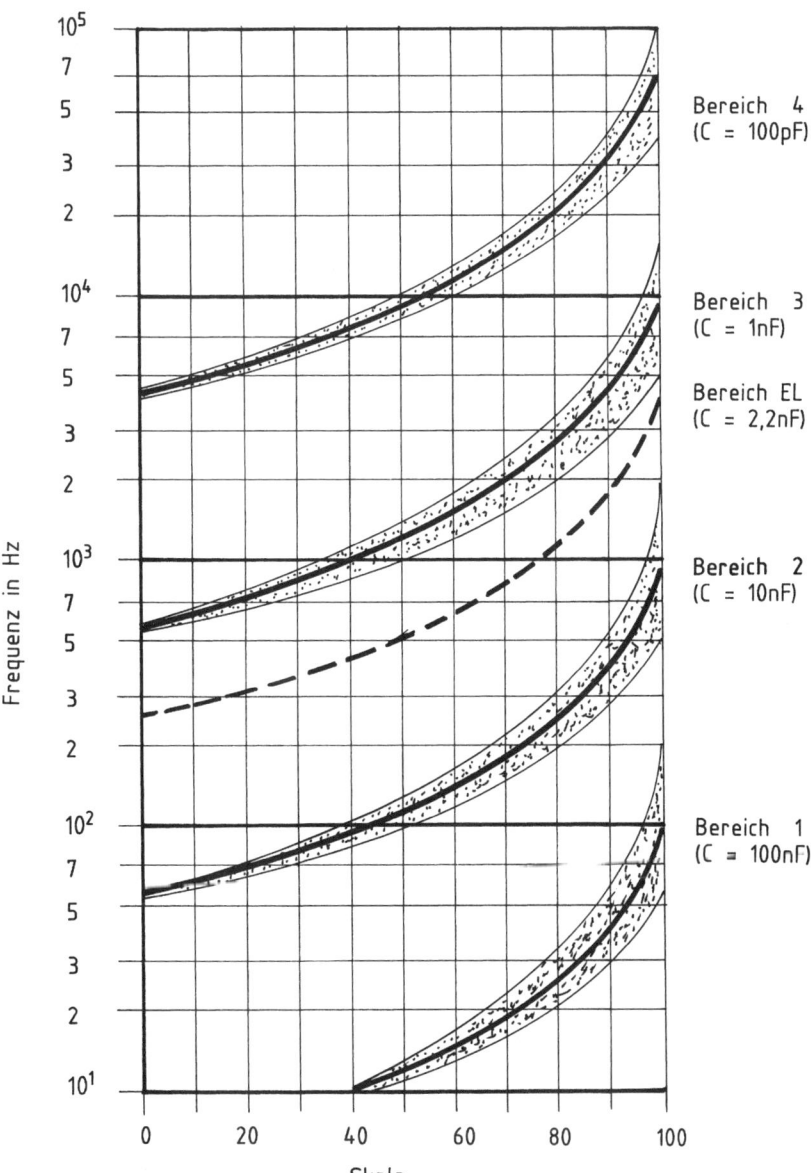

Abb. 77: Frequenzbereiche des Rechteckimpulsgenerators

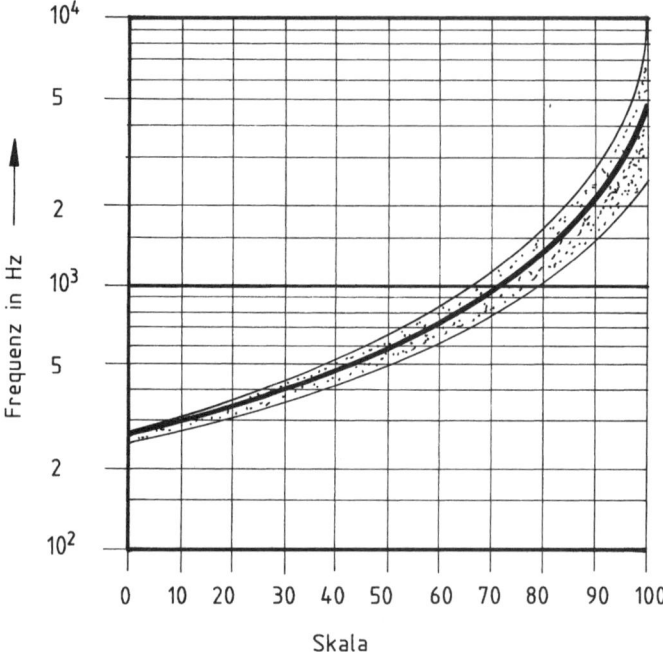

Abb. 78: Einstellbare Frequenzen im Bereich EL

Abb. 79: Außenansicht des Rechteckgenerators

Den mechanischen Aufbau zeigen die *Abbildungen 79* und *80*.

Abb. 80: Innenansicht des Rechteckgenerators

5.1.2 Rechteckgenerator mit NE 555

Eine kleinere Ausführung eines Rechteckgenerators kommt mit einem IC
NE 555 aus. Es wurde nur ein einstellbarer Frequenzbereich (170 Hz –
870 Hz) vorgesehen, der zum Betrieb der Folien genügt (Abb. 81).

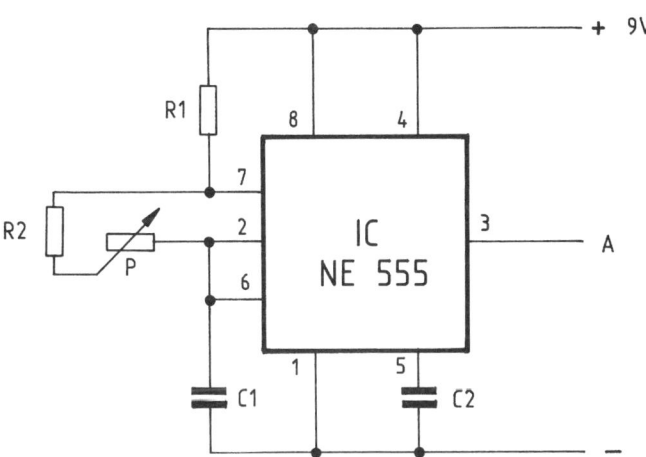

Abb. 81: Schal-
tung des Recht-
eckgenerators
mit NE 555

Einzelteilliste:

IC = Timer NE 555
R1 = Widerstand 1 kΩ, 1/4 W
R2 = Widerstand 10 kΩ, 1/4 W
P = Potentiometer 47 kΩ, 0,25 W
C1 = Kondensator 68 nF/50 V
C2 = Kondensator 100 nF/50 V

Dieses Gerät lässt sich relativ klein aufbauen (Gehäusegröße etwa 130 x 65 x 25 mm). Einen Bauvorschlag zeigen die *Abbildungen 82* und *83*.

Ergänzend dazu noch eine Darstellung der erzeugten Frequenz in Verbindung zur Skala (*Abb. 84*).

Abb. 82: Außenansicht des kleinen Rechteckgenerators

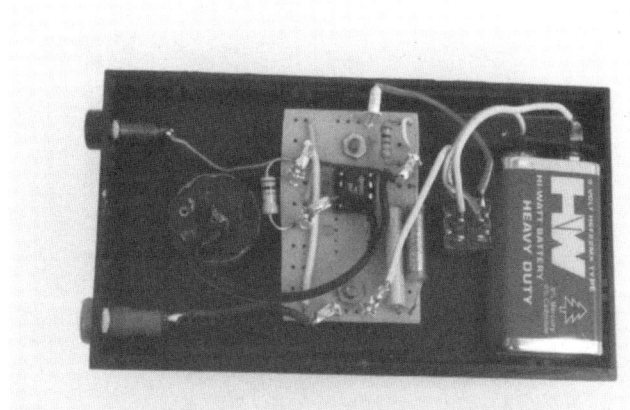

Abb. 83: Innen-
aufbau des
Geräts

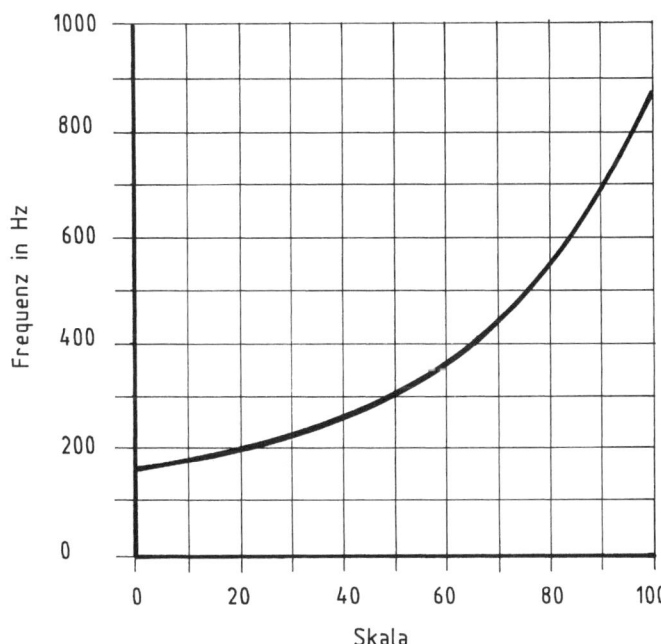

Abb. 84: Fre-
quenzbereich
des NE-555-
Generators

5.2 Ansteuereinheit für EL-Folien

Die Ausgangsspannung der Frequenzgeneratoren reicht verständlicherwei-
se nicht aus, um eine EL-Folie zum Leuchten zu bringen. Daher wurde ein
einfacher Verstärker entworfen, an den die EL-Folie angeschlossen und
von einem der Frequenzgeneratoren angesteuert wird (*Abb. 85*).

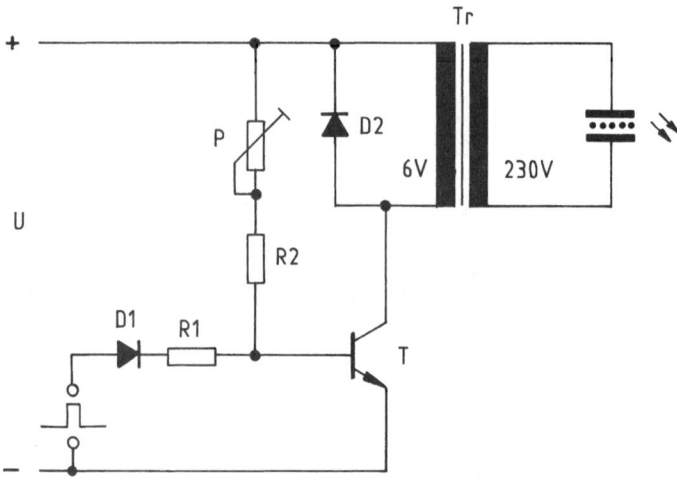

Abb. 85: Schaltung des Verstärkers

Einzelteilliste:

T   = Leistungstransistor, z. B. BD 135, BD 137, BD 139 o.ä.
D1, D2 = Siliziumdiode 1 N 4148
R1   = Widerstand 4,7 kΩ,1/4 W
R2   = Widerstand 2,2 kΩ, 1/4 W
P   = Trimmpotentiometer 47 kΩ, 0,25 W
Tr   = Kleinspannungstransformator 230 V/6 V
U   = Speisespannung aus Netzteil

Mit dem Potentiometer P wird die Basis-Emitterspannung so eingestellt, dass sich die größte Helligkeit der EL-Folie ergibt. Die erhaltene Ausgangsspannung beträgt im Leerlauf etwa 180 V_{ss} und hat Nadelimpulsform. Bei angeschlossener EL-Folie hat die Ausgangsspannung einen Wert von 100 V_{ss} und hat dann nahezu Sinusform.

Das Gerät ist mit einem eigenen Netzteil nach *Abb. 86* ausgestattet.

Zusätzlich wurden vom Netzteil noch die Wechselspannung des Transformators (U = 10 V) und die Gleichspannung (U = 12 V) an Buchsen herausgeführt.

Einzelteilliste:

Tr = Kleinspannungstransformator 230 V/10 V
Gl = Brückengleichrichter B 40 C 800

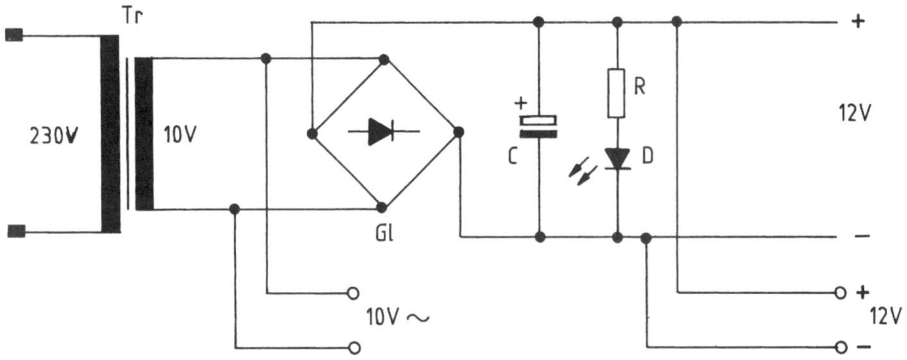

Abb. 86: Netzteil für Ansteuereinheit

C = Elektrolytkondensator 4.700 µF/63 V
R = Widerstand 820Ω, 1/4 W
D = Leuchtdiode grün

Die Ansteuereinheit passt in ein TEKO-Gehäuse P3 (*Abb. 87* und *88*).

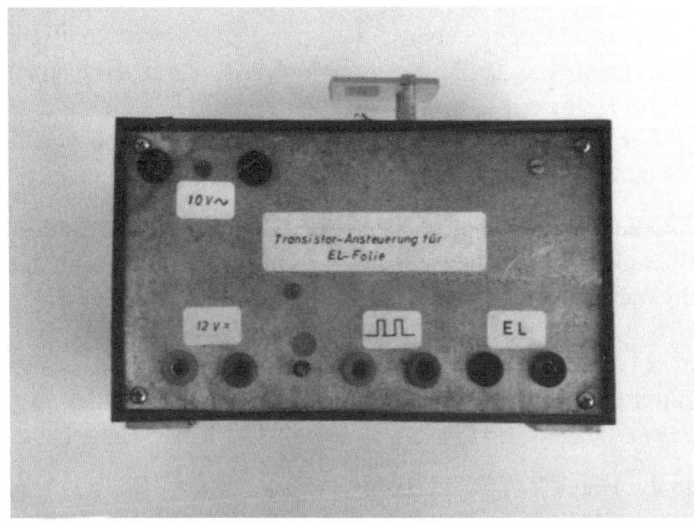

Abb. 87: Außenansicht der Ansteuereinheit

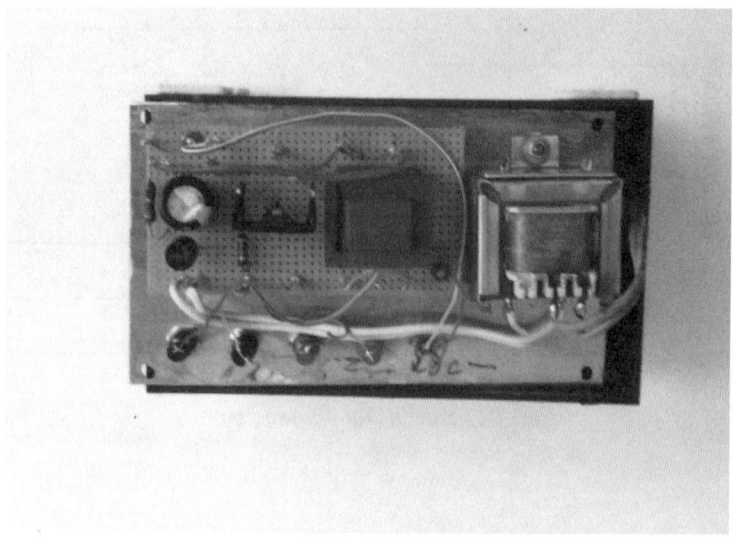

Abb. 88: Innenschaltung auf Lochstreifenplatine

5.3 Helligkeitsmessungen an EL-Bauelementen

Ein maßgebender Kennwert von EL-Bauelementen ist ihre ausgestrahlte Lichtintensität = Helligkeit. Diese ist von der angelegten Spannung und deren Frequenz abhängig, ebenso von der Farbe der Leuchtschicht. Es musste daher ein Messverfahren gesucht werden, mit dem ohne großen Aufwand die Helligkeit gemessen werden konnte. Die Helligkeit ist sehr gering. Daher schlugen Messungen mit Fotoelementen fehl, obwohl sie in spezielle Sonden eingebaut wurden (*Abb. 89* und *90*).

Auch Fotodioden bzw. Fototransistoren waren zu unempfindlich, trotz angeschlossenem Messverstärker. Daher wurde die altbewährte Methode der Helligkeitsmessung mittels Fotowiderstand angewendet. Es ist allerdings zu bemerken, dass die Abhängigkeit „Widerstand – Beleuchtung" nicht linear ist. Vergleiche hierzu Anhang Kapitel A 5. Ein Teil des darin dargestellten log-log-Diagramms wurde auf linearen Maßstab umgezeichnet (*Abb. 91*).

Es wurde der Bereich von 10 Lux bis 100 Lux erfasst. Mit genügend technischer Genauigkeit kann man die gekrümmte Kennlinie durch eine Gerade ersetzen (gestrichelt gezeichnet). Zu beachten ist auch die unterschied-

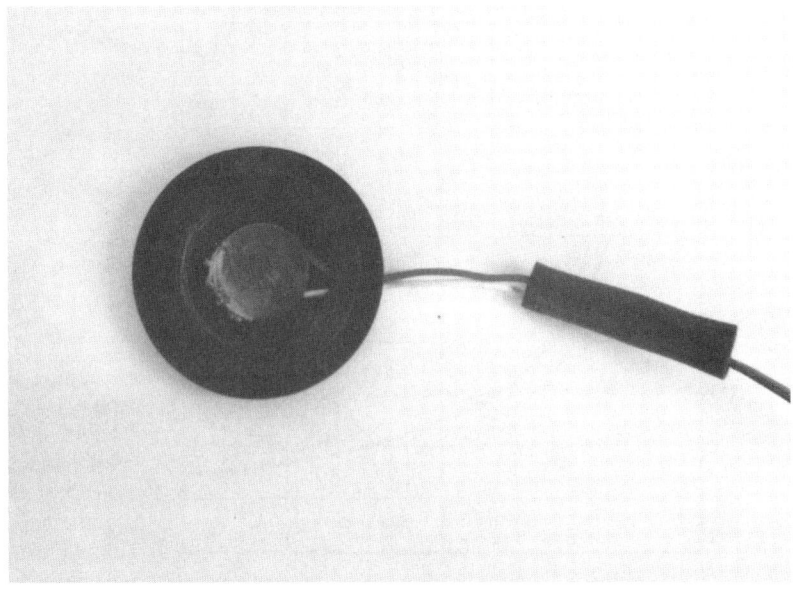

Abb. 89: Silizium-Fotoelement, eingebaut in den Deckel einer Filmdose

Abb. 90: Selen-Fotoelement in einer Dose; die Dose wurde nach der Aufnahme
gegen Fremdlicht schwarz lackiert

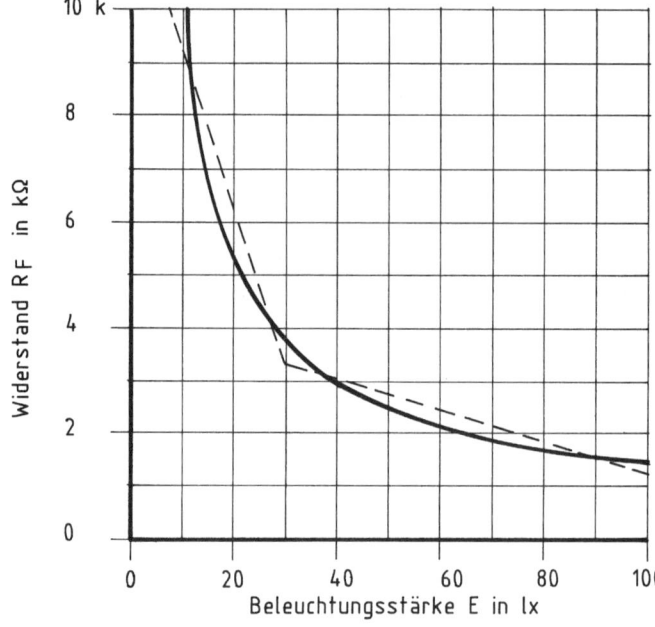

Abb. 91:
Widerstands-
wert eines
Fotowider-
stands in
Abhängigkeit
von der
Beleuch-
tungsstärke

liche Spektralempfindlichkeit eines Fotowiderstands. Da aber nur Vergleichsmessungen vorgenommen werden, die zudem noch normiert werden, ist dies unerheblich.

Verwendet wurde für die Messungen ein großflächiger Fotowiderstand der Heimann GmbH, Wiesbaden (ehem. PTW), Typ 10 bzw. P 12 (*Abb. 92*).*

Abb. 92: Fotowiderstand
P 12

* PTW/Heimann, Wiesbaden firmiert jetzt unter „PerkinElmer Optoelectronics", 65020 Wiesbaden. Die Fotowiderstände P 10, bzw. P 12 sind sind nicht mehr im Produktkatalog enthalten. Der einzige großflächige Fotowiderstand wäre die Type C 9860 22, bzw. C 9860 23 mit einem Außendurchmesser von 14 mm.

Abb. 93: Foto-
widerstand und
Lichtschutztu-
bus

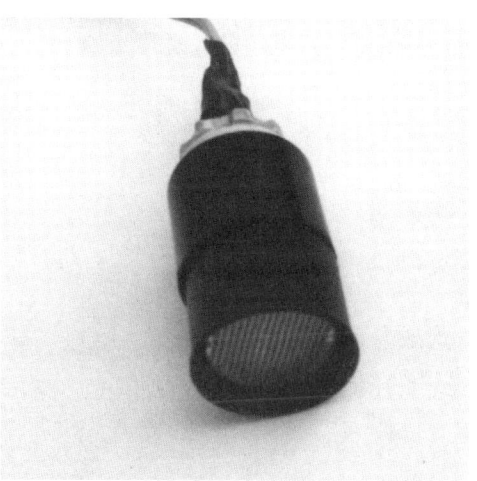

Abb. 94: Fotowiderstand mit auf-
gesetztem Lichtschutztubus

Dieser Fotowiderstand hat einen Außendurchmesser von max. 32 mm. Das
Maß entspricht nahezu dem Innendurchmesser einer Kleinbild-Filmdose.
Damit kann durch entsprechendes Kürzen ein Lichtschutztubus hergestellt
werden (*Abb. 93* und *94*).

Diese Anordnung wird nun auf das EL-Bauelement gesetzt (*Abb. 95*).

Eine andere Möglichkeit zeigt *Abb. 96*:

Hier wurde ein kleinerer Fotowiderstand (ø = 8 mm) in eine Kunststoffplatte eingelassen. Die Platte mit dem Fotowiderstand wird dann zur Messung auf das EL-Bauelement gelegt (*Abb. 97*).

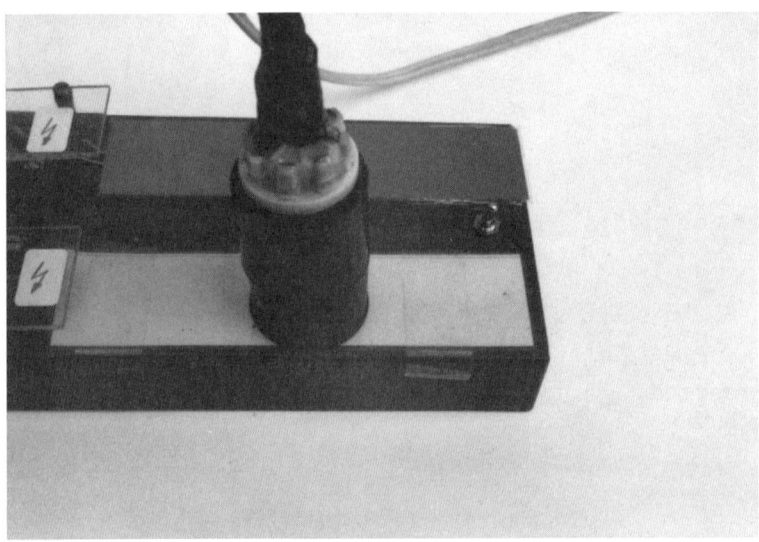

Abb. 95: Fotowiderstand auf EL-Folie

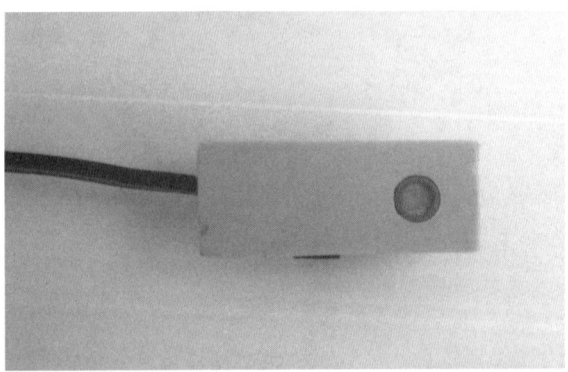

Abb. 96: Fotowiderstand
in Kunststoffplatte

Der Widerstandswert der Messfotowiderstände kann mit handelsüblichen Widerstandsmessgeräten (Ohmmeter) ermittelt werden.

Auswertung:

Der nach diesem Verfahren gemessene kleinste Widerstandswert entspricht der größten Helligkeit. Um in der Grafik das Maximum der Helligkeit darstellen zu können, muss der Widerstandswert umgerechnet werden. Es genügt hier eine einfache Verhältnisrechnung:

a) Der kleinste gemessene Widerstandswert wird als „1" angenommen.

Abb. 97: Kleiner
Fotowiderstand auf
EL-Folie

b) Man dividiert diesen Widerstandswert durch die anderen Widerstandswerte.

c) Die Ergebnisse kennzeichnen das Verhältnis der Widerstandswerte und
dienen als Grundlage zur Erstellung eines Diagramms.

d) Beispiel:

R_{gem}	$\dfrac{R_{min}}{R_{gem}} = V$	$\% = V \cdot 100$
60 k	0,53	53
45 k	0,71	71
38 k	0,84	84
35 k	0,91	91
32 k = R_{min}!	1,00	100
33 k	0,97	97
36 k	0,89	89
41 k	0,78	78
51 k	0,63	63

Nach dieser Methode wurden alle Diagramme und Kurvendarstellungen
erstellt. Es sei noch darauf hingewiesen, dass die Helligkeitsmessungen
mit einem Fotowiderstand keine Absolutwerte ergeben, sondern nur Ver-
gleichswerte.

5.4 Helligkeit und Anregefrequenz

Jedes EL-Bauelement hat eine eigene Anregungsfrequenz, bei der die Leuchtdichte am höchsten ist. Diese Frequenz ist je nach Fläche und Leuchtschichtmaterial verschieden. Sie wurde mit der Anordnung nach *Abb. 98* ermittelt.

Geräte:

G = Rechteckgenerator nach Kapitel 5.1
AE = Ansteuereinheit nach Kapitel 5.2
FZ = Frequenzzähler Grundig UZ 144

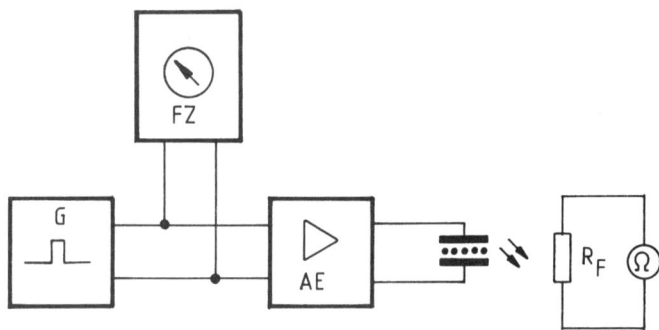

Abb. 98: Messaufbau

Die Anregefrequenzen liegen alle im Bereich zwischen 200 Hz bis 800 Hz.

Die folgenden Diagramme (*Abb. 99 – 102*) zeigen für die vier untersuchten EL-Folien den Verlauf der Helligkeit in Abhängigkeit von der Anregungsfrequenz.

Ergebnisse:

Folie, Größe	Anregungsfrequenz in Hz
weiß, A	350
blau, A	300
grün, B	550
rot, B	500

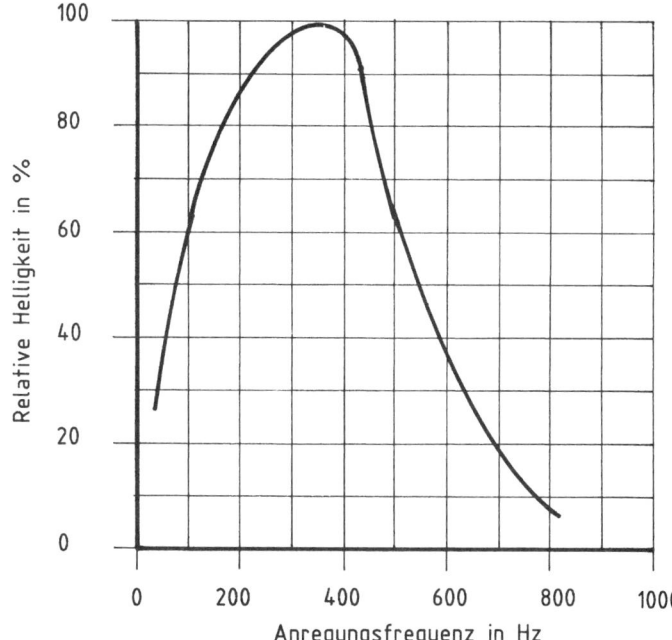

Abb. 99: Folie
weiß, Größe A

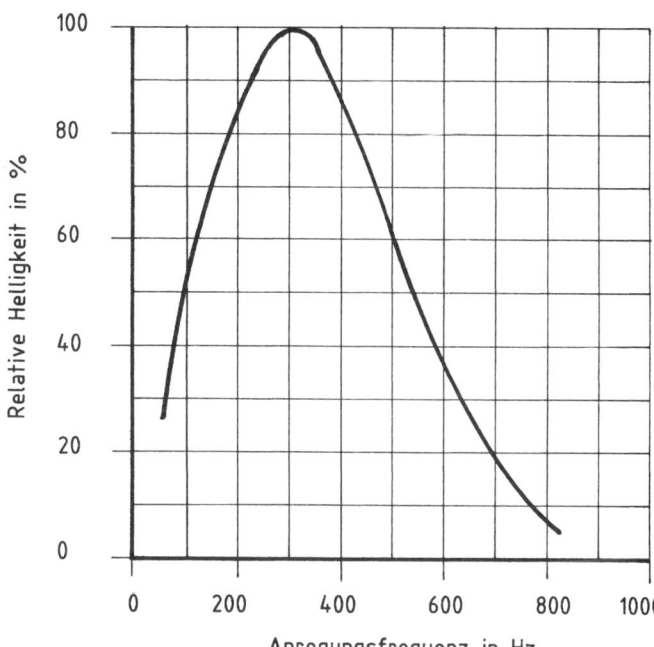

Abb. 100:
Folie blau,
Größe A

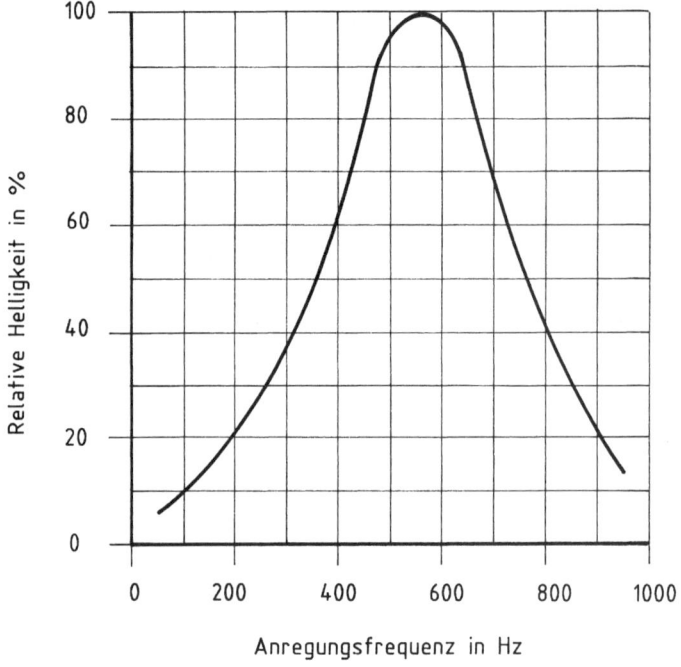

Abb. 101:
Folie grün,
Größe B

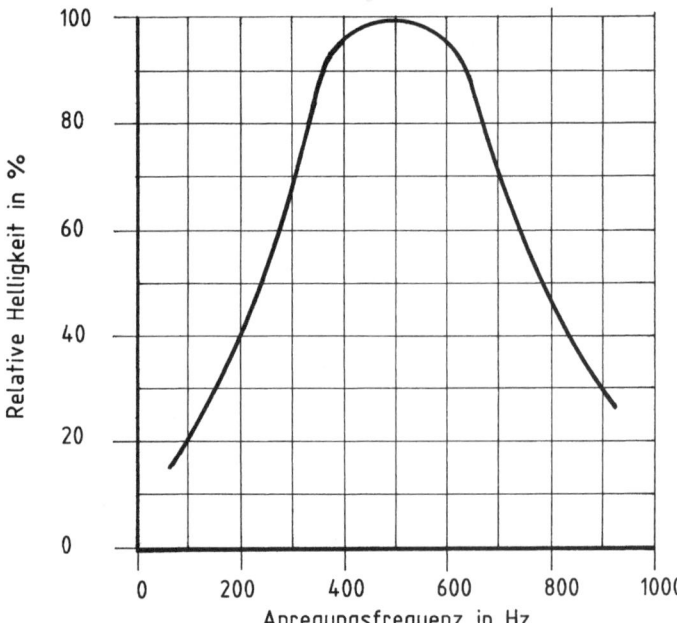

Abb. 102:
Folie rot,
Größe B

5.5 Anregungsfrequenz und Folienfläche

Bei Ermittlung der Anregungsfrequenz (Kapitel 5.4) wurde schon festgestellt, dass sie von der Größe der Folie abhängt. Daher wurde eine grüne EL-Folie schrittweise gekürzt. Zu jeder erhaltenen Fläche wurde die Anregefrequenz gemessen, bei der die größte Helligkeit erreicht wird.

Hier eine Übersicht in Zahlenwerten:

Folie grün, Größe B

Fläche	%	Anregefrequenz
ungekürzt = 4.692 mm^2	100	550 Hz
3.456 mm^2	78	650 Hz
2.692 mm^2	61	800 Hz
1.696 mm^2	38	1.080 Hz

Die grafische Darstellung zeigt *Abb. 103*:

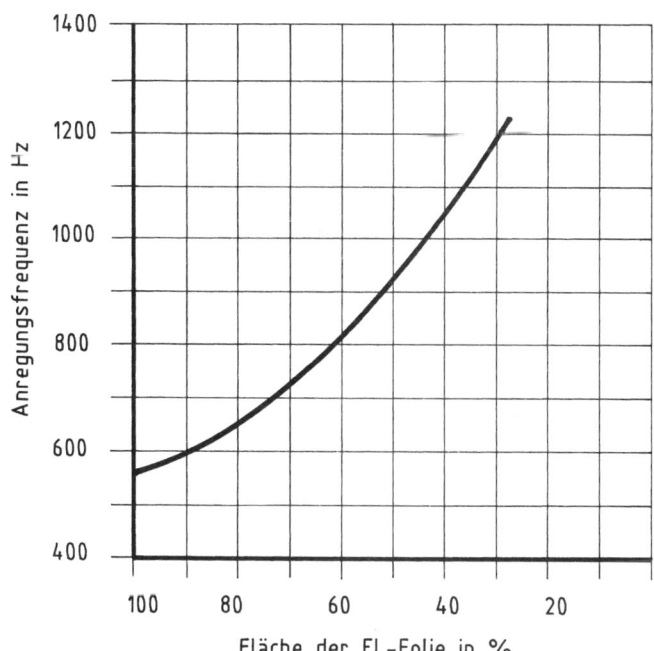

Abb. 103: Anregungsfrequenz abhangig von Folienfläche

5.6 Helligkeitsverlauf eines EL-Bauelements

Mit dem Fotowiderstand nach Kapitel 5.3 wurde mit nachstehender Schaltung (*Abb. 104*) die Lichtintensität einer EL-Folie oszilloskopisch dargestellt.

Einzelteilliste:
EL-Folie blau, Größe A

C = Vorschaltkondensator 22 nF/400 V
U = 230 V/50 Hz
R = Widerstand 50kΩ, 1/4 W
R_F = Fotowiderstand
U = 9-V-Batterie
Oszilloskop = HAMEG 204 -2

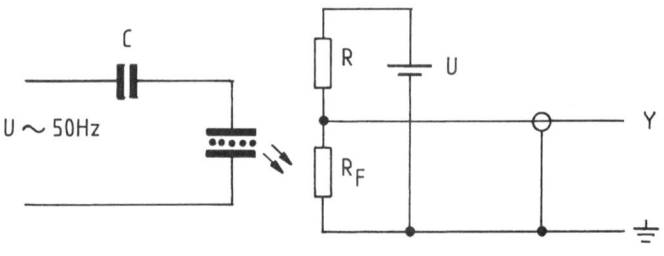

Abb. 104:
Schaltung zur
Aufnahme der
Lichtintensität

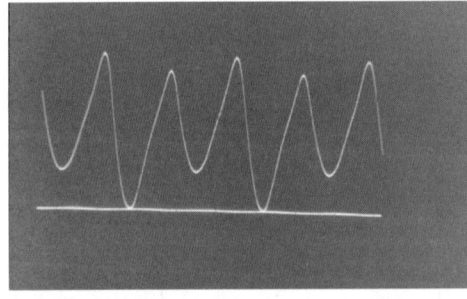

Abb. 105: Helligkeitskurve der
EL-Folie bei 50 Hz

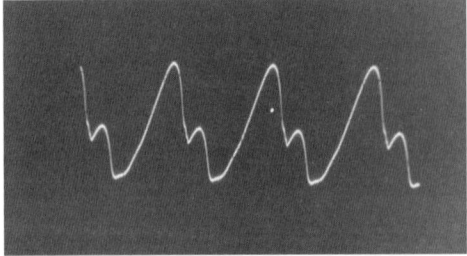

Abb. 106: Helligkeitskurve einer
EL-Folie bei Inverterbetrieb

Der Fotowiderstand ist bei dieser Frequenz nicht so träge, um die Hellig-
keitsänderungen der EL-Folie wiederzugeben. Das ausgestrahlte Licht
schwankt im Rhythmus der Wechselspannung, und zwar mit doppelter Frequenz, nämlich 100 Hz. Der Verlauf der Helligkeit ist in *Abb. 105* gezeigt.

Dabei wurde eine Grundlinie über den zweiten Kanal des Oszilloskops ein-
geblendet. Die Grundlinie kennzeichnet praktisch die Dunkelphase der Intensität. Ersichtlich ist, dass die Maxima unterschiedliche Höhe haben. Sie
haben ihre Ursache vermutlich in der Art der Lichtanregung, die je nach
Leuchtschichtmaterial verschieden ist. Nimmt man die Helligkeitskurve bei
Inverterbetrieb auf, so ergibt sich die Darstellung nach Abb. 106.

Das erhaltene Oszillogramm entspricht der von W. Braunbek gebrachten
Grafik (*Abb. 107*):

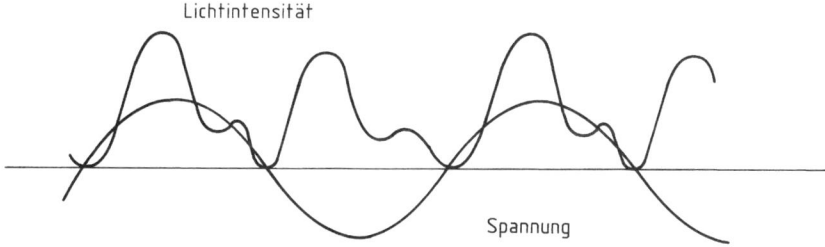

Abb. 107: Zeitkurve der Spannung und der zugehörigen Lichtintensität (aus: KOS-
MOS 8/56).

5.7 Helligkeitsvergleich „Leuchtdiode –EL-Bauelement"

Eine Leuchtdiode wurde auf einer EL-Folie befestigt (*Abb. 108*).

Sie wurde dann mit ihren Nenndaten (I_F = 20 mA) betrieben. Die EL-Folie
wurde an den Inverter angeschlossen. Wie man in *Abb. 109* sieht, ist die
Helligkeit der Leuchtdiode wesentlich größer.

Ursache ist die kleinere Fläche der Leuchtdiode, sodass die Leuchtdichte
sehr groß ist. Hinzu kommt, dass das ausgestrahlte Licht gewissermaßen
gebündelt ist. Daher wirkt die Leuchtdiode wesentlich heller als das EL-
Bauelement. Dies ist besonders bei größeren Entfernungen zu bemerken.

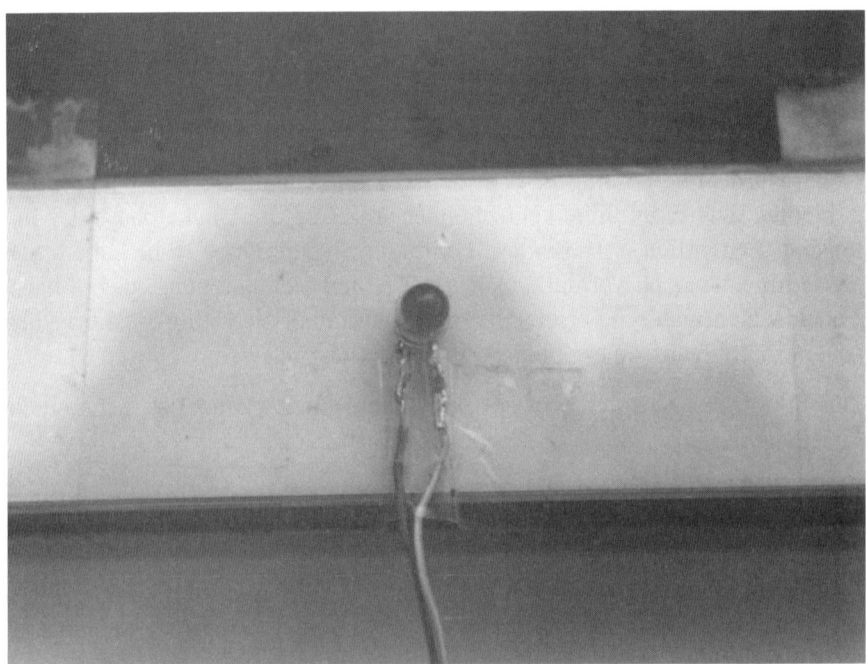

Abb. 108: Leuchtdiode auf EL-Folie

Abb. 109: Leuchtdiode und EL-Folie im Vergleich

5.8 Langzeitbetrieb einer EL-Folie

Eine neue grüne EL-Folie, Größe B, wurde für einen Dauerversuch an der nachstehenden Schaltung (*Abb. 110*) angeschlossen.

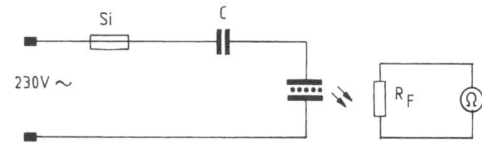

Abb. 110: Schaltung für Dauerversuch

Einzelteilliste:

Si = Schutzsicherung (32 mA –F–) gegen eventuellen Spannungsdurch-
      schlag der EL-Folie
C = Kondensator 10 nF/630 V DC
R_F = Fotowiderstand wie in Kapitel 5.3
U = 230 V AC

Bei dieser Anordnung lag bei der Speisespannung 230 V an der EL-Folie eine Spannung von 85 V an.

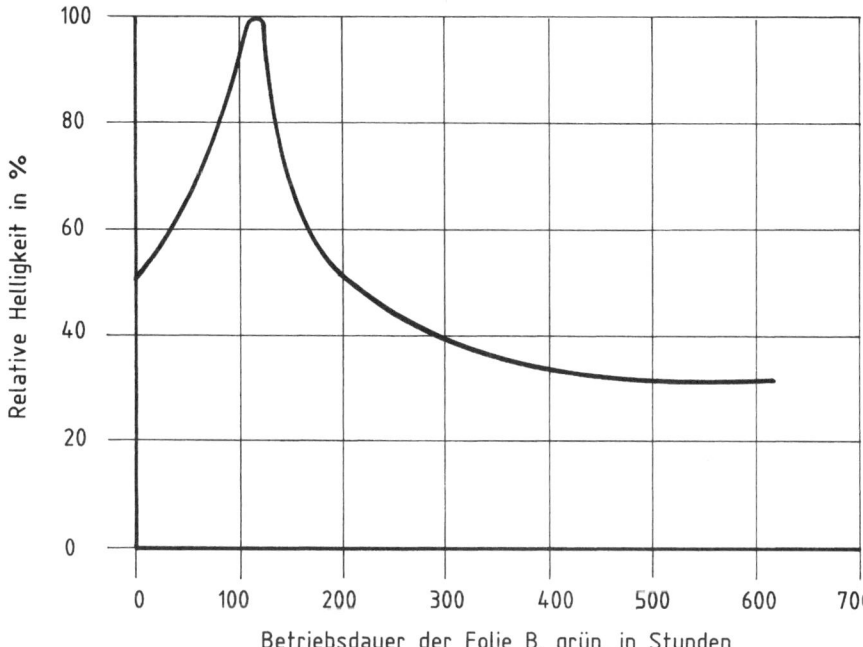

Abb. 111: Helligkeitsverlauf bei Dauerversuch

Jeweils nach 24 Stunden wurde die abgestrahlte Lichtintensität gemessen. Überraschend war das Ergebnis: Die Helligkeit der Folie stieg in den ersten Betriebsstunden immer mehr an. Nach etwa 120 Stunden erreichte sie ihren Höchstwert, um dann relativ schnell abzufallen. Nach etwa 600 Stunden ging sie auf einen ziemlich konstanten Wert von etwa 35 % der maximalen Helligkeit zurück. Die Grafik (*Abb. 111*) zeigt den zeitlichen Verlauf der Lichtintensität.

5.9 Kapazitätsmessung an EL-Folien, allgemein

Bei den EL-Bauelementen handelt es sich ja um Kondensatoren mit einem besonderen Dielektrikum. Es liegt daher nahe, die Kapazität von EL-Folien zu messen (*Abb. 112*).

Die grundlegende Messung bezieht sich gewissermaßen auf eine „kalte" EL-Folie. Damit ist gemeint, dass die Folie weder in Betrieb ist (also leuchtet), noch anderen Einflüssen (Fotoeffekt) unterliegt. Die Folie ist daher für die Messung abzudecken.

Als Messeinrichtung eignet sich am besten das Kapazitätsmessgerät Version 3 mit Anzeige über Frequenzzähler (siehe Anhang).

Bei der Messung sollte etwas gewartet werden, da sich die Folie erst auf die Dunkelheit „einstellen" muss. Die eventuellen Auswirkungen des Fotoeffekts verschwinden dann.

Hier sollen nun die Grundwerte der EL-Folien angegeben werden:

Folie, Größe	Kapazität
weiß, A	45 nF
blau, A	35 nF
grün, B	18 nF
rot, B	20 nF

Abweichungen von obigen Werten sind wahrscheinlich fertigungsbedingt.

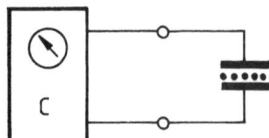

Abb. 112: Kapazitätsmessung

5.9.1 Kapazität abhängig von der Fläche der EL-Folie

Es wurde schon mehrfach festgestellt, dass die Kapazität einer EL-Folie von ihrer Fläche bestimmt wird. Dies ist ja auch aus den Kondensatorverhältnissen erklärlich. Für Kondensatoren gilt die allgemeine Formel:

$$C = \frac{A \cdot \varepsilon}{d}$$

Darin ist:

C = Kapazität
A = Fläche der Beläge
d = Abstand der Beläge
ε = Dielektrizitätskonstante

Aus der Formel ist ersichtlich, dass die Kapazität von der Fläche der Beläge abhängt. Das heißt, je größer die Fläche, desto höher der Kapazitätswert und umgekehrt.

Für den Nachweis wurde eine grüne EL-Folie, Größe B, schrittweise gekürzt und dann die Kapazität der Teilstücke gemessen. Ich erhielt folgendes Diagramm (*Abb. 113*):

Aus ihm ist deutlich zu sehen, dass das Verhalten linear erfolgt.

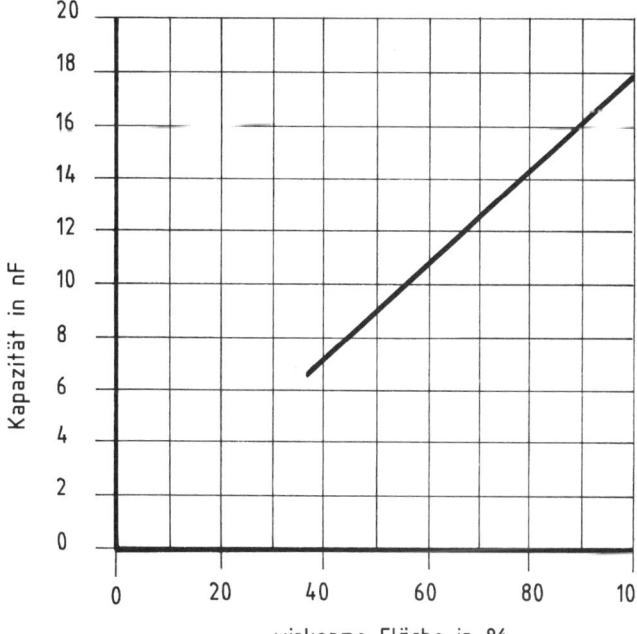

Abb. 113:
Abhängigkeit der
Kapazität von
der Fläche der
EL-Folie

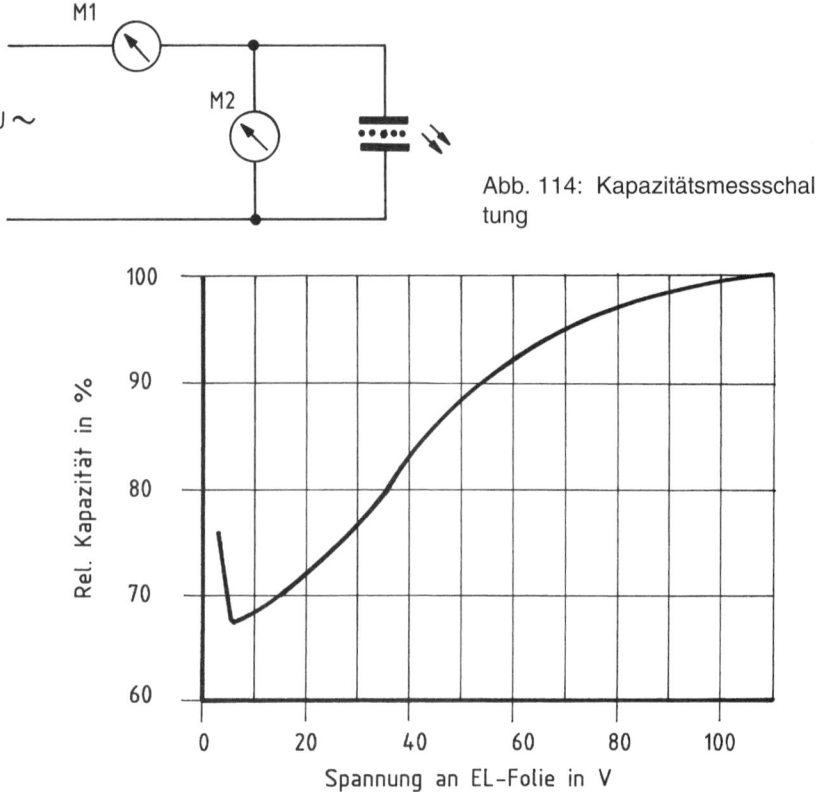

Abb. 114: Kapazitätsmessschal-
tung

Abb. 115: Kapazitätsverlauf der Folien Größe A

5.9.2 Spannungsabhängigkeit der Kapazität

Die Kapazität einer Elektrolumineszenz-Folie ist spannungsabhängig.
Zum Nachweis kann nur die Messschaltung Version 4 (siehe Anhang) verwendet werden (*Abb. 114*).

Die Kapazität errechnet sich aus dem gemessenen Strom I (M1) und der
an der EL-Folie anliegenden Spannung U (M2):

$$C \, (nF) = \frac{3185 \cdot I \, (mA)}{U \, (V)}$$

Zur Strommessung wurde ein analoges Vielfachmessinstrument (Mess-
bereich 0,5/2,5 mA) und zur Spannungsmessung eine Digitalmultimeter
benutzt. Die Spannung sollte 110 V/50 Hz nicht überschreiten. Der sich

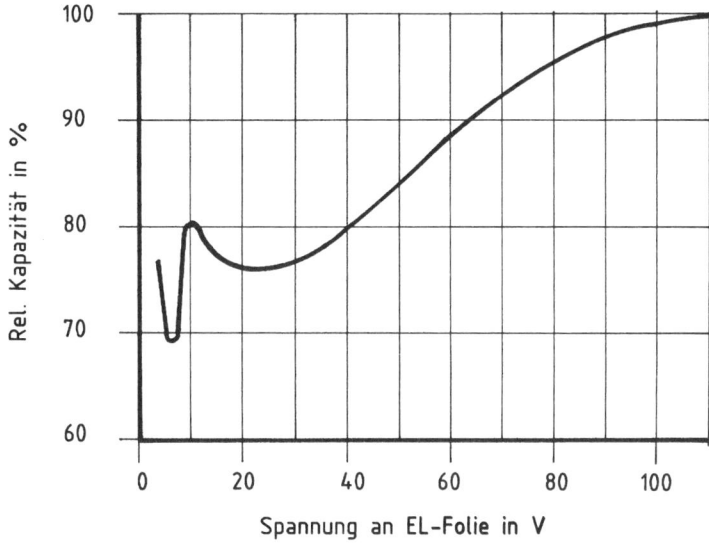

Abb. 116: Kapazitätsverlauf der Folien Größe B

bei 110 V ergebende Kapazitätswert wurde als 100 % angesetzt und alle anderen Werte darauf bezogen.

Ergebnis:
Je nach Foliengröße (A oder B) ergeben sich unterschiedliche Kurven-verläufe. Auffallend ist bei allen Folien der Knick im Spannungsbereich von 4 – 10 V. Offensichtlich beginnt erst dann die Aktivierung der Leucht-schicht.

In den Diagrammen (*Abb. 115* und *116*) ist der Kapazitätsverlauf grafisch dargestellt.

5.10 Elektrische Felder von EL-Folien

5.10.1 Magnetisches Wechselfeld
Trotz des geringen kapazitiven Stromflusses bei Betrieb der EL-Folie ent-steht ein kleines Magnetfeld. Dies ist mit einer Feldsonde (L in der Schal-tung *Abb. 117*) nachweisbar.

Die Spule L stammt aus einem alten Starkstromwecker und hat einen Gleichstromwiderstand von etwa 1.000 Ω. Weitere Daten (Windungszahl, Drahtstärke) sind nicht bekannt.

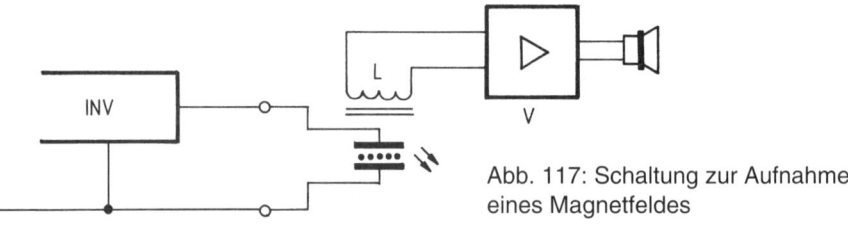

Abb. 117: Schaltung zur Aufnahme
eines Magnetfeldes

Abb. 118: Magnetfeldsonde

In den Spulenkörper wurde eine normale Maschinenschraube M 8 x 50 mm gesteckt, die gewissermaßen als Eisenkern dient. Die ganze Anordnung wurde in ein kleines Modulgehäuse montiert und vergossen. Die Spulenanschlüsse sind über ein abgeschirmtes Kabel herausgeführt (*Abb. 118*).

Die Feldsonde wird auf die EL-Folie gelegt und an einen einfachen Nf-Verstärker angeschlossen (*Abb. 119*).

Der Verstärker besteht aus einem IC LM 386 mit Peripherie (Verstärkungseinstellung, Lautsprecher). Mit Einschalten des Inverters wird über das erzeugte Magnetfeld und Verstärkung das Schwingen des Wandlers deutlich wiedergegeben. Es ist darauf zu achten, dass die Feldsonde nicht zu nahe an das Speisekabel der EL-Folie kommt; sonst nimmt man nämlich das Magnetfeld der Zuleitung auf.

Abb. 119: Magnetfeldsonde mit Verstärker

5.10.2 Kapazitives Wechselfeld

Das Wechselfeld innerhalb der EL-Folie lässt sich von außen nachweisen. Dazu legt man auf und unter die Folie zwei Metallelektroden (hier: gitterförmige Elektroden) und schließt sie an einen Verstärker (s. o.) an, *Abb. 120*.

Man hat also einen Kondensator zwischen zwei Kondensatorbelägen, wie es in der Schaltung in *Abb. 121* dargestellt ist.

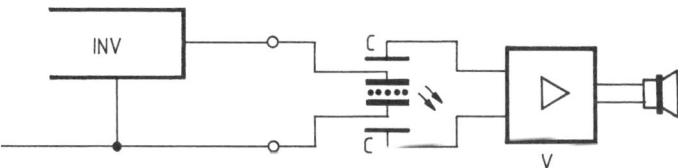

Abb. 121: Schaltung zur Aufnahme des kapazitiven Feldes

Abb. 120: Kapazitive Feldsonde

5.11 Piezostriktiver Effekt bei EL-Folien

Piezoelektrizität nennt man den Effekt, dass Kristalle bestimmter Stoffe (Quarz, Seignettesalz, Turmalin, Topas, Bariumtitanat u. a.) beim Einwirken von Druck- oder Zugkraft eine elektrische Spannung erzeugen. Beispiele:Kristallmikrofon, Gasanzünder, Piezotastatur usw.

Der Piezoeffekt ist auch umkehrbar. Legt man z. B. an ein Piezoelement eine Wechselspannung, so verbiegt es sich geringfügig im Takt der Frequenz. Bekannt ist diese Eigenschaft bei Schwingquarzen. Liegt die Anregungsfrequenz im Hörbereich, nimmt man die Schwingungen als Ton wahr.

Auch die EL-Folien weisen diese Eigenschaft auf. Der Ton, der hier produziert wird, ist das Ergebnis einer elastischen Deformation des Dielektrikums, bedingt durch die wechselnde Polarität der angelegten Spannung. Diese „Mikrobewegung" der Leuchtschicht ist hörbar, wenn man die EL-Folie direkt an ein Ohr hält (*Abb. 122*).

Abb. 122:
Tönende
EL-Folie, ange-
schlossen an
den EL-Inverter

Abb. 123: EL-Folie mit
„Anti-Geräusch-Elek-
trode"

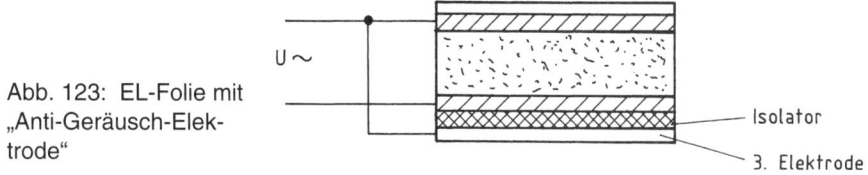

BKL Inc. (Oshino Lamps GmbH, Nürnberg) hat offenbar eine Lösung gefunden, um das hörbare Mitschwingen der EL-Folie zu vermeiden. Unter
der eigentlichen EL-Folie ist isoliert eine dritte Elektrode angebracht, die
mit der durchsichtigen Frontelektrode verbunden ist (*Abb. 123*).

Durch die entstehende Gegenphasigkeit gegenüber der unteren Elektrode
wird praktisch das Mitschwingen der Folie aufgehoben.

6 Fotoeffekt bei EL-Bauelementen

Ich habe festgestellt, dass EL-Folien in ihren Eigenschaften durch Fremdlicht beeinflusst werden können.

Bei den Versuchen wurde ursprünglich Sonnenlicht benutzt. Das Sonnenlicht hat aber nicht immer die gleiche Leuchtstärke (Dunst, Sonnenstand usw.).

Um eine definierte Beleuchtungsstärke herzustellen, wurde für die Messungen eine Halogenlampe (12 V, 10 W) in einem festen Abstand zur Folie eingesetzt. *Abb. 124* zeigt die Halogenlampe, die an einem Halter montiert ist.

Abb. 125 stellt die Messanordnung dar. Der Halter der Halogenlampe ist hier an ein Selbstbau-Stativ („Dritte Hand") geklemmt. Gespeist wird die Halogenlampe von einem passenden Gleichspannungsnetzteil.

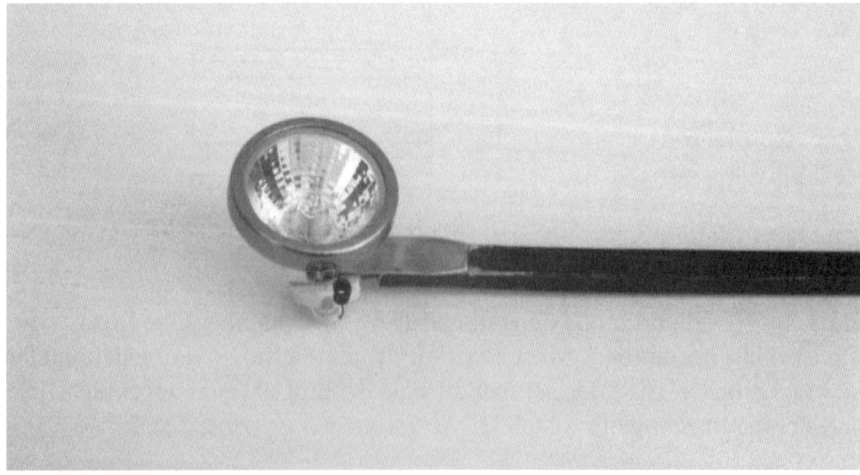

Abb. 124: Halogenlampe mit Halter

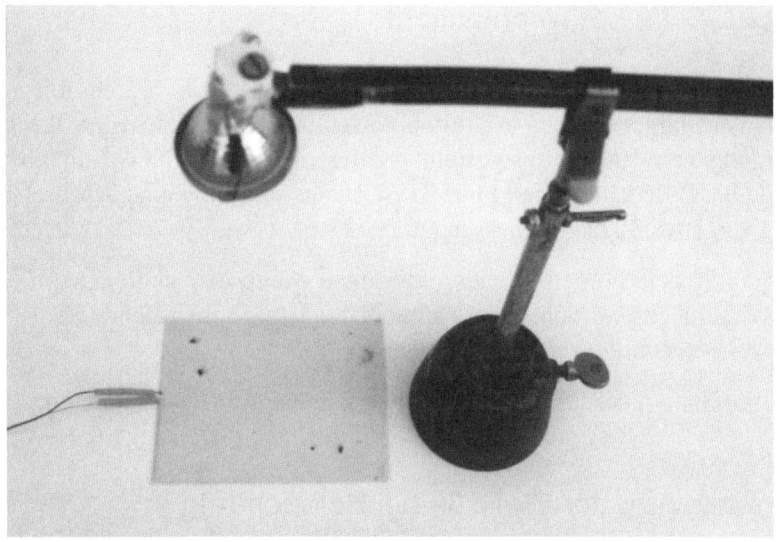

Abb. 125: Beleuchtung der EL-Folie mit einer Halogenlampe

6.1 EL-Folie als Fotoelement

Bei Beleuchtung wird der „Kondensator" gewissermaßen aufgeladen. Es tritt dabei auch eine Polarisation auf, d. h. die Anschlüsse der Folie bilden die Pole eines Fotoelements.

Zum Nachweis wird die Folie über einen Schalter S an ein Millivoltmeter angeschlossen und beleuchtet (*Abb. 126*).

Schließt man den Schalter, so entlädt sich die aufgeladene Folie über den Innenwiderstand R_i des Messgeräts. Kurzzeitig wird eine relativ hohe Spannung (ca. 8 mV) angezeigt, die dann rasch absinkt.

Bei einem hohen Innenwiderstand R_i bleibt eine Restspannung von etwa 0,2 mV bestehen, da die Folie durch die Beleuchtung nachgeladen wird.

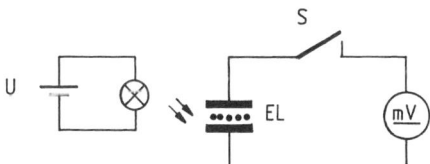

Abb. 126: Messschaltung zu den Fotoelement-Eigenschaften

6.2 EL-Folie bei Wechsellicht

Beleuchtet man die EL-Folie mit Wechsellicht (am besten mit einer Leuchtstofflampe), so kann an den Anschlüssen der Folie eine Wechselspannung von 100 Hz festgestellt werden. Mit einem NF-Millivoltmeter wurde bei Beleuchtung mit einer UV-Leuchtstofflampe eine Wechselspannung von etwa 80 mV gemessen (*Abb. 127*).

Die durch den Fotoeffekt hervorgerufene Wechselspannung kann auch hörbar gemacht werden. Dazu schließt man die Folie nach *Abb. 128* an einen NF-Verstärker mit Lautsprecher an.

Bei Einschalten der Leuchtstofflampe ertönt ein 100-Hz-Brummton.

6.3 Kapazität der EL-Folie bei Beleuchtung

Die Folie wurde unter konstanten Bedingungen (siehe Anfang dieses Kapitels) beleuchtet und ihre Kapazität gemessen. Dann wurde die Folie schrittweise abgedeckt (*Abb. 129*).

Zur Messung wurde die blaue EL-Folie, Größe A, verwendet. Die Halogenlampen-Beleuchtung hatte einen Abstand von 25 cm. Bei nicht abgedeckter Folie ergab sich ein Kapazitätswert von ca. 51 nF, voll abgedeckt waren etwa 36 nF zu messen.

Die gemessene Kapazität der EL-Folie in Abhängigkeit von der beleuchteten Fläche ist nahezu linear (*Abb. 130*).

Hierzu auch   Kapitel 5.9.1, wo die schrittweise mechanische Kürzung einer EL-Folie beschrieben wird.

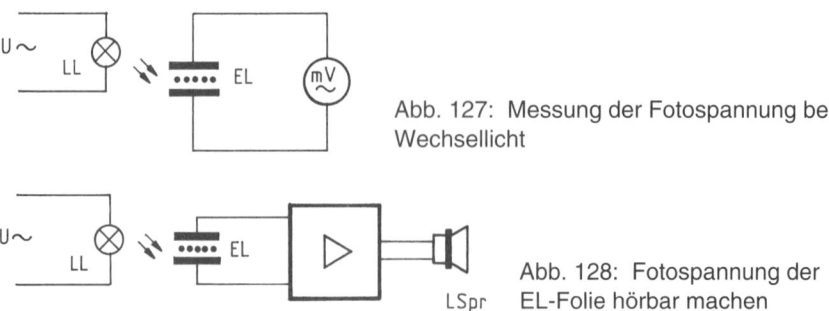

Abb. 127: Messung der Fotospannung bei Wechsellicht

Abb. 128: Fotospannung der EL-Folie hörbar machen

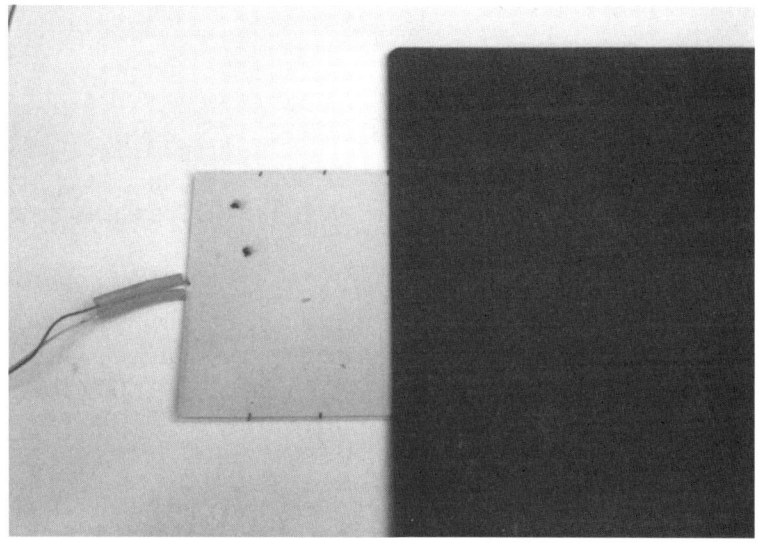

Abb. 129: Teilweise Abdeckung der EL-Folie

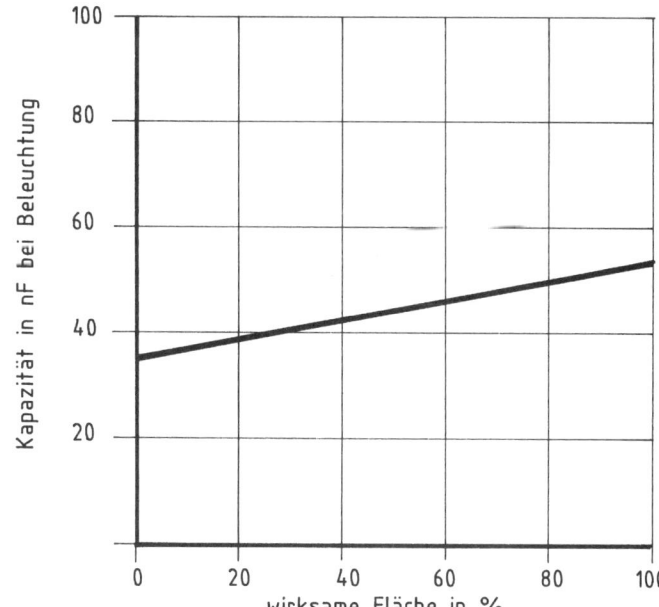

Abb. 130:
Kapazität einer
EL-Folie in
Abhängigkeit
von der
beleuchteten
Fläche

6.3.1 Beeinflussung eines Frequenzgenerators

Eine blaue EL-Folie, Größe A, wurde über die Buchsen Cext an den Rechteckgenerator nach Kapitel 5.11 angeschlossen (*Abb. 131*).

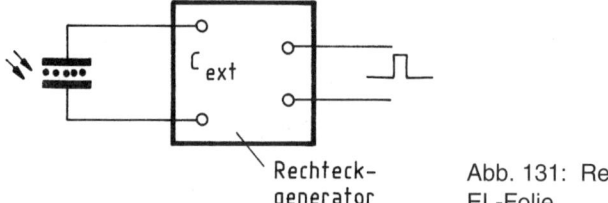

Abb. 131: Rechteckgenerator mit
EL-Folie

Bei abgedeckter Folie wurde eine Frequenz von 500 Hz eingestellt. Nach
Beleuchtung mit der Halogenlampe fiel die Frequenz auf etwa 340 Hz. Bei
der grünen EL-Folie, Größe B, sank die Frequenz von 1.000 Hz (abgedeckt) auf 660 Hz (beleuchtet).

6.3.2 „Theremin" mit Elektrolumineszenz-Folie

Ein Theremin ist ein elektronisches Musikinstrument, das als Grundlage
einen Schwebungssummer benutzt. Zur Information: Ein Schwebungssummer besteht aus einem Festfrequenzoszillator, einem abstimmbaren
Oszillator und einer Mischstufe mit Nf-Verstärker. Jede Änderung der Frequenz des abstimmbaren Oszillators erzeugt je nach Abweichung vom
Festfrequenzoszillator einen niederfrequenten Schwebungston.

In den USA sind diese elektronischen Musikinstrumente nach dem russi-
schen Erfinder Leo Theremin benannt. Er benutzte zur Steuerung des abstimmbaren Oszillators eine Art herausgeführte Antenne. Der Oszillator ist
normal auf Schwebungsnull eingestellt. Nähert man nun eine Hand der
Antenne, so wird der Oszillator durch die Fremdkapazität (Körper – Erde)
verstimmt. In der Mischstufe entsteht ein Schwebungston, der einem Nf-

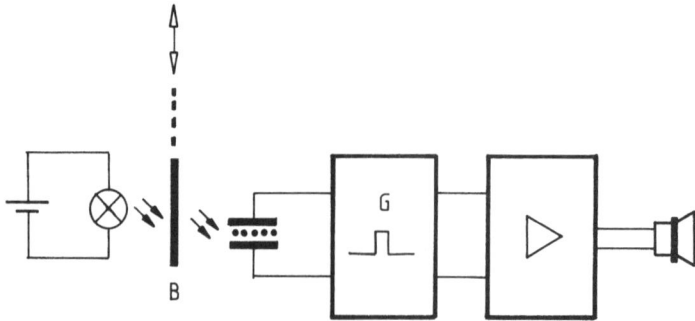

Abb. 132: EL-Folien-Anordnung für ein „Theremin"

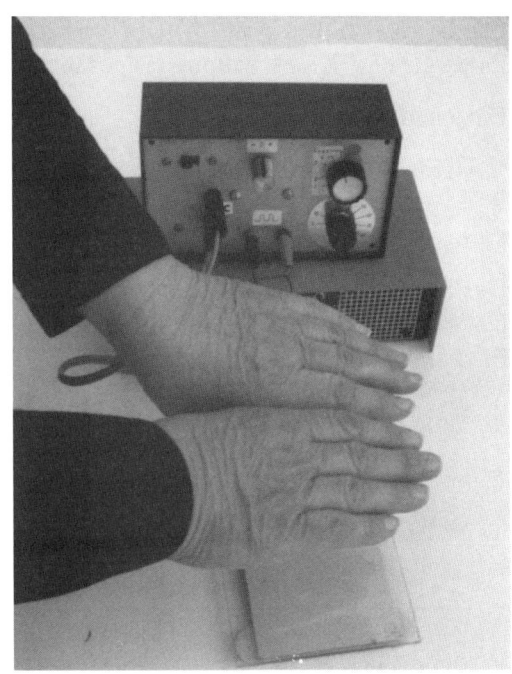

Abb. 133: „Theremin" mit EL-Folie

Verstärker zugeführt wird. In Deutschland dürfte so ein Gerät wegen der möglichen Funkstörungen nicht eingesetzt werden!

Auch mit einer EL-Folie kann man nach dem Schema (*Abb. 132*) ein „Theremin" aufbauen.

Eine EL-Folie wird an den Eingang „Cext" des Frequenzgenerators angeschlossen. Anschließend folgt ein Nf-Verstärker mit Lautsprecher. Beleuchtet wird die Folie mit einer Glühlampe (Gleichstromspeisung!). Zwischen Glühlampe und EL-Folie ist eine bewegliche Blende angebracht. Je nach beleuchteter Fläche ändert sich der erzeugte Ton. Bei einiger Übung kann man damit einfache Melodien spielen. In der praktischen Ausführung werden als Blende die Hände benutzt (*Abb. 133*).

Auch hier kann man durch verschiedene Stellungen der Hände unterschiedliche Töne erzeugen.

6.3.3 EL-Folie in Glimmröhren-Kippschaltung

Es wurde eine Kippschaltung (Sägezahngenerator) nach *Abb. 134* gebaut.

Einzelteilliste:

V = Einlöt-Glimmröhre ohne Vorwiderstand
R = Widerstand 1 MΩ, 1/4 W
U = einstellbare Gleichspannungsquelle

Die Spannung U wird so eingestellt, dass bei beleuchteter EL-Folie ein langsames Blinken der Glimmröhre zu erkennen ist. Mit Abdeckung der EL-Folie erhöht sich die Blinkrate.

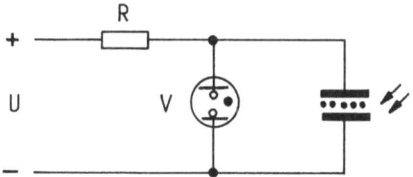

Abb. 134: Glimmröhren-Kippschaltung mit EL-Folie

6.4 Optokoppler mit zwei EL-Folien

Wegen des Fotoeffekts von EL-Folien lässt sich sogar ein Optokoppler realisieren. Man legt auf eine aktivierte EL-Folie (z. B. durch den Inverter) eine zweite Folie und schließt diese an einen Verstärker an (*Abb. 135* und *136*).

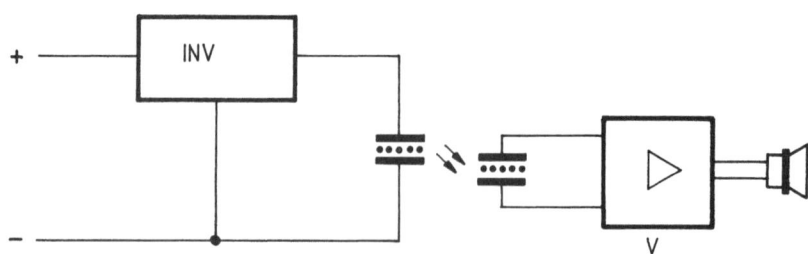

Abb. 135: Schaltung zur Aufnahme des Koppeleffekts

Abb. 136: Auf-
bau der Mes-
sordnung

Abb. 137: Aufnahme der Übertra-
gungskennlinie

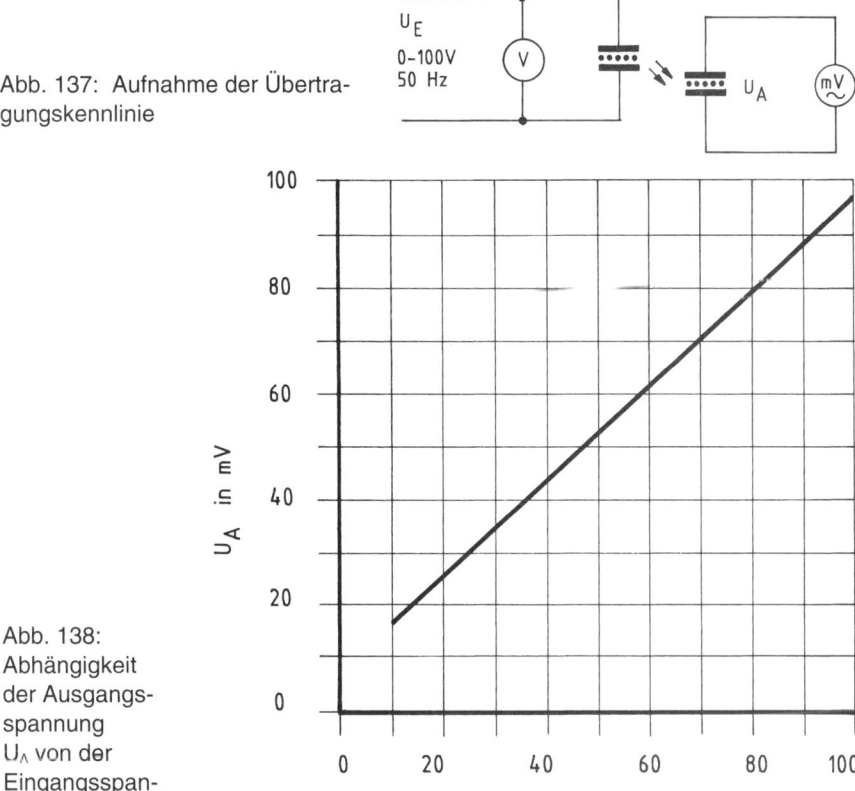

Abb. 138:
Abhängigkeit
der Ausgangs-
spannung
U_A von der
Eingangsspan-
nung U_E

Zur Ermittlung der Abhängigkeit U_A = f (U_E) wurden gemäß der Schaltung nach *Abb. 137* bei 50 Hz die Eingangsspannung U_E und mit einem Nf-Millivoltmeter die Ausgangsspannung U_A gemessen.

Die ermittelten Werte sind in der Grafik in *Abb. 138* dargestellt.

Aus diesen Werten kann man den Übertragungsfaktor ermitteln. Er muss in diesem Fall als VTR (= Voltage Transfer Ratio = Spannungsübertragungsverhältnis) bezeichnet werden und wird in Prozenten angegeben:

$$\text{VTR} \, (\%) = \frac{U_A}{U_E} \cdot 100 \, \%$$

Der Verlauf ist in *Abb. 139* dargestellt.

Wie man sieht, ist sein Wert relativ klein und sein Verlauf nicht linear.

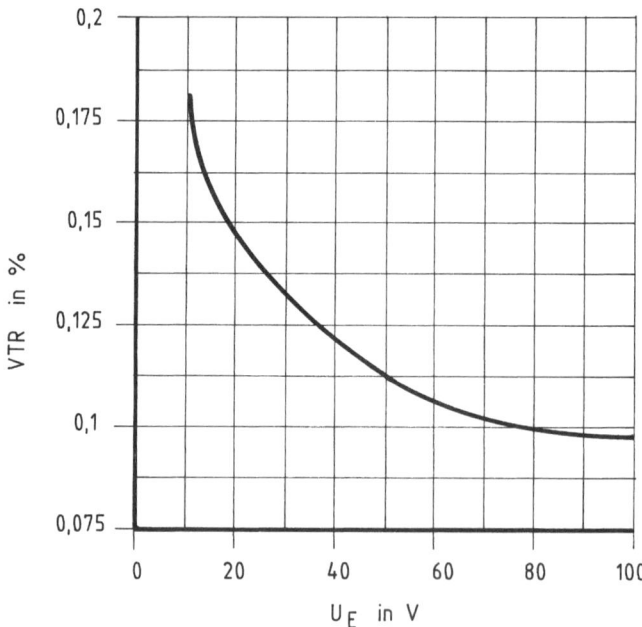

Abb. 139: Übertragungsfaktor in Abhängigkeit von der Eingangsspannung U_E

7 Beleuchtung mit EL-Folien

Eingangs (Kapitel 4) hatte ich schon erwähnt, dass Westinghouse die Wände und die Möbel eines Zimmers mit Elektrolumineszenz-Platten ausstattete.

7.1 Allgemeine Beleuchtungsfälle

Auch die Kennzeichnung von Stufen und Sitzreihen wurde angesprochen. Die *Abbildungen 140* und *141* zeigen einige Beispiele.

Die schon erwähnte Firma LIGHTEC, Bamberg, hat dafür spezielle Stufenprofile aus Aluminium entwickelt, in die eine EL-Folie eingeschoben werden kann (*Abb. 142* und *143*).

Abb. 140: Kinosaal mit Markierung der stufenförmigen Sitzreihen (siehe auch Farbtafel 6)

Abb. 141: Beleuchtung von Stufenkanten
(siehe auch Farbtafel 7)

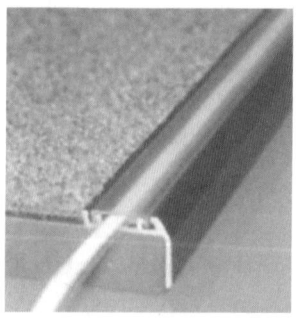 

Abb. 142/143:
Ansicht der Stufen-
profile (Montage-
querschnitt) (siehe
auch Farbtafel 7)

Abb. 144:
Bartheke
(siehe auch
Farbtafel 7)

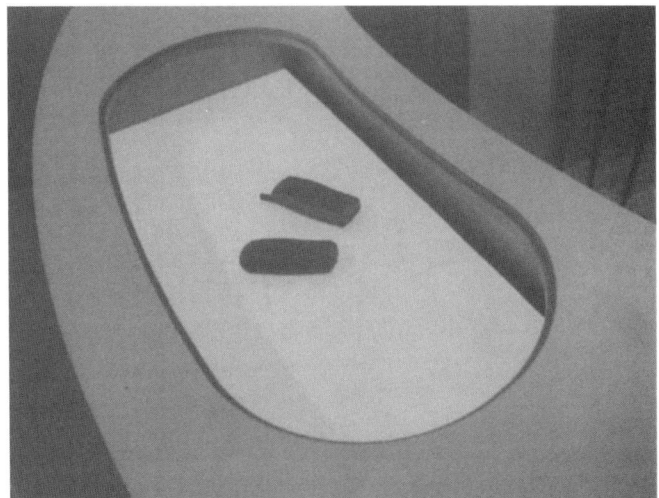

Abb. 145: Ver-
kaufstresen
(siehe auch
Farbtafel 7)

Abb. 146: Emp-
fangstresen
(siehe auch
Farbtafel 8)

Besonders spezialisiert ist diese Firma auf Lichtsysteme mit EL-Folien für
Dekoration und bühnentechnische Lichteffekte. Einige Beispiele (aus dem
Katalog) zeigen die *Abbildungen 144 – 149.*

Abb. 147: SAT 1 –
Leuchtstreifen im Boden

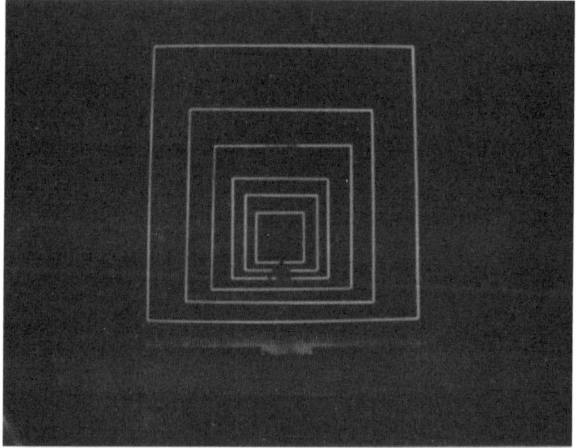

Abb. 148: Theater Neu-
strelitz – Tiefe im Raum
(siehe auch Farbtafel 8)

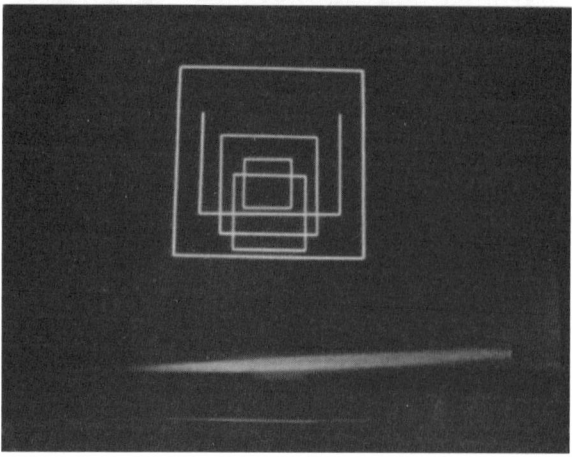

Abb. 149: Theater Neu-
strelitz – Tiefe im Raum

Eine weitere Anwendung von EL-Folien habe ich für den Fotoamateur gefunden.

7.2 Film- und Diabetrachter

Allgemein bekannt sind die handelsüblichen Geräte mit einer milchigen Kunststoffabdeckung wie in *Abb. 150*.

Aber auch eine weiße EL-Folie kann dazu verwendet werden. Dazu ist die Größe B (138 mm x 34 mm) bestens für Kleinbildformat geeignet (*Abb.151* und *152*).

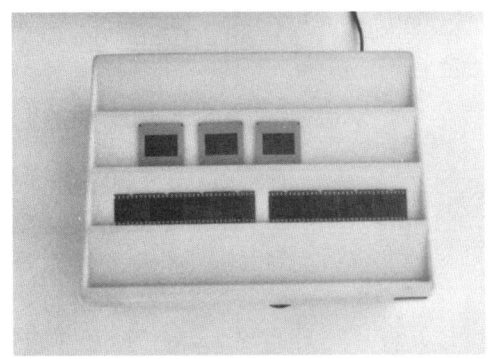

Abb. 150: Handelsüblicher Film-
und Diabetrachter

Abb. 151: EL-Folie mit aufgeleg-
ten Dias

Abb. 152: Folie mit aufgelegtem
KB-Negativfilm

Jetzt folgen einige ausgefallene Verwendungsmöglichkeiten, wozu die weiße EL-Folie Größe A (112 mm x 87 mm) gebraucht wird.

7.3 Leuchtendes Bild

Nötig ist ein handelsüblicher Bilderrahmen, z. B. für die Fotogröße 13 x 18 cm. Auf die rückseitige Abdeckung klebt man die EL-Folie (mit Klebefilm). Die Anschlüsse werden durch zwei Bohrungen nach hinten herausgeführt. Man lässt sich von einem Kleinbild-Negativ ein vergrößertes Dia herstellen (manche Fotohändler sind noch dazu in der Lage!). Diesen Diafilm klebt man nun auf die EL-Folie und setzt den Bildererrahmen wieder zusammen (*Abb. 153*). Vom Dia ist bei Tageslicht allerdings nicht viel zu erkennen.

Abb. 153: Dia im Bildererrahmen auf EL-Folie

Abb. 154:
Leuchtendes
Dia

Erst bei Dunkelheit wird das Dia gut sichtbar (*Abb. 154*).

Die größte Helligkeit erzielt man, wenn die EL-Folie mit der passenden Anregefrequenz betrieben wird.

7.4 Leuchtende Zeichnungen

Ein Scherenschnittmotiv (hier: „Zupfgeigenhansl") wird auf eine Folie kopiert. Jeder Copy-Shop ist dazu in der Lage. Ebenso können normale Strichzeichnungen wie die Balkenkonstruktion auf eine Folie gezeichnet werden. Abb. 155 zeigt einige Beispiele:

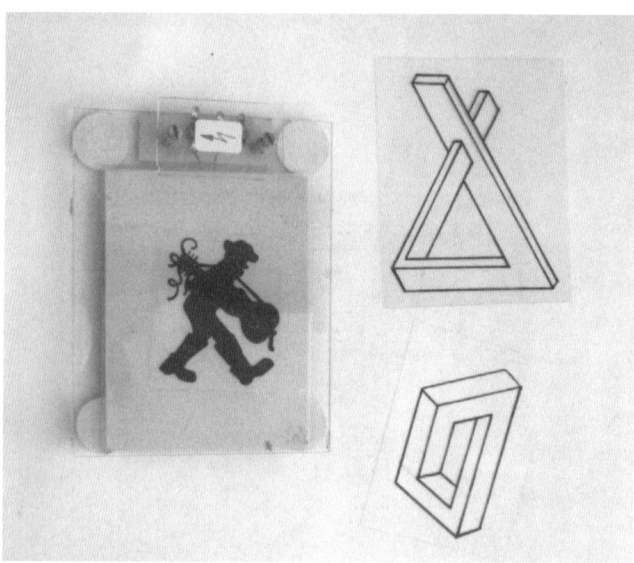

Abb. 155: Folien-
zeichnungen auf
EL-Folie

Beleuchtet sind sie dann sehr wirkungsvoll, wie auf den Abbildungen 156
und 157 zu sehen ist.

 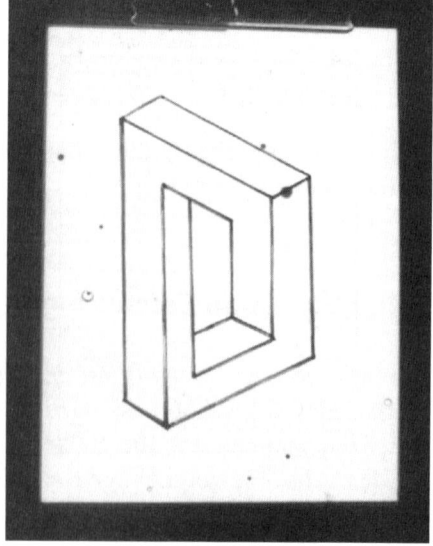

Abb. 156/157: Von EL-Folie durchleuchtete Strichzeichnungen

7.5 Leuchtender Bierglasuntersetzer (bayerisch: „Bierfilzl")

Diese Anwendung einer EL-Folie ist nicht unbedingt als besonderer Gag aufzufassen. Westinghouse hatte ja auch die Fläche von Tischen mit seiner „Rayescent"-Leuchte versehen.

Der Aufbau ist problemlos. Die Folie wird elektrisch sicher angeschlossen (flüssigkeitsdicht!) und irgendwo auf den Tisch geklebt. Tagsüber sieht man das Leuchten nicht. Aber abends, beim Fernseh-Schummerlicht, weiß man genau, wo man sein Wein- oder Bierglas abzustellen hat. Die beiden Fotos (*Abb. 158* und *159*) sind gewissermaßen „Tag-Nacht-Aufnahmen"!

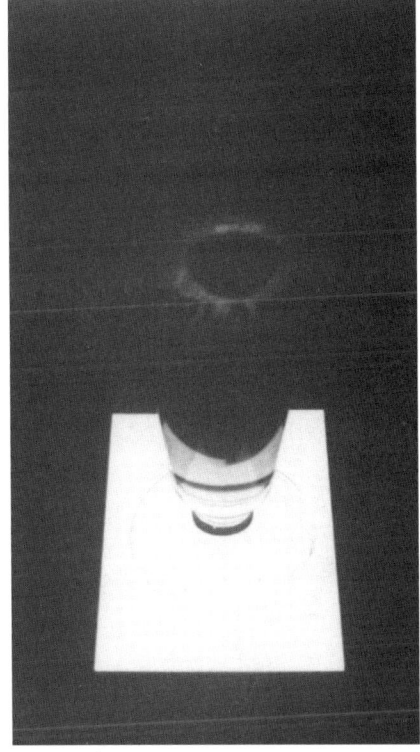

Abb. 158: Bierglas auf EL-Folien-Untersetzer

Abb. 159: Leuchtender Bierfilz

7.6 Leuchtender Aschenbecher

Ähnlich wie der leuchtende Bierglasuntersetzer ist auch der leuchtende Aschenbecher gestaltet. Der Anbau der EL-Folie müsste allerdings elektrisch sicher sein, nicht so wie in *Abb. 160*.

Am besten erhält der Ascher einen Untersatz, in dem die EL-Folie samt Anschlusselement flüssigkeitsdicht untergebracht ist. Auch hier gilt: Die Zigarette findet bei Dunkelheit ihren Weg zum Aschenbecher (*Abb. 161*).

Abb. 160: Aschenbecher
mit EL-Folie und Zigarette

Abb. 161: Leuchtender
Aschenbecher

7.7 Elektrolumineszenz-Leuchte

Für die Leuchten-Hersteller ergäbe sich eine neue Gestaltungsmöglichkeit – die „EL-Leuchte". Zur Demonstration füllte ich eine Blumenvase in Kristallstruktur mit Wasser. Dem Wasser wurde 1 (!) Tropfen Kondensmilch zugesetzt und gut verrührt. In die Flüssigkeit wurde eine EL-Folie, Größe B, getaucht knapp bis zu den Anschlüssen (*Abb. 162*)

Durch die Streuwirkung der Milch-Wasser-Mischung (Tyndall-Effekt) ergibt sich eine sanft strahlende Leuchte (*Abb. 163*).

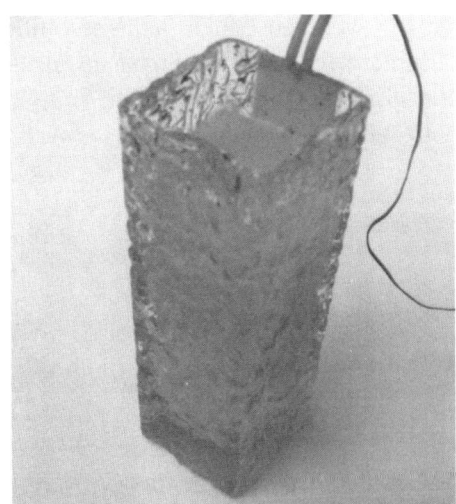

Abb. 162: Vase mit EL-Folie

Abb. 163: Strahlende Elektrolumineszenz-Leuchte

Zur praktischen Ausführung einer solchen EL-Leuchte (Beispiel: Lava-Leuchten) ist nur zu bemerken, dass die entsprechenden DIN-VDE-Bestimmungen eingehalten werden müssen.

7.8 EL-Folie mit Nachleuchtbelag

Nach den berufsgenossenschaftlichen Unfallverhütungsvorschriften müssen Rettungswege und Notausgänge deutlich erkennbar und dauerhaft gekennzeichnet sein. *Abb. 164* zeigt einige Beispiele:

Nur in wenigen Fällen genügen einfache Schilder. Meist müssen sie beleuchtet sein. Und bei Stromausfall des Netzes soll eine Notbeleuchtung einspringen. Versagt auch diese irgendwann, sollte die Kennzeichnung lang nachleuchtend ausgeführt sein.

01 Rettungsweg

E04 Rettungsweg

E16 Sammelstelle

E03 Notausgang

02 Notausgang

E05 Notausgang

Abb. 164: Rettungszeichen für Rettungswege und Notausgänge

Abb. 165: Mustertafel, beleuchtet

Abb. 166: Musterta-
fel, nachleuchtend

Die *Abbildungen 165* und *166* zeigen eine Mustertafel (von „EVER-
GLOW") bei Beleuchtung und dann nachleuchtend.

Grundlagen obiger Forderungen sind:

1. BGV (ersetzt VBG 125)

   „Sicherheits- und Gesundheitsschutz-Kennzeichnung am Arbeitsplatz".

   Danach muss die Ausführung der Rettungs- und Brandschutzzeichen
   auf Rettungswegen (mindestens) lang nachleuchtend sein, sofern nicht
   aufgrund anderer Rechtsvorschriften eine Sicherheitsbeleuchtung
   gefordert ist.

2. BGR 216 (ersetzt ZH 1/190)

   „Optische Sicherheitsleitsysteme einschließlich Sicherheitsbeleuchtung".

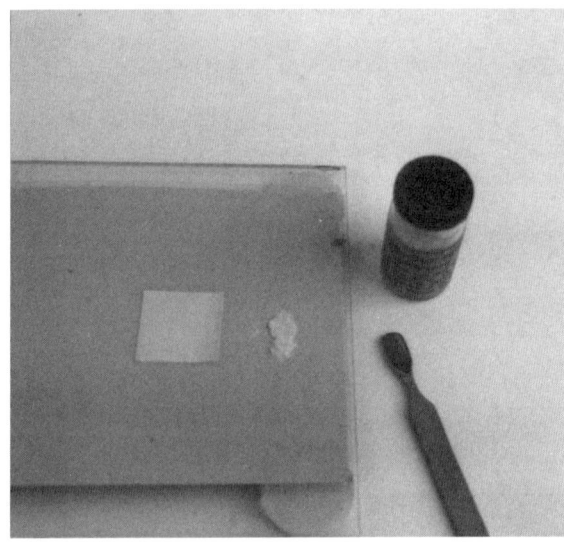

Abb. 167: EL-Folie mit
Nachleucht-Elementen

Kann ein vorhandenes, nicht bodennahes Sicherheitsleitsystem seine Aufgabe wegen Verrauchung nicht erfüllen, muss ein bodennahes Sicherheitsleitsystem errichtet werden.

3. DIN 67510

Teil 4 – Produkte für lang nachleuchtendes Sicherheitsleitsystem, Markierungen und Kennzeichnungen

Ich habe nun versucht, mit einer EL-Folie Nachleuchten zu erzeugen. Dazu klebte ich auf eine weiß leuchtende EL-Folie einmal eine relativ dünne Nachleuchtfolie. Außerdem wurde mithilfe von farblosem Nagellack ein pulverförmiges Leuchtpigment aufgebracht (*Abb. 167*).
Es war anzunehmen, dass die Helligkeit der EL-Folie zum Anregen der Leuchtschichten ausreicht. Leider nicht! Auch nach mehrstündigem Betrieb zeigte sich kein ausreichendes Nachleuchten. Sicherlich könnte man mit anderen, geeigneteren Leuchtstoffen eine bessere Wirkung erzielen.

Ergänzung:

Laut Katalog von „Safety Marking" gibt es selbstklebende, transparente Folien für Rettungszeichen. Diese dürften geeignet sein, um auf einer EL-Folie angebracht zu werden.

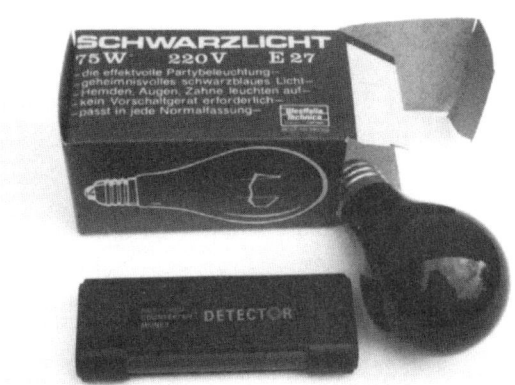

Abb. 168: Schwarzlicht-
lampe und Geldscheinprü-
fer

So heißt es in der BGV A8 unter § 2 Begriffsbestimmungen, Nr. 13:

> Leuchtzeichen ist ein Zeichen, das von einer Einrichtung mit durch-
> sichtiger oder durchscheinender Oberfläche erzeugt wird, die von hin-
> ten erleuchtet wird und dadurch als Leuchtfläche erscheint oder selbst
> leuchtet.*

---

* Selbstleuchtende Einrichtungen sind z. B. Elektrolumineszenzanzeigen (ELD – Electrolumines-
cence-Display).

7.9 Elektrolumineszenz-Folien und UV-Strahlung

Die verwendeten EL-Folien werden auch durch Ultraviolett-Strahlung
zum Leuchten angeregt. Allerdings haben die angebotenen Schwarzlicht-
lampen zu wenig Strahlungsenergie bzw. unpassende UV-Wellenlänge
(*Abb. 168*).

Besser geeignet war eine Leuchtstofflampe mit Schwarzglaskolben von
OSRAM, Type L20W/73 (ob sie noch erhältlich ist, weiß ich nicht). Siehe
hierzu *Abb. 169.*

Ihre Strahlung im langwelligen UV-Bereich zwischen 300 und 400 nm ist
für das Auge unschädlich.

Das Maximum der spektralen Strahldichteverteilung liegt bei 350 nm Wellenlänge (*Abb. 170*).

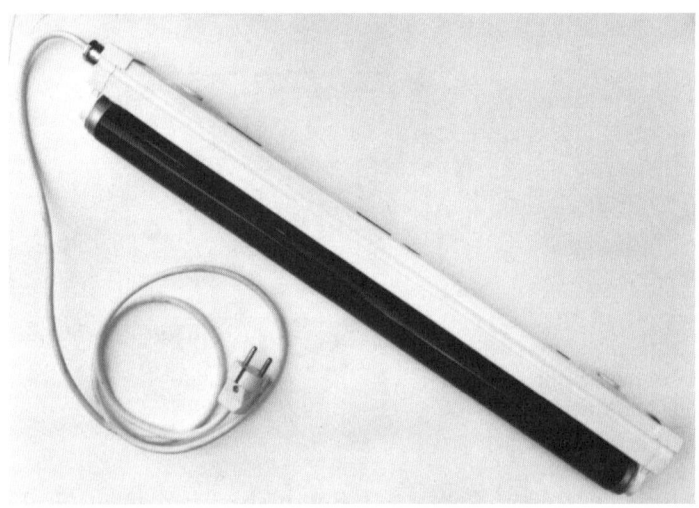

Abb. 169: Leuchtstofflampe mit Schwarzglaskolben

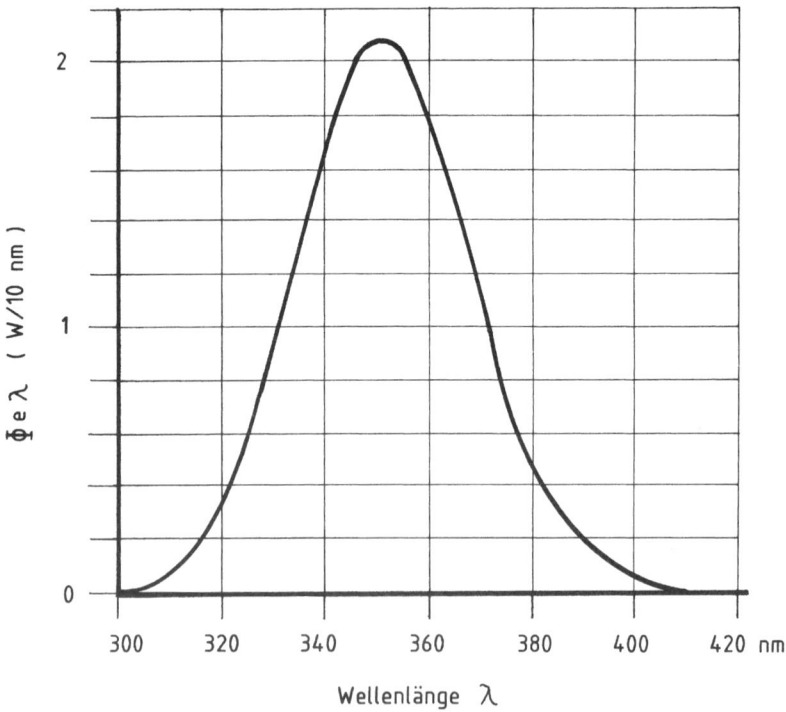

Abb. 170: Spektrum der UV-Leuchtstofflampe

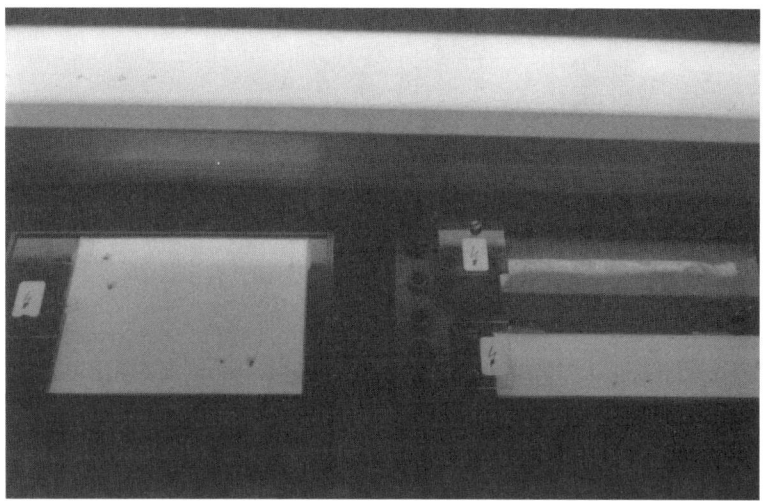

Abb. 171: Fluoreszenz der EL-Folien bei UV-Bestrahlung

Die ausgesandte Strahlung bzw. Wellenlänge ist so gut, dass man bei Euro-Scheinen Merkmale entdeckt, die der UV-Prüfer beim Einzelhandel oder im Supermarkt nicht erkennt! Die EL-Folien wurden nun mit UV-Licht angeregt und fluoreszieren (*Abb. 171*).

Allerdings muss ich darauf hinweisen, dass nicht das dem eigenen Leucht-stoff der Folien entsprechende Licht fluoresziert wird. Die Fotoaufnahme und deren Entwicklung haben sich auf „Blau" eingestellt.

Neu auf dem Markt sind „Ultraviolett-Leuchtdioden".

Technische Angaben (lt. Katalog CONRAD):

Durchlassstrom:	I_F = 20 mA
Impulsstrom:	100 mA bei TP 1/10 und 0,1 ms Pause
Durchlassspannung:	typ. 3,5 V, max. 4,0 V bei I_F = 20 mA
Leuchtfarbe:	Ultraviolett (Wellenlänge typ. 405 nm ± 10 %
Leuchtstärke:	typ. 60 mcd bei I_F = 20 mA
Material:	InGaN
Öffnungswinkel:	15°
Betriebstemperatur:	–25 °C bis +85 °C

Auch diese UV-LED reichten nicht aus, um die EL-Folien wirksam zur Fluoreszenz zu bringen. Grund ist offensichtlich die unpassende UV-Wel-lenlänge.

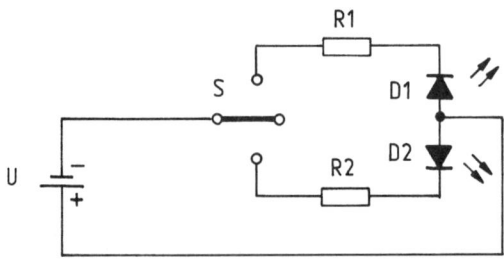

Abb. 172: UV- und UR-Test-
boxschaltung

Bautipp für Elektronik-Amateure:

Für Versuche wurde ein kleines Testkästchen mit einer UV-LED und einer UR-LED gebaut. Die Schaltung zeigt *Abb. 172*:

Mit dem Umschalter S kann einmal die UV-LED oder die UR-LED betrieben werden. Die Widerstände R1 und R2 bestimmen den Durchlassstrom der Leuchtdioden.

Einzelteilliste:

U = 9-V-Batterie
D1 = UV-LED
D2 = UR-LED
R1 = Widerstand 220 Ω/0,25 W
R2 = Widerstand 120 Ω/0,25 W
S = Umschalter

Abb. 173: Testbox – Außenansicht

Bemerkung:

Die Ultrarot-Diode, Type SF 485, hat einen zulässigen Durchlassstrom von $I_F = 100$ mA. Die Strahlstärke beträgt 25–30 mW/sr bei einer Wellenlänge von 880 nm (lt. Katalogangaben).

Den Aufbau des „UV-UR-Generators" zeigen die *Abbildungen 173* und *174*.

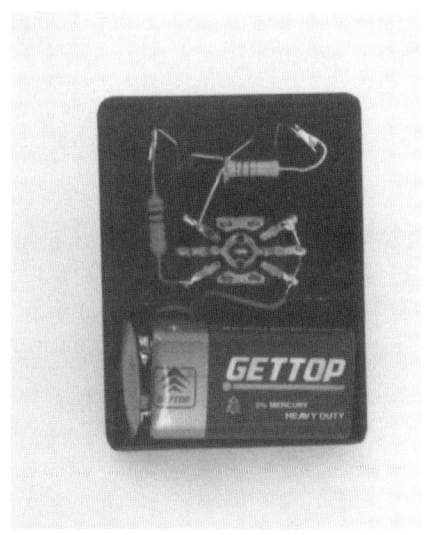

Abb. 174: Testbox – Innenaufbau

8 Schaltungen mit EL-Bauelementen

8.1 9-V-Wandler für EL-Bauelemente

Oft besteht der Wunsch nach einem kleinen tragbaren Gerät, an dem die EL-Folien betrieben werden können. Dazu wurde der induktive Multivibrator gebaut (*Abb. 175*).

Einzelteilliste:

T1, T2 = Transistor BC 107 o. ä., auch TUN
R1, R2 = Widerstand 4,7 kΩ, 1/4 W
C   = Elektrolytkondensator 220 µF/35 V
Tr   = Kleinspannungstransformator 230 V/2 x 9 V
U   = 9-V-Batterie

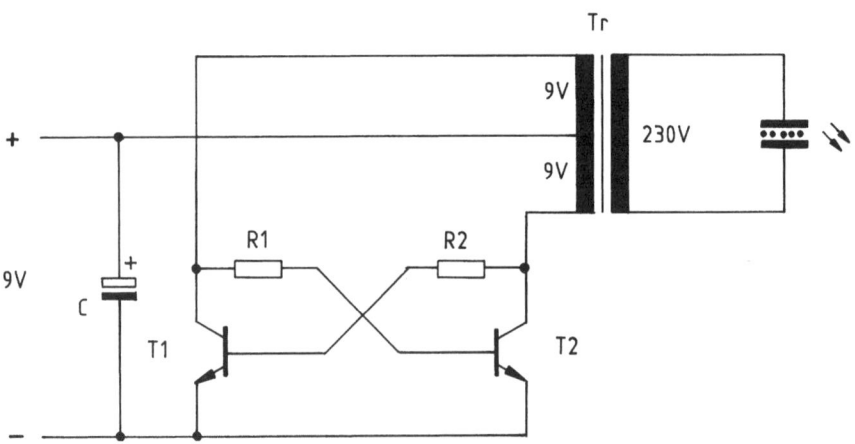

Abb. 175: Einfacher induktiver Multivibrator

Abb. 176: Außenansicht
des 9-V-Wandlers

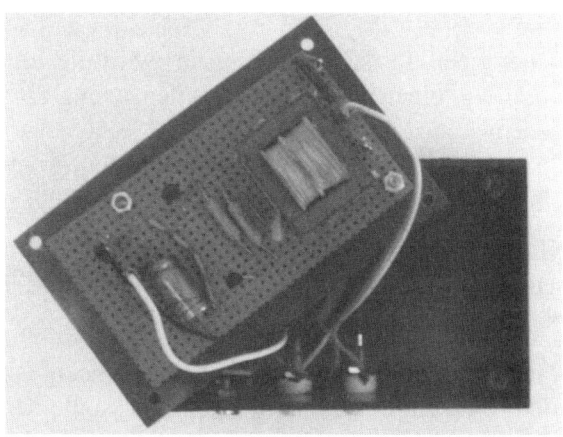

Abb. 177: Innenaufbau
mit Lochstreifenplatine

Die Frequenz des Wandlers wird durch die Induktivität der Transformatorwicklungen bestimmt, aber auch rückwirkend durch die Kapazität der EL-Folie. Sie beträgt bei dieser Auslegung etwa 50 Hz und weist im Betrieb eine angenäherte Rechteckform auf. Die Ausgangsspannung beträgt bei Belastung durch eine EL-Folie etwa 200 V_{ss}. Im Leerlauf beträgt die Spannung etwa 400 V_{ss} und hat Nadelimpulsform. Die Stromaufnahme beträgt etwa 40 mA.

Diese Schaltung passt mit der Batterie in ein TEKO-Gehäuse P2 (*Abb. 176* und *177*).

8.2 Elektrolumineszenz-Blinker

Das Leuchten einer EL-Folie erregt mehr Aufmerksamkeit, wenn es in Intervallen erzeugt wird. Hier werden einige einfache Schaltungen gebracht.

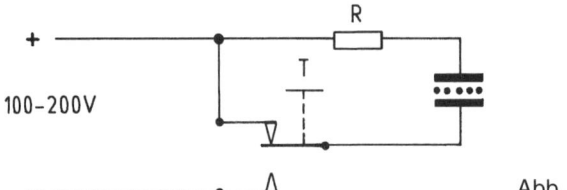

Abb. 178: Tast-Blinker

8.2.1 Tast-Blinker

Die einfachste Methode, aber auch die umständlichste, ist in *Abb. 178* gezeigt:

Über einen Tastschalter (Ein/Ein) wird die EL-Folie (= Leuchtkondensator!) von einer passenden Gleichspannung aufgeladen und entladen. Bei jedem Lade- und Entladestromstoß leuchtet die EL-Folie kurz auf. Der Widerstand R = 100 kΩ, 1/4 W dient zur Strombegrenzung.

8.2.2 Relais-Blinker 1

Die Handarbeit wird vermieden, wenn man stattdessen eine kleine Relaisschaltung (*Abb. 179*) anwendet.

Hier taktet das Relais A über seinen Ruhekontakt und dem zeitbestimmenden Kondensator C parallel zur Relaisspule den Umschaltkontakt a2. Die Taktfrequenz beträgt etwa 30/min. Nachteilig ist bei dieser Schaltung, dass zwei Spannungen benötigt werden.

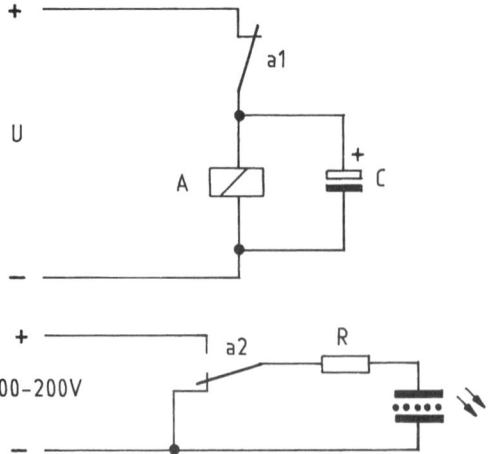

Abb. 179: Relais-Blinker 1

Einzelteilliste:

A = 12-V-Relais (hier Omron G2V282P)
C = Elektrolytkondensator 4.700 µF/50 V
U = Speisespannung 9 – 12 V

8.2.3 Relais-Blinker 2

Einfacher wird die Schaltung, wenn die Stromimpulse des selbsttaktenden Relais einem Transformator zugeführt werden (*Abb. 180*).

Die Stromimpulse werden über den Transformator gewissermaßen hochgespannt, sodass man an der 230-V-Wicklung die EL-Folie anschließen kann.

Einzelteilliste:

K = Relais KACO RN 19 001 L2
Tr = Kleinspannungstransformator 230 V/6...15 V
C1 = Elektrolytkondensator 3.300 µF/50 V
C2 = Kondensator 10 nF/125 V (dient zur Funkentstörung)

Gespeist wird die Schaltung von einem üblichen Netzteil (dessen Schaltung ich nicht nochmals wiederholen möchte) mit einer Ausgangsspannung von 10 V.

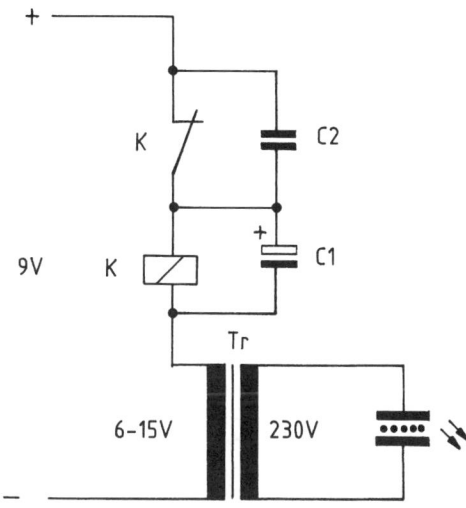

Abb. 180: Selbsttätiger Relais-
Blinker

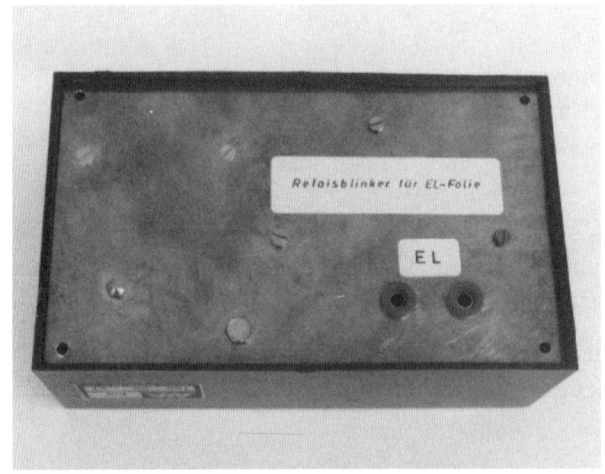

Abb. 181: Außenansicht des Relais-Blinkers 2

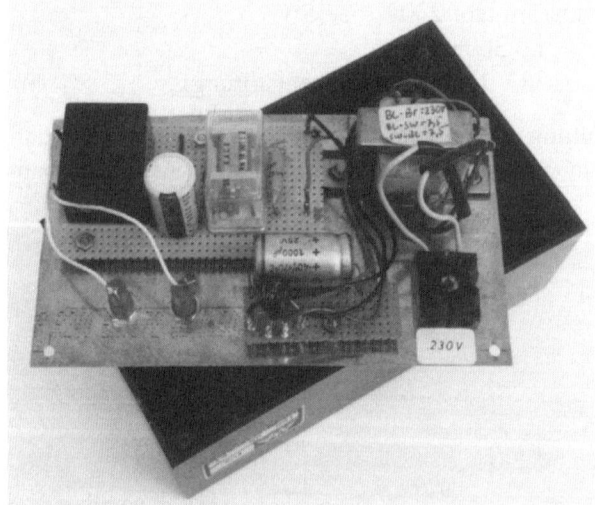

Abb. 182: Innenschaltung des Relais-Blinkers 2

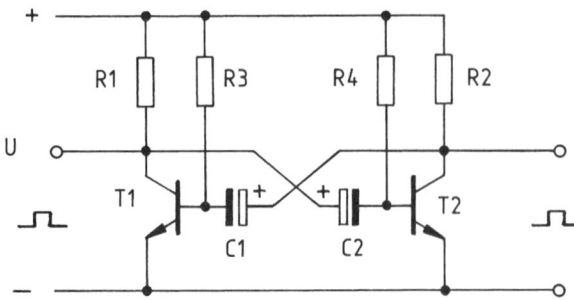

Abb. 183: Schaltung des MV-Blinkers

Die *Abbildungen 181* und *182* zeigen ein Ausführungsmuster des Relais-Blinkers.

8.2.4 Multivibrator-Blinker

Wesentlich geräuschloser als ein Relais-Blinker arbeitet ein Transistor-Multivibrator (*Abb. 183*).

Einzelteilliste:

T1, T2 = Transistor BC 107, auch TUN
R1, R2 = Widerstand 820Ω, 1/4 W
R3, R4 = Widerstand 39 kΩ, 1/4 W
C1   = Elektrolytkondensator 10 µF/35 V
C2   = Elektrolytkondensator 2,2µF/35 V

Er erzeugt positive Rechteck-Impulse, die der Ansteuereinheit zugeführt werden. Die Blinkfrequenz beträgt etwa 2 Hz. Der Multivibrator erhielt keine eigene Stromversorgung; er wird an die 12-V-Buchsen der Ansteuereinheit angeschlossen (*Abb. 184*).

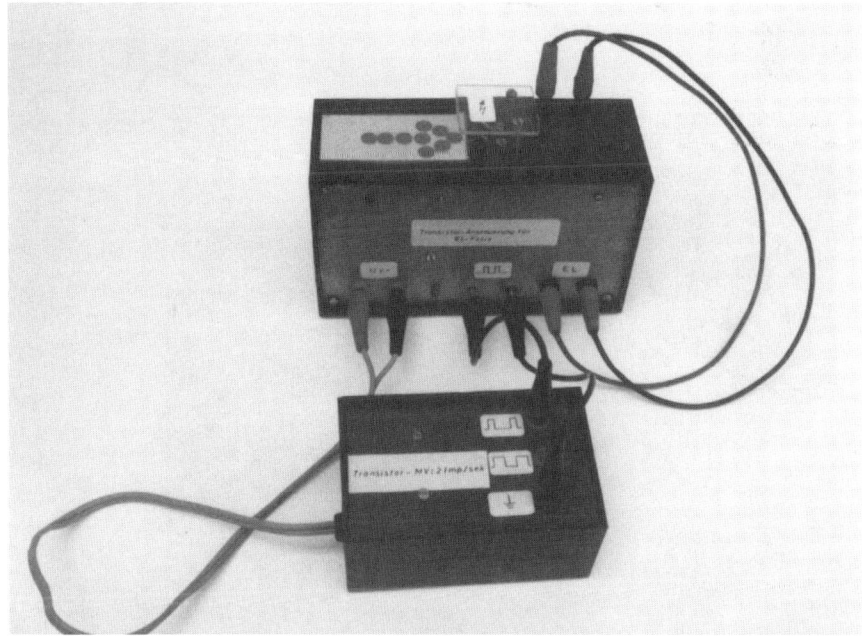

Abb. 184: MV-Blinker in Verbindung mit Ansteuereinheit

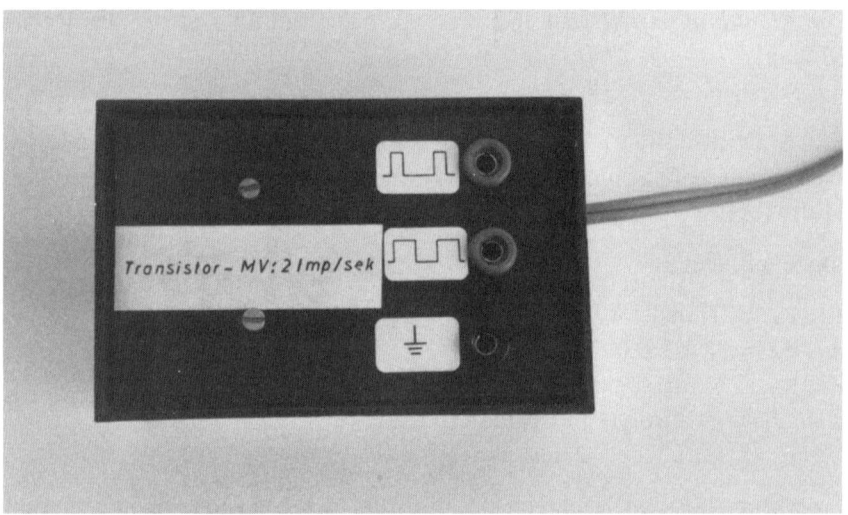

Abb. 185: Ansicht des MV-Blinkers

Die Schaltung wurde konventionell auf einer Lötösenplatte aufgebaut und in einem TEKO-Gehäuse P2 untergebracht (*Abb. 185* und *186*).

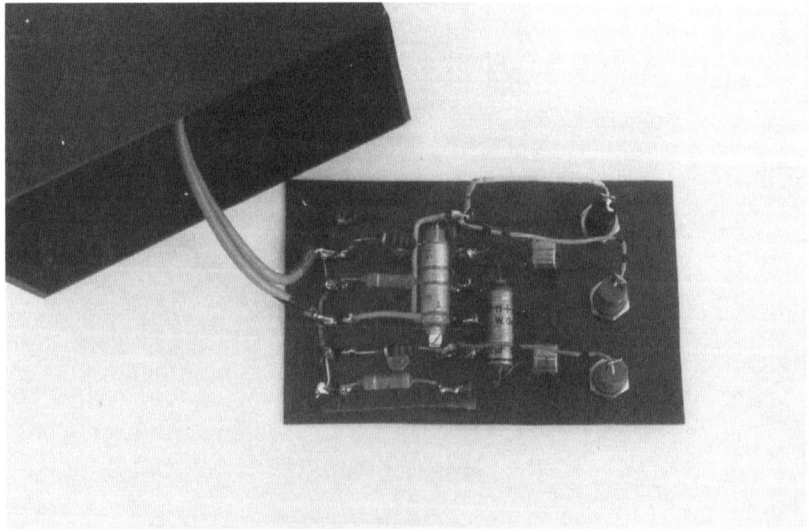

Abb. 186: Einfacher Innenaufbau des MV-Blinkers

8.2.5 9-V-Wandler als Blinker

Ergänzt man den 9-V-Wandler nach Kapitel 8.1 mit einem anschaltbaren Kondensator C2 (siehe ergänztes *Schaltbild 187*), so wird ein Blinkeffekt erzeugt.

Einzelteilliste:

T1, T2 = Transistor BC 107 o. ä., auch TUN
R1, R2 = Widerstand 4,7 kΩ, 1/4 W
C1   = Elektrolytkondensator 220 µF/35 V
C2   = Elektrolytkondensator 47–100µF/35 V
Tr   = Kleinspannungstransformator 230 V/2 x 9 V
S   = Miniaturkippschalter 1pol – Ein/Ein
U   = 9-V-Batterie

Bei einem Kondensator C2 = 100 µF ergibt sich eine Blinkrate von 1/sek. Zu beachten ist, dass sich die Strombelastung der Batterie auf ca. 150 mA erhöht.

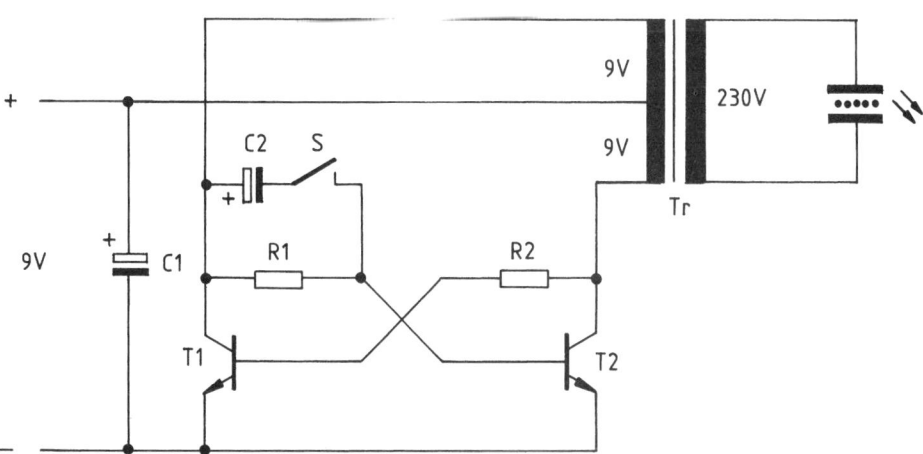

Abb. 187: Blinkerschaltung mit 9-V-Wandler

8.3 Automatisches Nachtlicht

Bekannt sind sicherlich die kleinen Glimmleuchten mit Steckeransatz. Man steckt sie in die Steckdose und schon hat man ein Orientierungslicht. Selbstverständlich gibt es sie in „Automatik-Ausführung". Sie leuchten tagsüber nicht; mit Eintritt der Dunkelheit werden sie immer heller. Hier habe ich eine Selbstbauschaltung (*Abb. 188*) für ein solches Nachtlicht mit Glimmlampe:

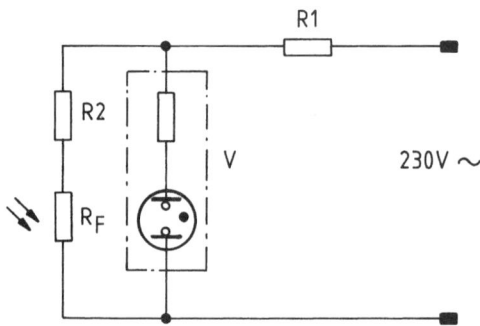

Abb. 188: Glimm-
lampen-Nachtlicht

Über einen Vorwiderstand R1 wird die Schaltung ans Netz 230 V angeschlossen. Bei genügend Helligkeit ist der Fotowiderstand R_F relativ niederohmig. Die Spannungsteilung R1 zu R2 + R_F ergibt eine zu niedrige Spannung, um die Glimmlampe zünden zu lassen. Erst wenn der Fotowiderstand R_F hochohmig wird, reicht die Spannung zum Zünden der Glimmlampe.

Einzelteile:

R1 = Widerstand 120 kΩ,1/4 W
R2 = Widerstand 47 kΩ, 1/4 W
RF = Fotowiderstand (hier wurde ein LDR 07 benutzt)
V = Einschraub-Glimmlampe mit eingebautem Vorwiderstand
        (U = 230 V)

Ähnlich funktioniert das Nachtlicht mit einer EL-Folie. Die Schaltung (*Abb. 189*) entspricht im Prinzip der Glimmlampenschaltung.

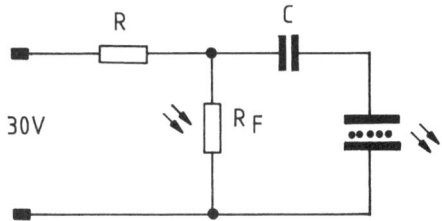

Abb. 189: Nachtlicht mit EL-Folie

Einzelteile:

R   = Widerstand 220 kΩ, 1/4 W
C   = Kondensator 3,3 nF/400 V
RF = Fotowiderstand (hier: F&P M223 1 DM)*

> * Zum Fotowiderstand ist zu vermerken:
>
> Es ist schwierig, die im Musteraufbau verwendete Type zu erhalten; hier stammte sie aus einem Bauteilebestand. Man ist wirklich gezwungen, mit angebotenen Fotowiderständen zu experimentieren.

Für das Modell wurde der Rest der grünen EL-Folie aus Kapitel 5.9.1 benutzt. Die Folie (Größe 32 mm x 28 mm) wurde auf ein vorhandenes Steckergehäuse geklebt. Zum Schutz gegen Berührungsspannung an den Anschlüssen klebte ich eine passende, diffuse Kunststoffscheibe auf. Für den Fotowiderstand wurde an der Oberseite ein passendes Loch gebohrt, in das er eingeklebt wurde. Da der Fotowiderstand ein Metallgehäuse hat, musste er, wegen eventuell auftretender Berührungsspannung, ebenfalls mit einer durchsichtigen Abdeckung versehen werden.

Abb. 190 zeigt den fertigen Aufbau.

Abb. 190: EL-Nachtlicht

Abb. 191: EL-Licht bei Dunkelheit

Wegen der diffusen Abdeckung war die leuchtende EL-Folie schlecht zu
fotografieren. Daher sieht *Abb. 191* leicht verschwommen aus.

8.4 Elektrolumineszenz-Lichtorgel

Lichtorgeln sind aus Diskotheken bekannt. Es sind allgemein Leuchten,
die im Takt der Musik Lichteffekte hervorrufen. Im kleinen Maßstab lässt
sich eine derartige Lichtorgel auch mit EL-Bauelementen gestalten (*Abb.
192*).

Wie bei den üblichen Steuerschaltungen wird hier ein Thyristor verwendet, der von der Nf-Spannung eines Verstärkerausgangs durchgeschaltet

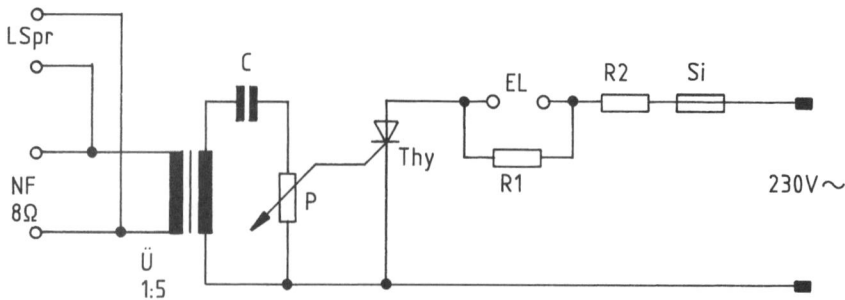

Abb. 192: EL-Lichtorgel

wird. Da eine EL-Folie einen Kondensator darstellt, würde nie ein Stromfluss durch den Thyristor stattfinden. Deswegen liegt die EL-Folie parallel zu einem Hochlast-Widerstand, dessen Spannungsabfall als Anregungsspannung benutzt wird.

Einzelteilliste:

Thy = Thyristor C 106
Ü   = Nf-Übertrager 5 : 1
R1 = Widerstand 6,8 kΩ, 10 W
R2 = Widerstand 3,9 kΩ, 10 W
P   = Potentiometer 10 kΩ, 1/4 W
C   = Kondensator 15 nF/630 V =
Si   = Feinsicherung 100 mA T

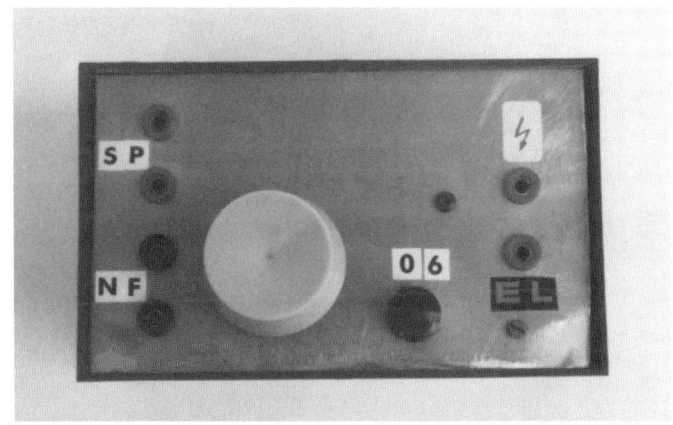

Abb. 193.
Außenansicht
der EL-Lichtor-
gel

Abb. 194:
Innenschaltung
der EL-Lichtor-
gel

Die Lichtorgel wird parallel mit einem Lautsprecher betrieben, wobei der Verstärkerausgang an der Lichtorgel angeschlossen ist. Der Ansprechpegel wird mit dem Potentiometer P eingestellt. Ein Versuchsaufbau ist in den *Abbildungen 193* und *194* zu sehen.

9 Warnung vor Scharlatanen

Nur wenige Leser werden noch den Rummel um Bruno Gröning kennen. Ab 1948 wurde er als „Wunderdoktor" bekannt, dank der Hilfe durch die „Yellow Press" (= „Regenbogen-Presse").

Bruno Gröning (geb. 1906 in Danzig, gest. 1959 in Paris an Krebs!) war Gelegenheitsarbeiter und begann seine Karriere als „Handaufleger". Seine Suggestionskraft wurde durch seine Erscheinung (langes Haar, schwarz gekleidet) verstärkt. Schließlich war es so weit, dass die Zahl der Hilfe Suchenden so anstieg, dass kaum mehr Zeit für den Einzelnen blieb.

Da entwickelte er Stanniolkugeln, denen er durch Berühren seine Heilkraft verlieh und die er für 50 DM (jetzt = 25 Euro) verkaufte.

Verschiedene Gerichtsverfahren wurden ihm angehängt (Verstoß gegen das Heilpraktikergesetz), die er aber gewissermaßen lächelnd abtat.

In meinem Archiv fand ich noch weitere Fälle, die kaum zu glauben sind:

- In London verkaufte eine Firma „Wärmepillen",100 Stück zu umgerechnet 25 Euro. Es stellte sich heraus, dass es sich um gewöhnliche Schnapspralinen handelte!

- 1964 wurde ein „Anti-Krebs-Mittel" (z. B. Anablast, Bamfolin) verkauft, 1 Gramm für 3.000 Euro. Das Präparat bestand nur aus Wasser, Kochsalz und Spuren von Phenol.

- Ein „Anti-Baby-Marmelade" des „Biochemischen Labors Bioteume GmbH" enthielt als wesentlichen Bestandteil Erbsenbrei!

- 1953–1960 gab es so genannte „Radiumkissen" gegen alle Schmerzen (Preis: 100 Euro). Allerdings erlitten viele Anwender chronische Strahlenschäden.

- Zelluloidfolien im Wert von 0,80 Euro verkaufte ein Vertreter zu 25 Euro weiter. Sie sollten die gesundheitsschädlichen Strahlen des Fernsehbildschirms abhalte.

- Und dann noch die ominösen „Strahlenkästchen". Sie sollen die Woh-

nung „erdstrahlenfrei" halten, den „Elektrosmog" verringern, „Chemie-
gifte" in Teppichen, Möbeln usw. wegfiltern. Auf den Kästen stand die
Aufschrift: „Nicht öffnen, sonst verliert das Gerät seine Wirkung"
Wenn man es trotzdem aufmachte, fand man darin etwas Kupferdraht
und eine Styroporplatte – und das zum stolzen Preis von 25 – 100
Euro!

- In den 70er-Jahren waren Magnetarmbänder der große Renner im Ver-
  sandhandel und Jahrmarktsverkauf. Daneben wurden noch Magnetkis-
  sen, Magnetanhänger usw. angeboten. Selbst Autositzauflagen wurden
  mit Magnetstreifen versehen (siehe ADAC-Motorwelt 8/85).

Neuerdings wird mit pseudowissenschaftlichen Methoden für solchen
Humbug geworben.

- So gibt es eine „Schwingfeldtechnologie Crystalair". Sie hilft z. B. gegen Elektrosmog, gegen Erdstrahlen und entgiftet die Raumluft.
  Grundlage soll ein Neolith-Kristall sein, der mit einem Impuls-Ma-
  gnetotron (?) stark negativ polarisiert wird. Dieser Kristall wird nur im
  Himalaja gefunden und ist sehr selten. Nur: Kein Mineraloge kennt
  einen „Neolithen" und was die Menge der verkäuflichen Objekte
  angeht – es muss sich um eine Riesenabbaufläche handeln!

- Das Neueste ist zurzeit die „Magnetfeldtherapie", bei der Kranke
  einem pulsierenden Magnetfeld ausgesetzt werden, um damit besonders Alterserscheinungen (Arthrose, Gicht usw.) heilen zu können.
  In der Ausschlussliste einer Krankenkasse heißt es: „Nach derzeitiger
  Erkenntnis ist diese Therapie nicht als wissenschaftlich allgemein aner-
  kannt anzusehen. Sie ist grundsätzlich nicht erstattungsfähig."
  Hochtrabend ist auch der Preis für die Magnetfelddecke und das zugehörige Elektronikgerät: stolze 995 Euro! Ich habe grob abgeschätzt und
  komme auf Herstellungskosten vom maximal 150 Euro.

- Zur Zeit ermittelt die Staatsanwaltschaft Gießen gegen einen Kaufmann aus Marburg. Er verkauft wertlose Kupferplättchen, die Strahlen
  abwehrende Chips enthalten sollen. Bereits 1997 wurde er zusammen
  mit seinen Komplizen (Geschäftsfrau aus der Schweiz, Arzt aus
  Schwabach) zu Haftstrafen von viereinhalb bis fünf Jahren verurteilt.
  Vor dem „Wundertropfen-Prozess" hatte das Trio das so genannte
  „SEN = Solitron Engramm Neutralisation" als Heilmittel gegen alles
  verkauft. Denn die Flüssigkeit enthalte elektromagnetische
  Schwingungsformationen, die helfen würden, den Körper von Giften
  wie Cadmium, Lindan und Blei zu befreien. Die zusammengemixte

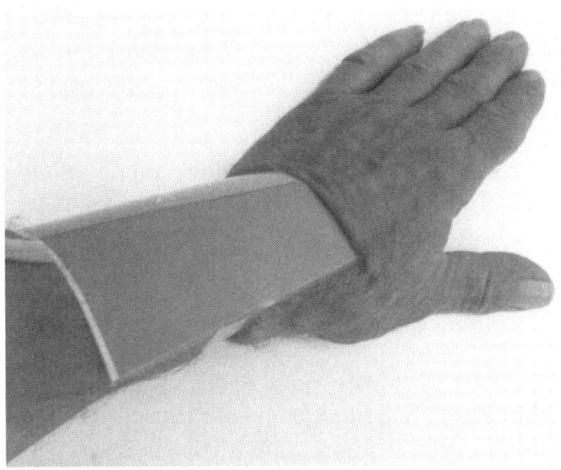

Abb. 195: Leucht-
feld-Folie in der
Praxis

Flüssigkeit bestand aus Echinacea (= nordamerikanische Gattung der Korbblütler; Teepflanze), Zucker und Alkohol. Kosten pro Flasche: 3.000 Euro
Nebenbei hatte dieser Kaufmann noch eine „Engramm-Löschung", also die Befreiung, eines Hauses von negativen Strömungen für 10.000 Euro angeboten!

Weshalb ich diesen esoterischen und okkulten Quatsch so ausführlich beschreibe? Was hat dies mit den Elektrolumineszenz-Folien zu tun?

Man kann die Warnungen vor so genannten Heilkünstlern und Wunder-medizin-Vertretern nicht oft genug bringen. In letzter Zeit häufen sich in der Presse Anzeigen zu „Vorträgen". Nach meinen Beobachtungen sind es vorwiegend ältere Menschen, die von den Worten eines geschulten Spre-chers beeindruckt werden (und kaufen). Sicherlich, bei einer Krankheit greift man nach dem letzten Strohhalm. Glücklicherweise haben wir in Deutschland ausgezeichnete Ärzte; aber den Richtigen finden? So gelangt man schließlich zu einem Scharlatan.

Ich kann mir gut vorstellen, dass die Elektrolumineszenz-Folie zur Thera-piezwecken herangezogen werden könnte.

Rezept:

Man nähe die EL-Folie in ein Tuch ein, versehe die Anschlüsse mit einem elektrisch sicheren Verbindungskabel und führe das Kabel zu einem Käst-chen. Dieses Kästchen kann entweder einen Transformator 230 V/60 V enthalten oder sogar eine Elektronikschaltung. Gut geeignet ist die grüne

EL-Folie, die auch bei 50 Hz relativ hell leuchte. Diese „Leuchtfeld-Folie" (wäre doch ein passender Name!) legt man dann auf Gelenke, die Wirbelsäule oder noch besser auf das Sonnengeflecht (= Plexus solaris) unterhalb der Magengrube.

Zur Demonstration habe ich eine Folie A um das Handgelenk gebogen und mit Klebstreifen fixiert (*Abb. 195*).

Welche Argumente kann nun der Wunderheiler bringen? Er bezieht sich einmal auf Dr. med. Georg von Langsdorff (1822–1921), Magnetist und Spiritualist, der da schreibt:

> „Rot durch rote Scheiben oder rote Linsenflaschen auf kalte Geschwüre, Verhärtungen, Tumore einwirken lassen, erregt Belebung und Heilung.
>
> Blau durch blaue Scheiben oder Linsenflaschen auf entzündliche Teile, schmerzenden Rheumatismus, Wunden strahlen zu lassen, wirkt heilend.
>
> usw.,usw."

Dann kann er noch argumentieren, dass auch das Wechselfeld in der Leuchtfolie heilend wirkt.

Ich habe hier eine Anzeige entworfen (*Abb. 196*), die zu einem Vortrag über „Lichtfeld-Therapie" einlädt:

Abb. 196: Passende Anzeige

Literatur

Gottschalk, Herbert: „Der Aberglaube", C. Bertelsmann Verlag, 1965
Hanusch, Karl-Heinz: „Magnetfeldtherapie", Jopp Verlag, Wiesbaden, 1991
Schrödter, Willy: „Grenzwissenschaftliche Versuche", Hermann Bauer Verlag, Freiburg im Breisgau, 1960
Zittlau, Jörg: „Schmerzen lindern mit Magneten", Südwest Verlag, München 2000

Anhang

A 1 Auszug aus Originalveröffentlichung

G. Destriau: "Recherche sur les scintillations des sulfures de zinc aux rayons"

Journal de chimie physique, Band 33 (1936), p. 587–625

Luminescence dans un champ électrique – Berta KARLIK et Kara MICHAILOVA ayant montré que l'éclat des scintillations était en relation avec l'ionisation produite par les rayons α et du fait de cette ionisation, les centres phosphorogènes pouvant se trouver dans un champ électrique intense, j'ai essayé de vérifier s'il n'était pas possible d'exciter la luminescence du sulfure de zinc par un champ électrique.

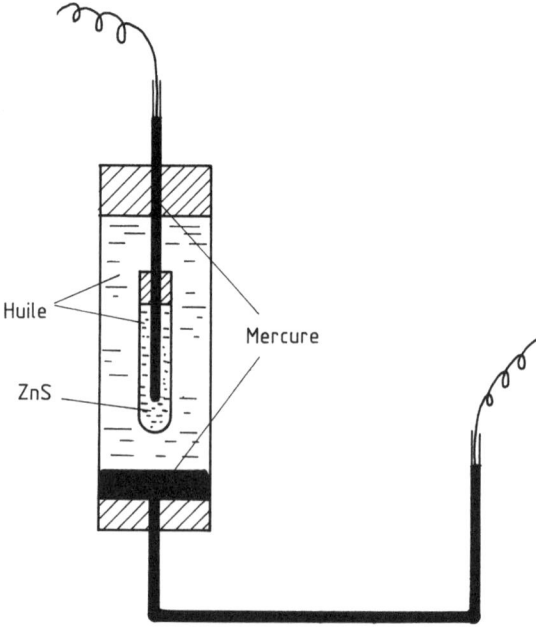

Fig. 24

Pour ces expériences, il est impossible d'opérer dans l'air à cause de la production d'effluves qui fausseraient les résultats, d'autre part en opérant dans l'huile entre 2 électrodes planes ou sphériques identiques, la rigidité diélectrique de l'huile ne permet pas de dépasser des champs électriques de l'ordre de 20.000 volts/cm, la moindre trace d'humidité pouvant faire tomber cette valeur à 15.000 ou même 13.000 volts/cm ; en sorte qu'avec un tel montage, il ne serait pas prudent de dépasser 10.000 volts/cm.

Je me suis d'abord arrêté au montage de la figure 24 qui me permet d'opérer entièrement dans l'huile de ricin ou de paraffine et qui, mettant à profit la propriété des surfaces conductrices à fortes courbures, me permet d'obtenir au voisinage de l'électrode centrale des champs particulièrement intenses sans avoir à rapprocher excessivement les électrodes et par suite, sans risque de claquage.

Dans un montage semblable à celui-ci, avec 2 électrodes de formes différentes, l'une large de grande surface et l'autre fine, le rayon de courbure (r) de l'électrode centrale étant faible vis-à-vis de la distance des électrodes, il est aisé de montrer que le champ électrique (H) à la distance (χ) du centre de courbure de l'électrode centrale est donné approximativement par la formule

$$H = \Delta V \frac{r}{\chi^2}$$

ΔV étant la différence de potentiel entre les 2 électrodes. Il est donc à peu près indépendant de la distance des électrodes, ce qui permet de les éloigner suffisamment.

J'ai d'abord opéré avec un transformateur fournissant une différence de potentiel de 15.000 volts maximum, le diamètre de l'électrode centrale étant de 3 mm. et celui de l'éprouvette l'entourant contenant le sulfure de zinc étant de 7 mm., l'épaisseur du tube contenant le mercure étant en outre de 0 mm. 5, le sulfure est soumis dans ces conditions, en vertu de la formule précédente, à un champ variant de 20.000 à 56.000 volts/centimètre.

Les sulfures de zinc se sont montrés très inégalement sensibles ; le résultat le plus remarquable est obtenu avec le sulfure 13 qui est tout particulièrement sensible à ce mode d'excitation, ce sulfure que est à peine phosphorescent présente au contraire une sensibilité extrême au champ électrique ; avec cet échantillon, on obtient déjà un résultat très net avec des champs quatre fois moins intenses obtenus avec un transformateur plus faible ne

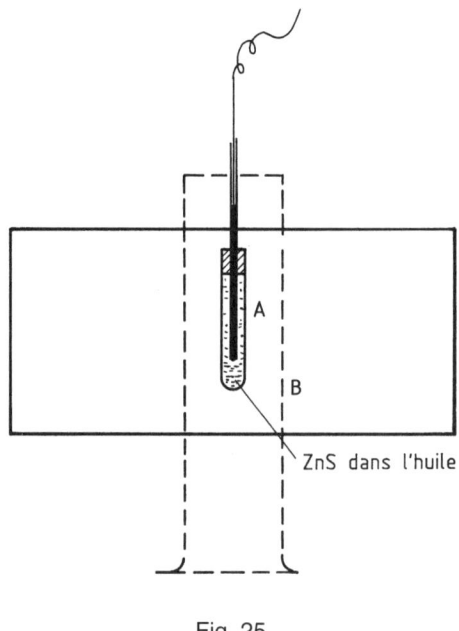

ZnS dans l'huile

Fig. 25

fournissant que 4.000 volts maximum, la luminosité cesse immédiatement dès que cesse l'action du champ électrique.

Cette luminescence au champ électrique peut être attribuée :

soit à l'action du champ électrique,
soit, comme cause d'erreur, à l'action possible des radiations produites par l'effluve dans les petites bulles d'air qui pourraient être retenues dans l'huile ou sur les cristaux.

Il a été montré, en effet, depuis longtemps, que lors de la formation de l'effluve électrique, il y a production de radiations ultra-violettes pouvant agir à distance sur les substances fluorescentes, comme le platino-cyanure de baryum ou l'azotate d'urane.

Le but des expériences suivantes a été précisément de séparer l'action propre du champ de l'action possible de ces radiations ultra-violettes.

Afin d'avoir déjà un ordre de grandeur de la sensibilité possible du sulfure 13 à ces radiations, j'ai d'abord comparé leurs actions sur 3 écrans formés, le premier de platino-cyanure de baryum, le deuxième d'azotate d'urane, enfin le dernier de sulfure N° 13. Alors que les deux premiers écrans sont très sensibles aux radiations ultra-violettes de l'effluve e présentent une fluorescence nette, même à une distance de 4 mètres de l'effluve (étincelle 18 cm. l'une de l'autre), le dernier, au contraire, se montre pratiquement insensible, sauf dans l'effluve elle-même où sa luminescence présente alors une persistance notable, contrairement à ce qui a été dit pour l'action du champ électrique où la persistance apparaît pratiquement nulle.

Ce résultat est déjà rassurant, mais j'ai effectué de nouvelles expériences avec un montage différent schématisé ci-contre (fig. 25) comportant des électrodes cylindriques coaxiales, ensemble qui, tout en se prêtant moins bien à l'obtention de champs intenses, a toutefois l'avantage de se prêter mieux aux modifications des conditions expérimentales ; la source haute tension étant, dans ce cas, fournie par une bobine.

La petite éprouvette A contenant la substance en étude diluée dans de l'huile de paraffine peut être maintenue soit à l'air libre, soit plongée dans une éprouvette externe B (marquée en pointillé) elle-même remplie d'huile de paraffine.

Si l'éprouvette A est maintenue à l'air libre, son diamètre extérieur étant faible (8,2 mm.), on obtient rapidement une effluve sur sa surface externe dès que l'étincelle équivalente atteint 7 cm., cette effluve se développant de plus en plus quand on fait croître la tension.

Au contraire, si l'éprouvette A est plongée dans l'éprouvette B, l'effluve extérieure n'existe pour ainsi dire plus.

Il est aisé de montrer que dans un tel montage, en négligeant en première approximation les épaisseurs de verre, et ne tenant compte que du pouvoir inducteur spécifique K de l'huile de paraffine, le champ H dans l'huile à la distance χ de l'axe est donné par la relation

$$H = \frac{\Delta V}{\chi \left(\log \dfrac{R_1}{r} + K \, \log \dfrac{R_2}{R_1} \right)} \cdot$$

Soit donc :

$$H = \frac{\Delta V}{\chi \left[(K \log R_2 - \log r) - (K - 1) \log R_1 \right]}$$

ΔV différence de potentiel entre électrodes,

r   rayon de l'électrode centrale en mercure,

R_1 rayon extérieur de l'isolant de pouvoir inducteur spécifique K.

R_2 rayon de l'électrode extérieure.

Nous voyons ainsi que toutes choses égales d'ailleurs, le champ H croît avec R_1.

Le fait de plonger l'éprouvette A dans l'huile de l'éprouvette B accroît donc le champ électrique à l'intérieur de A, avec les dimensions des électrodes et des éprouvettes utilisées le calcul précis (en tenant compte des épaisseurs de verre) montre que le champ électrique dans l'éprouvette A se trouve multiplié par 1,35 quand on la plonge dans B.

L'expérience consistait alors à comparer la différence de luminosité de la substance placée en A quand on opérait à différence de potentiel égale.

1° l'éprouvette A à l'air libre,

2° l'éprouvette A plongée dans l'huile de l'éprouvette B.

Dans le premier cas, on a rapidement une effluve autour de A, dans le 2e cas, l'effluve extérieure n'existe pas, mais le champ électrique est plus intense.

Ainsi donc :

Si la luminescence est plus forte dans le premier cas, cela dénote une prépondérance de l'action des radiations.

Si la luminescence est plus forte dans le deuxième cas, cela dénote une prépondérance de l'action du champ.

Les essais ont été effectués avec le platinocynure de baryum, l'azotate d'urane et le sulfure de zinc GUNTZ N° 13.

La différence est saisissante, alors qu'en opérant avec le platinocyanure de baryum ou l'azotate d'urane, on obtient dans le 1er cas une très forte et très belle luminosité apparaissant d'ailleurs pour 7 cm. d'étincelle équivalente juste en même temps qu'apparaît le phénomène de l'effluve signalé par un léger crépitement caractéristique, dans le 2e cas, on obtient une très faible luminosité, et encore sous des tensions très élevées. La disparition de l'effluve extérieure, malgré l'accroissement du champ, a donc entraîné la disparition presque totale de la luminescence.

Avec le sulfure de zinc N° 13, au contraire, la luminosité est nettement plus forte dans le 2e cas, ce qui dénote bien pour ce sulfure une prédominance nette de l'action du champ électrique, la luminosité apparaissant d'ailleurs, même pour une étincelle équivalente faible, de 2 cm. ce qui correspond à un champ moyen dans le sulfure de 4.000 volts/centimètre.

Une autre confirmation de l'effet du champ électrique sur ce sulfure 13 consiste à noter que les autres échantillons de sulfure en ma possession, bien que très sensibles aux radiations ultra-violettes, ne présentent pas le phénomène de luminescence dans le champ signalé pour le sulfure N° 13 et se comportent dans ces expériences, tout comme le platinocyanure de baryum et l'azotate d'urane.

Il y a lieu enfin de noter que le phénomène de luminescence présenté dans le champ électrique par le sulfure 13, malgré sa forte intensité, est pour ainsi dire dépourvu de persistance et cesse dès que cesse l'action du champ ; au contraire ce même sulfure 13, bien que faiblement phosphorescent, présente une assez grande persistance après avoir été excité par une source intense de radiations.

Ces expériences me semblent bien vérifier l'existence du phénomène de luminescence dans le champ électrique que je n'ai malheureusement pu mettre nettement en évidence que sur cet unique échantillon N°13 ; seul parmi les autres sulfures, le N°93 est légèrement sensible au champ.

Pour terminer sur ce point, j'indique que ces sulfures sont constamment maintenus dans l'obscurité et que par suite l'effet signalé ne saurait être attribué à un accroissement momentané de phosphorescence résiduelle, la luminescence d'ailleurs se maintient sans fatigue apparente aussi longtemps qu'est appliqué le champ électrique.

Je ferai remarquer en outre que ces résultats ne sauraient s'expliquer suivant le phénomène signalé par M. REBOUL de la production d'un rayonnement de courte longueur d'onde (10 à 100 Å) à la surface de certains diélectriques quand ils sont soumis à un champ électrique intense. Si la luminescence constatée provenait en effet d'un tel rayonnement, nous ne constaterions pas ces très grandes différences entre les divers sulfures puisque nous avons vu que tous étaient très sensibles à l'action des rayons X. En outre, dans les expériences de M. REBOUL le temps de pose nécessaire pour obtenir des impressions photographiques notables à l'aide du rayonnement X produit par les cellules à résistance, est de l'ordre de 2 heures e demie, ce qui correspond à une intensité de rayonnement trop faible pour exciter une fluorescence visible.

Je tiens à rendre hommage à Mme P. CURIE sur les conseils de qui j'ai entrepris ce travail, je remercie Mme Irène CURIE et M. Maurice CURIE de l'intérêt qu'ils y ont porté et pour les conseils qu'ils ont bien voulu me donner, ainsi que M. MERCIER chez qui il a été en grande partie effectué. Je remercie également M. GUNTZ qui a bien voulu me fournir les échantillons de sulfures étudiés.

Laboratoire de Physique de M. le professeur Mercier, Faculté des Sciences de Bordeaux.

A 2 Lumineszenz – Begriffserklärungen

Alle Leuchterscheinungen, die nicht auf die Temperatur des selbst leuchtenden Körpers zurückzuführen sind, werden unter dem Namen "Lumineszenz" zusammengefasst.

Phosphoreszenz ist die Eigenschaft mancher Stoffe, nach Belichtung mit sichtbarem oder ultraviolettem Licht nachzuleuchten. Phosphoreszierende Stoffe (Phosphore) sind meist Kristalle, deren Gitterstruktur durch ganz geringe Beimengungen eines Fremdstoffes gestört ist.

Fluoreszenz ist das Mitleuchten mancher Stoffe, z. B. des Flussspates und des Fluoresceins, bei der Bestrahlung mit Licht oder auch mit Teilchenstrahlung. Mit der Erregerstrahlung erlischt auch unmittelbar die Fluoreszenzstrahlung. Unsichtbare Strahlen, z. B. Röntgen- oder Katodenstrahlen, können durch diese Erscheinung auf mit Bariumplatincyanür oder Zinksulfid bestrichenen Glasplatten sichtbar gemacht werden.

Biolumineszenz ist die Fähigkeit mancher Bakterien, Pilze und Tiere, Licht zu erzeugen. Viele Tiere haben Leuchtzellen in der Haut, andere haben komplizierte Leuchtorgane; die Feuerwalzen senden Licht mit symbiontischen Bakterien aus. Das Licht verschiedener Färbung dient dem Anlocken von Beute, dem Abschrecken eines Verfolgers und dem Finden der Geschlechter. Biolumineszenz entsteht durch Reaktion von hauptsächlich zwei organischen Stoffen: Luziferin (lichtaussendende Substanz) und Luziferase (mitwirkendes Ferment).

Chemilumineszenz ist das Aussenden von Lichtenergie beim Ablauf einer chemischen Reaktion bei niedriger Temperatur. Dabei stammt die Lichtenergie direkt aus der chemischen Reaktionsenergie, die bei der langsam verlaufenden Oxidation frei wird. Chemilumineszenz tritt z. B. beim Leuchten des weißen Phosphors auf, was im Dunkeln gut sichtbar ist.

Tribolumineszenz nennt man relativ schwache Lichterscheinungen, die man beim Zerbrechen von manchen Kristallen, aber auch beim Auskristallisieren einiger Stoffe aus ihren Lösungen beobachten kann. Reibt man z. B. im Dunkeln zwei Zuckerstückchen fest aneinander, so bemerkt man ein schwaches Aufleuchten an der Reibefläche. Man vermutet, dass elektrische Entladungen die Ursache dieser Erscheinungen sind.

Sonolumineszenz ist ein akustisch-optisches Phänomen. Man versteht darunter Leuchterscheinungen, die bei Flüssigkeiten unter Einwirkung sehr intensiver Schallwellen auftreten. Die Intensität des Schalls muss dabei so groß sein, dass sich in der Flüssigkeit durch Kavitation instabile Hohlräume bilden. Das Sonolumineszenz-Phänomen wird durch einzelne sehr schwache Lichtblitze verursacht, die beim Zusammenbrechen der Kavitationsblasen entstehen und nur etwa eine hundertmillionstel Sekunde lang andauern. Die Erscheinung ist in starkem Maße von den in den Flüssigkeiten gelösten Gasen abhängig.

Elektrolumineszenz ist die Lichterscheinung, die ein elektrisches Wechselfeld an einem Plattenkondensator mit phosphorhaltigem Dielektrikum bewirkt. Damit das Licht zu sehen ist, muss die eine Kondensatorplatte ganz dünn (lichtdurchlässig) auf das Dielektrikum aufgedampft sein.

Piezolumineszenz ist eine Leuchterscheinung, die bei einigen Kristallen durch Druckeinwirkung entsteht.

Thermolumineszenz (genauer: „thermisch stimulierte Lumineszenz") beruht darauf, dass sich in Gesteinen und bestimmten Mineralien Spuren radioaktiver Verunreinigungen befinden. Deren Alphastrahlung bewirkt eine Veränderung der Atomstruktur des nicht radioaktiven Grundmaterials. Bei diesem Anregungsprozess werden Elektronen "herausgeschlagen" und bleiben im Kristallgitter hängen (Gitterdefekte). Erst bei Erwärmung werden die Elektronen zum „Zurückspringen" veranlasst. Dabei leuchten derartige Kristalle kurzzeitig auf.

Versuch:
Man erhitze auf einer Herdplatte im Dunkeln verschiedene Steine (z. B. Kalkspat = Calcit, Dolomit, Steinsalz, Quarz). Bei einer Temperatur von etwa 200 °C – 300 °C erkennt man ein schwaches Leuchten der Steine. Die Farbe ist von der Gesteinsart abhängig. Die Leuchterscheinung erreicht eine maximale Helligkeit und verschwindet dann.

A 3 Datenblatt der Elektrolumineszenz-Folien

Manual

EL Flat Luminous Plate is a type of cold light source whose light comes from phosphor, which is activated in an alternating electric field. ELFLP is small in size, even in brightness and used widely in clocks, instrumental panels, safety clothes, fire emergency lamp, etc.

EL Specification

Best working voltage range: 60V-110V.
Best frequency range: 50~3000HZ.
Working temperature: -50~+65°C
Storage temperature:-65~+85°C
Life: 25000H
Brightness

Color	Red	Green	White	Blue
Wave Length(mm)	611	506	---	455
Brightness(cd/m^2)	30	50	30	50

EL-Folie (Elektrolumineszenz-Folie)
Hierbei handelt es sich um eine Kaltlichtquelle, die durch ein sich änderndes elektrisches Feld eine Phosphorschicht zum Leuchten anregt. Vorteil dieser Technologie ist die geringen Dicke der Folie und gleichmäßige Ausleuchtung der gesamten Fläche. Vor allem finden sie Verwendung in Uhren, Handys, Instrumenten und Displaybeleuchtungen und in Fluchtwegleuchten.

Technische Daten:

Betriebsspannungsbereich von 60–110 V
Arbeitstemperaturbereich von –50 bis 65 °C
Lebensdauer 25.000 Stunden
Arbeitsfrequenzbereich 50 bis 3.000 Hz
Lagertemperaturbereich –65 bis + 85 °C

Farbe	Rot	Grün	Weiß	Blau
Wellenlänge	611	506	---	455
Helligkeit (cd/m^2)	30	50	30	50

A 4 Farbenlehre, Spektrum des sichtbaren Lichts

A 4.1 Farbenlehre

Es ist die Lehre von der Entstehung und Ordnung der Farben und von ihrer Wahrnehmung auf das Auge.

Licht ist eine elektromagnetische Wellenbewegung. Die Wellen werden vom menschlichen Auge in einem Wellenlängenbereich von etwa 380–780 nm (Nanometer) wahrgenommen.

Die jeweilige charakteristische Farbempfindung, die von einem Lichtreiz bestimmter Wellenlänge hervorgerufen wird, heißt Farbton. Das menschliche Auge kann rund 160 Farbtöne unterscheiden.

Das Farblexikon des Hachette-Verlags ermöglicht die Definition von mehr als 180 000 Farbtönen.

Bekannte Farbnamen und die zugehörigen Wellenlängenbereiche sind:

Purpurblau	380–450 nm
Blau	450–482 nm
Grün	497–530 nm
Gelbgrün	560–570 nm
Gelb	575–580 nm
Orange	585–595 nm
Rot	620–780 nm

Neben diesen bunten Farben gibt es die unbunten Farben von Weiß über die verschiedenen Grautöne bis Schwarz.

Die Farben selbstleuchtender Objekte heißen Lichtfarben, die von nicht selbstleuchtenden Körpern Körperfarben.

Das von uns als weiß empfundene Sonnenlicht wird beim Durchgang durch ein Prisma in seine Spektralfarben zerlegt, die (nach abnehmender Wellenlänge geordnet) über Rot, Orange, Gelb, Grün, Blau, Violett nahezu kontinuierlich ineinander übergehen.

Jenseits von Rot und Violett gibt es unsichtbare Lichtwellen: Infrarot und Ultraviolett.

Treffen Lichtwellen, die zu verschiedenen Spektralfarben gehören, im Auge auf dieselbe Stelle der Netzhaut, so entsteht ein einziger Farbeindruck (additive Farbmischung): z. B. erscheint eine weiße Fläche bei Beleuchtung mit einer orangefarbigen und einer grünen Lampe gelb.

Alle Farben können in einem kontinuierlichen Farbkreis angeordnet werden. Gegenüberliegende Farben heißen Komplementär- oder Gegenfarben: ihre additive Mischung ergibt den Eindruck Weiß (ein helles Grau).

Der Farbeindruck aller nicht selbstleuchtenden Körper entsteht dadurch, daß diese gewisse Farben des auf sie auffallenden weißen Sonnenlichts verschlucken (absorbieren) und den Rest wieder abstrahlen (reflektieren); man sieht also den Körper in der Farbe, die komplementär zu der von ihm am stärksten absorbierten Farbe ist.

Werden verschiedene Malfarben miteinander gemischt, so absorbieren ihre Farbkörperchen jeweils verschiedene Teile des Lichts, und man sieht die Farbe, deren Anteil von allen Körpern am wenigsten verschluckt wird (subtraktive Farbmischung). Zwei Komplementärfarben geben subtraktiv den Eindruck Grau oder Schwarz, weil sie gemischt keinen Teil des Spektrums mehr bevorzugt reflektieren.

Die erste bedeutende Farbenlehre wurde von Issak Newton entwickelt, der die Spektralnatur des Lichtes erkannte.

Zu ihn im Gegensatz trat J. W. von Goethe mit einer Farbenlehre, die von der Unteilbarkeit des Lichts ausging und die Farben als „Leiden des Lichts" definierte, entstehend durch auf das Licht einwirkende Mittel (z. B. das Trübe)

(aus: „Bertelsmann Handlexikon", Gütersloh, 1975)

A 4.2 Spektrum des sichtbaren Lichts

In diesem Buch wird so oft von Spektralfarben und dem Lichtspektrum gesprochen, dass unbedingt eine Übersicht vorhanden sein muss. Die beste Darstellung fand ich in einer Veröffentlichung von AEG-Telefunken (wann, wo = unbekannt).

Abb. A 4.1 zeigt nun das Spektrum des sichtbaren Lichts von 380 nm (= violett) bis 780 nm (= dunkelrot).

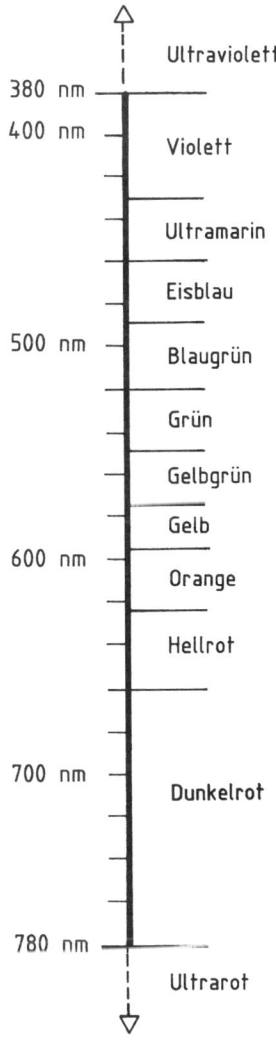

Abb. A 4.1: Spektrum des sichtbaren Lichts

Zusätzlich wurden noch die Bereiche der ultraroten Strahlung (früher: infrarot) und der ultravioletten Strahlung aufgenommen (*Abb. A 4.2* und *A 4.3*).

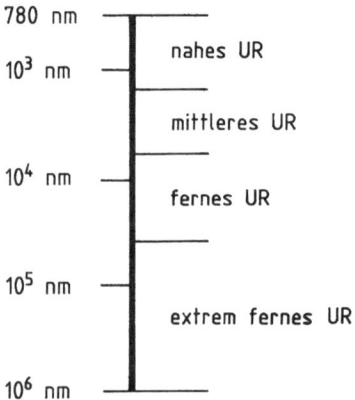

Abb. A 4.2: Spektrum des ultraroten Lichts

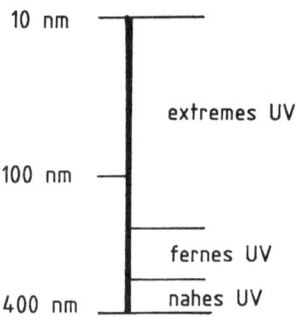

Abb. A 4.3: Spektrum des ultravioletten Lichts

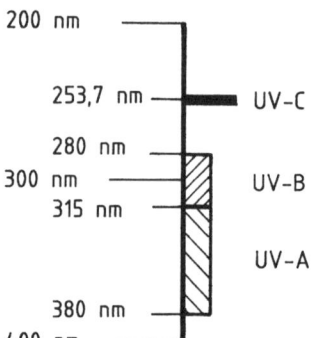

Abb. A 4.4: Spektrum der gefährlichen UV-Strahlen

Zum allgemeinen Interesse wurden auch die für Hautschäden verantwortlichen Bereiche der ultravioletten Strahlung gezeichnet (*Abb. A 4.4*).

UV – A   (Wellenlänge 315 – 380 nm)
          Bei Solarien ist darauf zu achten, dass nur dieser Anteil vorhanden ist; trotzdem Schutzbrille benutzen!
UV – B   (Wellenlänge 280–315 nm)
UV – C   (Wellenlänge 253,7 nm)
          Bei diesen Bereichen gilt akute Hautkrebsgefahr!

Die nachstehende grafische Darstellung (*Abb. A 4.5*) zeigt

1. die relative spektrale Energieverteilung des Sonnenlichts und
2. die relative spektrale Empfindlichkeit des hell-adaptierten Auges.

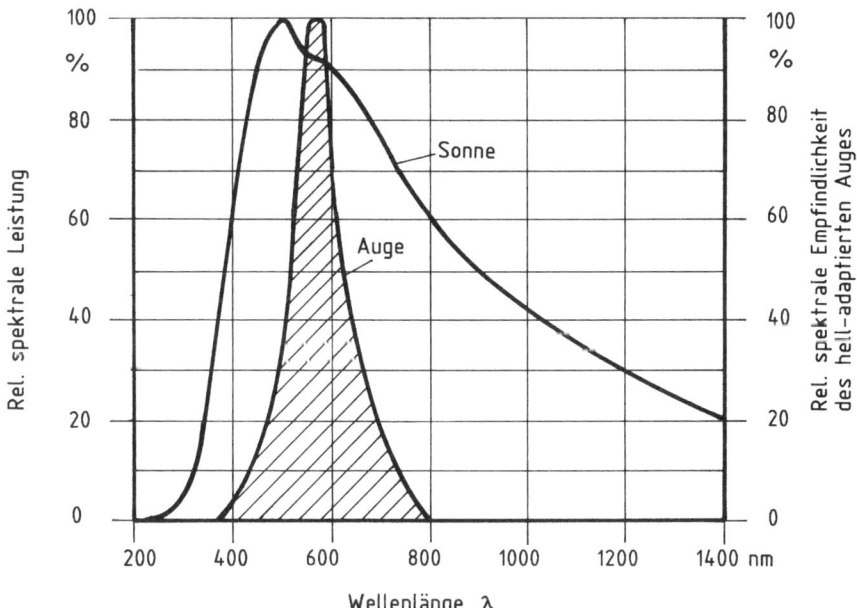

Abb. A 4.5: Sonnenspektrum und spektrale Augenempfindlichkeit

A 5 Allgemeines über Fotowiderstände

Fotowiderstände sind Widerstände auf Halbleiterbasis, deren Wert sich bei Lichteinwirkung verringert. Andere Bezeichnungen sind: Fotoleiter, LDR (= Light Dependent Resistor). Im Gegensatz zu anderen fotoelektronischen Bauelementen sind sie stromrichtungsunabhängig.

Als Halbleitermaterial wird hauptsächlich Cadmium-Sulfid (CdS) verwendet, weshalb man auch von CdS-Widerständen spricht. Sie sind speziell

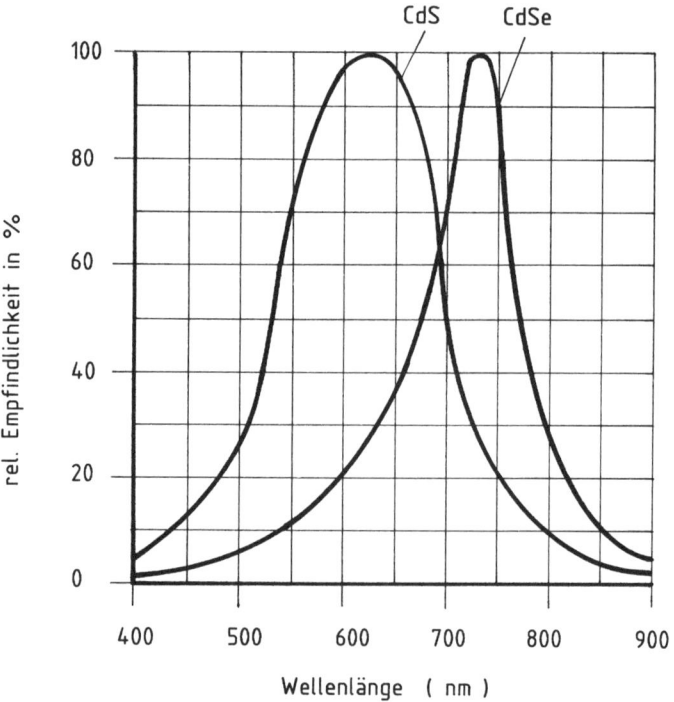

Abb. A 5.1: Spektrale Empfindlichkeit von Fotowiderständen verschiedener Materialien

für sichtbares Licht geeignet. Das Halbleitermaterial Cadmium-Selenid (CdSe) ist mehr rotempfindlich. Spezielle ultrarotempfindliche Fotowiderstände werden mit Bleisulfid (PbS) als Basismaterial hergestellt.

Abb. A 5.1 zeigt die Spektralempfindlichkeit von CdS- und CdSe-Fotowiderständen.

Fotowiderstände sind relativ empfindlich. Es genügen bereits geringe Beleuchtungsstärken E, um eine deutliche Widerstandsabnahme hervorzurufen.

In *Abb. A 5.2* ist allgemein die Kennlinie eines Fotowiderstands dargestellt.

Die Fotografie (*Abb. A 5.3*) zeigt einige Fotowiderstände, darunter auch einige ältere. Ein Teil davon wurde mit Röhrensockeln versehen.

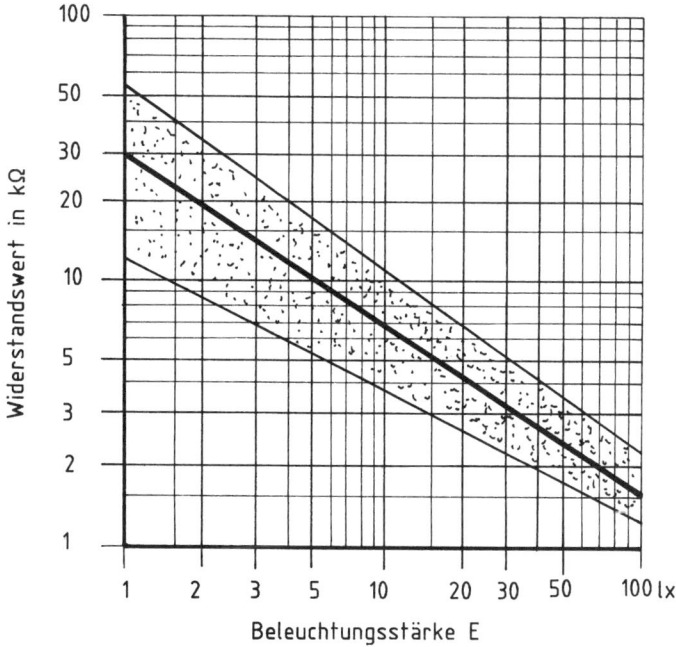

Abb. A 5.2: Abhängigkeit eines Fotowiderstands von der Beleuchtungsstärke E

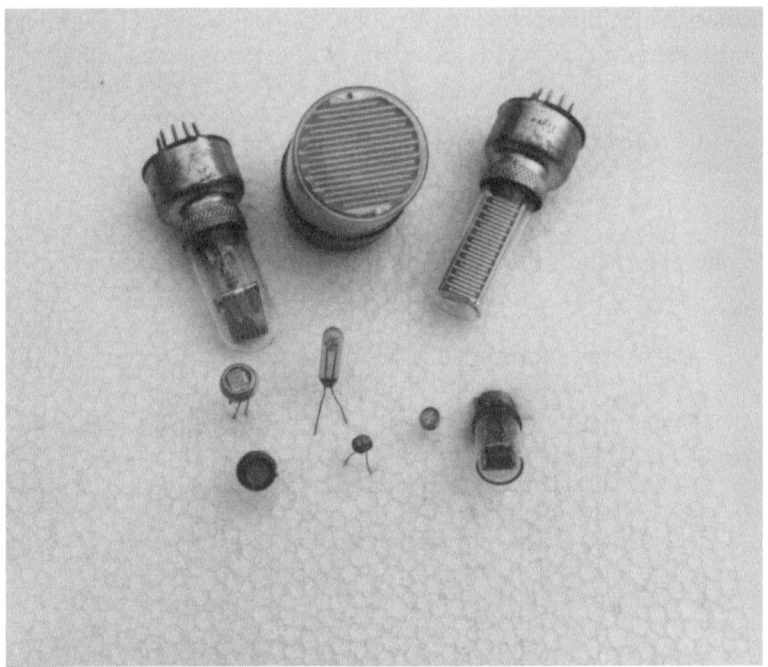

Abb. A 5.3: Beispiele von Fotowiderständen

A 6 Allgemeines über Fotoelemente

Fotoelemente erzeugen ohne besondere Hilfsspannung bei Lichteinwirkung eine Gleichspannung.

Es gibt zwei gebräuchliche Typen von Fotoelementen:

Selen-Fotoelemente
Silizium-Fotoelemente

Sie unterscheiden sich lediglich durch das Basismaterial (Se bzw. Si) und durch ihre Leistung.

Selen-Fotoelemente sind bereits seit 1876 bekannt. Sie werden aufgrund ihrer spektralen Eigenschaften hauptsächlich für Messzwecke in der Beleuchtungstechnik eingesetzt.

Abb. *A 6.1* zeigt zwei Ausführungen von Se-Fotoelementen.

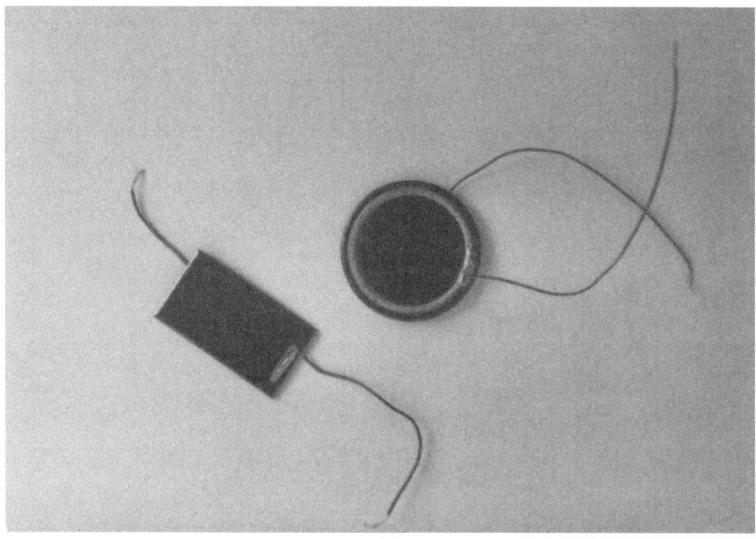

Abb. A 6.1: Se- Fotoelemente verschiedener Form

1950 wurden die Silizium-Fotoelemente entwickelt. Sie sind wesentlich leistungsfähiger und werden vorwiegend als Spannungsquellen zur Energieversorgung (Solarzellen) verwendet.

Abb. A 6.2: Beispiele für Si-Elemente

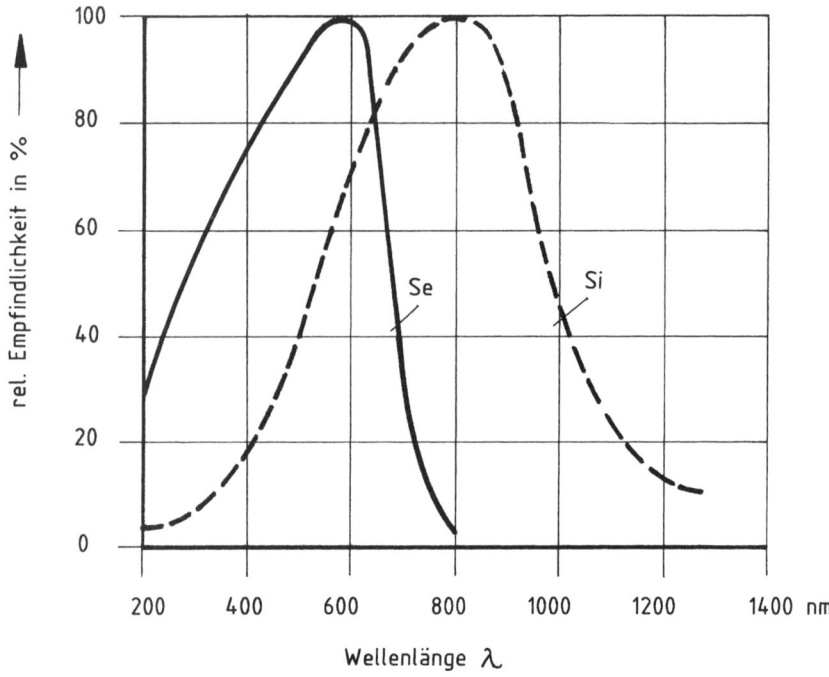

Abb. A 6.3: Spektrale Empfindlichkeit von Selen- und Silizium-Fotoelementen

In *Abb. A 6.2* ist eine große Solarzelle zu sehen. Darüber liegen zwei gefasste Fotoelemente mit Streuscheibe.

Das spektrale Empfindlichkeitsmaximum von Selenzellen liegt im sichtbaren Bereich bei etwa 550 nm. Siliziumzellen haben ihre höchste Empfindlichkeit bei etwa 820 nm.
Hierzu *Abb. A 6.3*.

A 6.1 Elektrische Eigenschaften

Nimmt man die Leerlaufspannung in Abhängigkeit von der Beleuchtungsstärke F auf, so wird man erkennen, dass sie ab einer gewissen Beleuchtungsstärke nahezu konstant bleibt. Ihr Wert beträgt etwa 400 bis 600 mV und ist bei Selen-Fotoelementen etwas geringer.

Abb. A 6.4 zeigt die grafische Darstellung der Abhängigkeit für ein Si-Fotoelement.

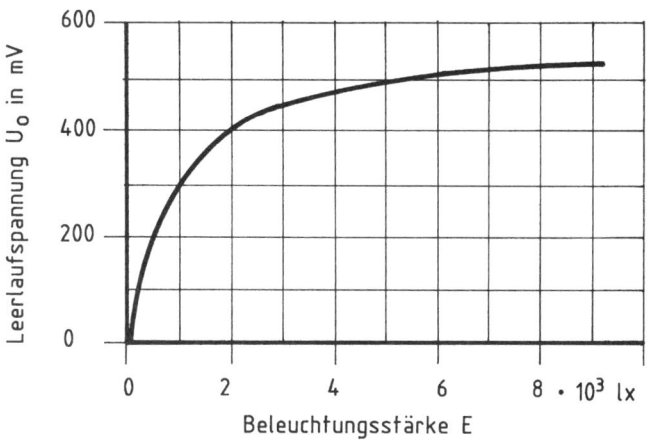

Abb. A 6.4: Leerlaufspannung eines Fotoelements

Dagegen steigt der Kurzschlussstrom eines Fotoelements nahezu linear mit der Beleuchtungsstärke an (*Abb. A 6.5*).

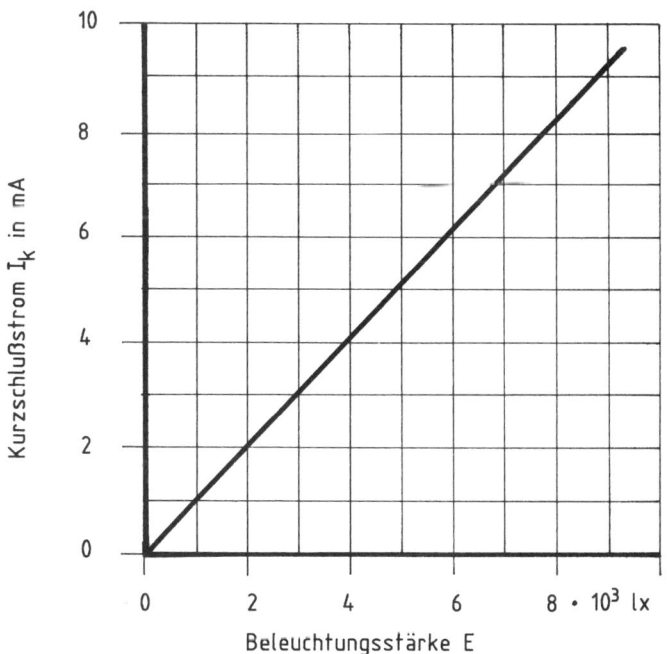

Abb. A 6.5: Kurzschlussstrom eines Fotoelements

A 7 Kapazitätsmessverfahren

Alle Elektrolumineszenz-Bauelemente haben eine Kapazität, die von verschiedenen Faktoren abhängig ist. In diesem Kapitel sollen einige Messverfahren gebracht werden, die auch sonst in der Praxis anwendbar sind.

A 7.1 Kapazitätsmessgerät Version 1

Viele Multimeter bzw. spezielle LCR-Messgeräte sind zur Messung an EL-Bauelementen geeignet. Sie sind relativ teuer, siehe Kataloge.

A 7.2 Kapazitätsmessgerät Version 2

Dieses C-Messgerät hat ein Messinstrument zur Wertanzeige und wurde mit einem Bausatz von CONRAD electronic gebaut (ehemalige Bestellnummer: 19 60 61). Dieser Bausatz ist m. W. nicht mehr bei obiger Firma erhältlich.

Die Schaltung zeigt *Abb. A 7.1.*

Beschreibung:

Die Schaltung besteht aus einem astabilen und einem monostabilen Multivibrator, aufgebaut mit 2 ICs (NE 555). Die Ausgangsspannung des Monoflops wird durch D1 auf einen konstanten Wert begrenzt, wodurch die Anzeige linear vom Verhältnis der beiden Zeitkonstanten abhängig ist. Die zeitbestimmenden Glieder dieser Schaltung sind ein Widerstand und ein Kondensator. Die Widerstände R1–R5 werden einzeln durch den Schalter S als Zeitglied für einen bestimmten Bereich zugeschaltet.

Der zu messende Kondensator C_X ist ein zeitbestimmender Kondensator. Durch unterschiedliche Werte, die die Widerstände und der Kondensator haben, bekommt man am Ausgang des IC2 Impulse unterschiedlicher Länge. Diese Impulse bewirken wiederum, dass durch R7 und R8 ein größerer oder kleinerer Strom fließt, der mit dem 100-µA-Instrument gemessen wird. Die Messung wird dann so kalibriert, dass der Wert des Kondensators C_X direkt angezeigt wird.

Da das Instrument eine Skala von 0 bis 100 hat, kann man das Gerät so einstellen, dass die angezeigte Zahl auch dem Wert des Kondensators in seinem Bereich entspricht.

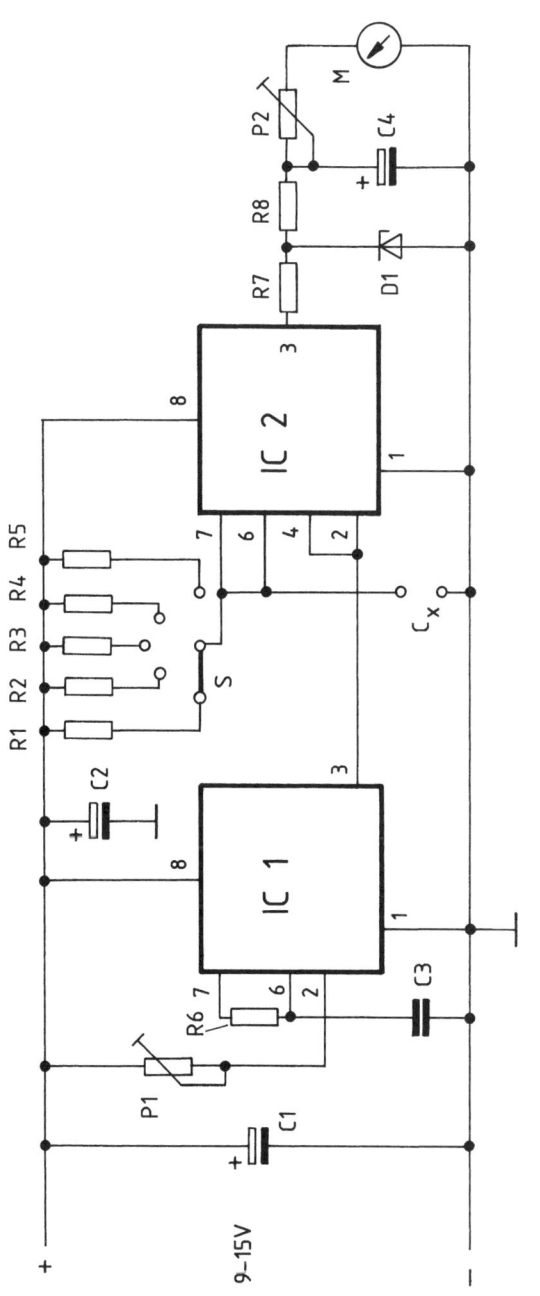

Abb. A 7.1: Schaltung des Kapazitätsmessgeräts aus Bausatz

Abgleich:

Man schaltet das Gerät ein und stellt den Schalter S auf Stufe 2 (10 nF) und schließt die Eingangsklemmen C_X kurz. Der Zeiger des Instruments wird bis zum Ende ausschlagen. Mit dem Poti P2 stellt man den Zeiger auf den letzten Strich der Skala (genaue Endstellung 100) ein. Damit ist das Gerät auf den Endausschlag kalibriert. Nun dreht man den Schalter z. B. auf Bereich 3 (100 nF) und schließt einen Kondensator mit bekanntem Wert unter 100 nF (z. B. 47 nF, mit möglichst geringer Toleranz, 1 %) an die Klemme C_X an. Jetzt stellt man mit Poti P1 den Zeiger des Messinstruments auf diesen Wert ein. Ein weiterer Abgleich der übrigen Bereiche ist nicht mehr erforderlich.

Einzelteilliste:

IC1, IC2 = NE 555
R1   = Widerstand 1 MΩ, 1/4 W
R2   = Widerstand 100 kΩ,1/4 W
R3   = Widerstand 10 kΩ, 1/4 W
R4   = Widerstand 1 kΩ, 1/4 W
R5   = Widerstand 100 Ω, 1/4 W
R6   = Widerstand 390 Ω, 1/4 W
R7   = Widerstand 1 kΩ, 1/4 W
R8   = Widerstand 27 kΩ, 1/4 W
P1   = Trimmpotentiometer 25 kΩ
P2   = Trimmpotentiometer 50 kΩ
C1   = Elektrolytkondensator 100 µF, 25 V
C2   = Elektrolytkondensator 1 µF. 25 V
C3   = Kondensator 100 nF, 50 V
C4   = Elektrolytkondensator 1µF, 25 V
D1   = Z-Diode 6,2 V
S   = Stufenschalter 1 x 5
M   = Drehspul-Einbauinstrument 100 µA
Betriebsspannung 9–15 V

Die *Abbildungen A 7.2* und *A 7.3* zeigen den Aufbau des Messgeräts:

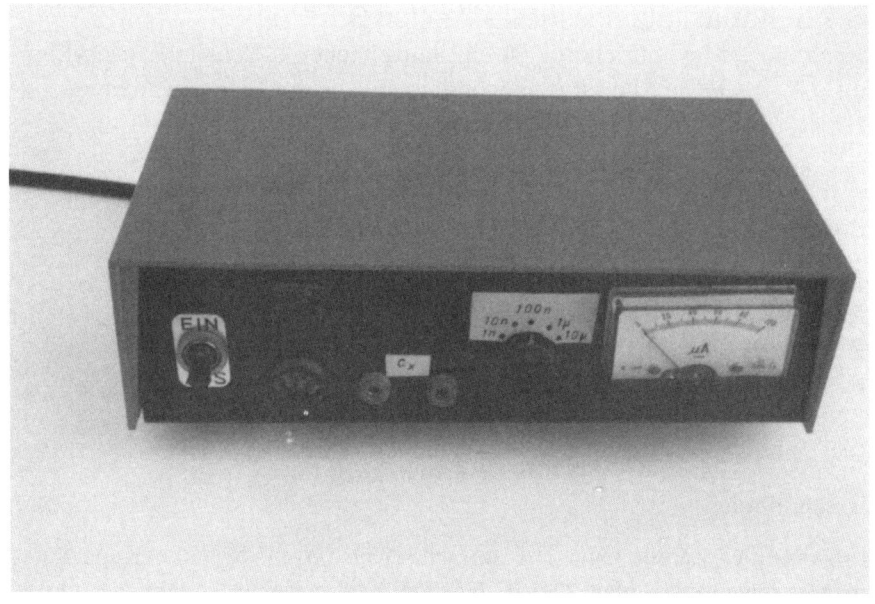

Abb. A 7.2: Außenansicht des Kapazitätsmessgeräts Version 2

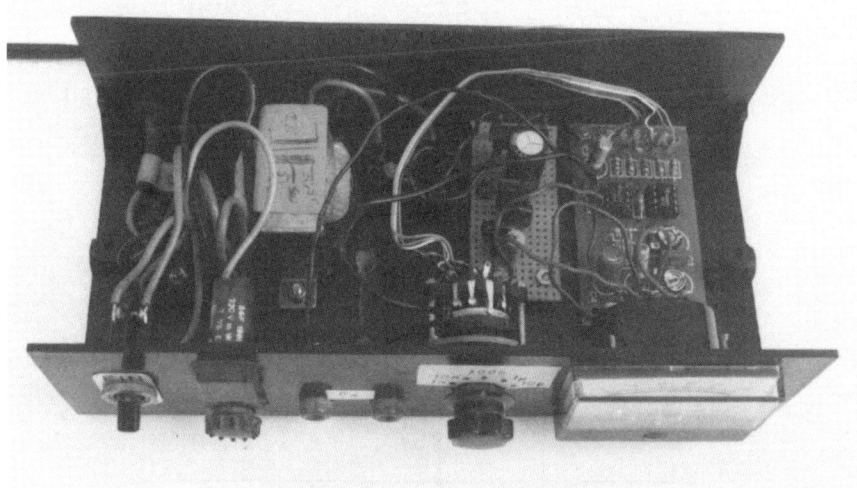

Abb. A 7.3: Innenaufbau des Geräts

A 7.3 Kapazitätsmessgerät Version 3

Auch diese Messeinrichtung ist ein Selbstbaugerät (Schaltung nach Elektor 7/8 – 1997). Allerdings benötigt man zur Anzeige einen Frequenzzähler. Dafür ist der Kapazitätswert sehr genau festzustellen.

Schaltung: (*Abb. A 7.4*)

Einzelteilliste:

IC = NE 555
R1 = Widerstand 220 kΩ, 1/4 W
R2 = Widerstand 1 MΩ, 1/4 W
R3 = Widerstand 1 kΩ, 1/4 W
C1 = Kondensator 100 nF, 50 V
Betriebsspannung 9 – 15 V

Beschreibung:

Ein digitaler Zähler kann auf einfache Weise zum digitalen Kapazitätsmesser erweitert werden. Der IC NE 555 wird hierzu als astabiler Multivibrator geschaltet. Die Periodenzeit der erzeugten Rechteckspannung beträgt:

$$T = 0{,}7\, C_X \cdot (R_2 + 2R_1)$$

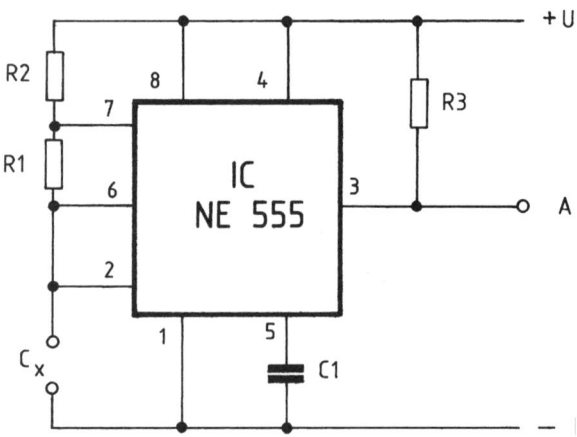

Abb. A 7.4: Schaltung des Selbstbaugeräts

Diese Spannung ist also zur Kapazität des Kondensators C_X direkt proportional. Die Werte von R_2 und R_1 sind so gewählt, dass sich ein einfacher Zusammenhang zwischen Periodenzeit und Kapazität C_X ergibt.

Die Werte von

R1 = 220 kΩ und
R2 = 1 MΩ

sind für Periodenzeiten von 1 μs, 1ms und 1 s geeignet.

Als Frequenzzähler wurde ein Grundig UZ 144 benutzt. Es gelten in diesem Fall folgende Einstellungen:

Cx	Vorwahl	Anzeige
< 100 pF	10000	Anz/10 = pF
< 1 nF	01000	Anz = pF
< 10 nF	00100	Anz/100 = nF
< 100 nF	00010	Anz/10 = nF
< 1μF	00001	Anz = nF

Es ist eine Grundkapazität vorhanden, die durch Streu- und Verdrahtungskapazitäten bestimmt wird. Hier beträgt sie etwa 30 pF. Dieser Wert ist beim Messen kleiner Kapazitäten zu berücksichtigen. Das heißt, ein angezeigter Wert von 257 pF hat einen wirklichen Wert von 227 pF.

Das Gerät hat sich inzwischen sehr gut bewährt, besonders beim Ausmessen unidentifizierbarer Kondensatoren. Für Kontrollzwecke wurden noch zwei Kondensatoren mit geringer Toleranz vorgesehen. Es handelt sich hierbei um

Kondensator 12 410 pF ± 0,5 % und
Kondensator 30 nF ± 1 %

Die Ausführung des Messgeräts ist in den *Abbildungen A 7.5* und *A 7.6* gezeigt.

Abb. A 7.5: Äußere Ansicht des Kapazitätsmessgeräts Version 3

Abb. A 7.6: Innenaufbau Kapazitätsmessgerät Version 3

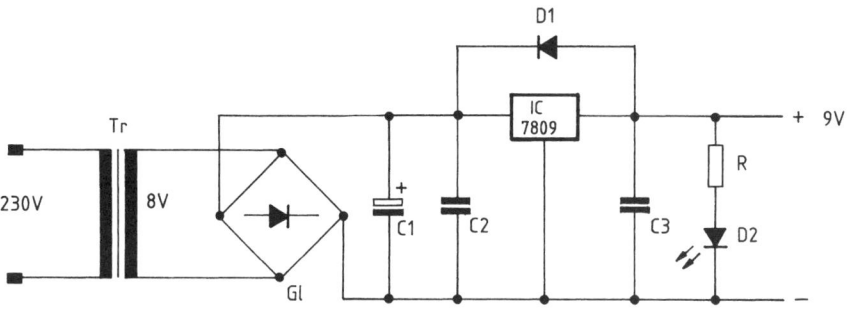

Abb. A 7.7: Netzteil für das Kapazitätsmessgerät

Die Messgeräte nach Version 2 und Version 3 können mit Batteriespannung betrieben werden. Doch es kann auch ein einfaches Netzteil 230 V/9 V vorgesehen werden (*Abb. A 7.7*).

Einzelteilliste:

Tr = Netztransformator 230 V/8 V
IC = pos. Spannungsregler 7809
D1 = 1 N 4148
G1 = Brückengleichrichter B 30 C 1200
C1 = Elektrolytkondensator 2200 µF/50 V
C2 = Kondensator 100 nF/50 V
C3 = Kondensator 100 nF/50 V
R   = Widerstand 470 Ω, 1/4 W
D2 = Leuchtdiode grün

A 7.4 Kapazitätsmessgerät Version 4

Dies ist die altbewährte Methode, die von vielen Technikern wegen der Einfachheit angewendet wird. Man misst nach Schaltung *Abb. A 7.8* bei

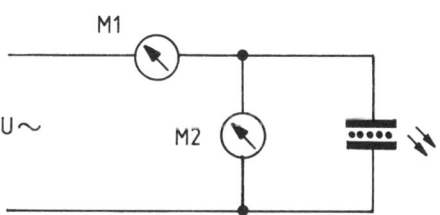

Abb. A 7.8: Messschaltung für
Kapazitäten mit 50 Hz

einer bestimmten Wechselspannung U ~ den Strom durch eine Kapazität, in diesem Fall ein EL-Bauelement.

Aus der Strom-Spannungsmessung erhält man den kapazitiven Widerstand X_C:

$$X_C = \frac{U}{I}$$

Den Kapazitätswert C errechnet man nach der Formel:

$$C = \frac{1}{2\,\pi F \cdot X_C} = \frac{1}{314 \cdot X_C}$$

Erhält man den kapazitiven Widerstand X_C in kΩ, so ergibt sich nach entsprechend umgestellter Formel die Kapazität C in nF:

$$C\,(nF) = \frac{3185}{X_C\,(k\Omega)}$$

Der kapazitive Widerstand X_C kann entsprechend seiner Messung auch in

$$X_C = \frac{U}{I}$$

eingesetzt werden. Dabei vereinfacht sich die Formel zu:

$$C\,(n\,F) = \frac{3185 \cdot I\,(mA)}{U\,(V)}$$

Noch mehr vereinfachen lässt sich die Messung, wenn man eine Messspannung von U = 31,8 V benutzt. Ich verwendete einen Kleinspannungstransformator 230 V/40 V, der an einen Stelltransformator angeschlossen wurde (*Abb. A 7.9*).

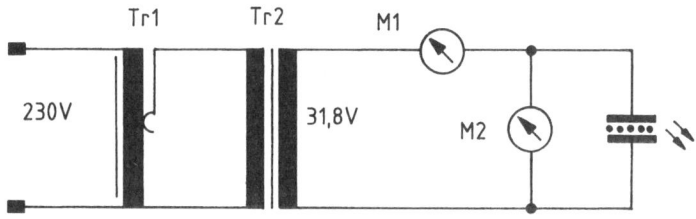

Abb. A 7.9: Messung mit passender Wechselspannung

Über den Stelltrafo Tr1 wird an der Sekundärseite des Transformators Tr2 eine Spannung von 31,8 V eingestellt. Damit vereinfacht sich die Formel

$$C\,(n\,F) = \frac{3185 \cdot I\,(mA)}{U\,(V)}$$

zu

$$C\,(n\,F) = \frac{3185 \cdot I\,(mA)}{31,8\ V} =$$

$$= 100 \cdot I\,(mA)$$

Das heißt, man kann den Kapazitätswert direkt am Instrument M1 ablesen. So entsprechen z. B. 0,22 mA einem Kapazitätswert von 22 nF.

In beiden Schaltungen sind zur Messung folgende Messgeräte zu verwenden:

M1 = Vielfachinstrument analog, MB 0,5/2,5 mA Wechselstrom

M2 = Digitalmultimeter

A 8 Fototipps

Hier sind einige Hinweise zum Fotografieren von leuchtenden Elektrolumineszenz-Folien. Voraussetzung ist ein abgedunkelter Raum, um die
relativ geringe Leuchtkraft der Folien besser erkennen zu können. Ebenso
ist ein standfestes Stativ notwendig. Benutzt wurde eine Voigtländer Bes-
samatic, teilweise mit Nahaufnahmelinse.

Filmmaterial: Farbnegativfilm ISO 100/21 DIN
Blende 8
Belichtungszeit: 5–8 Sekunden, Drahtauslöser

A 9 Literatur
(einschl. Zeitschriftenbeiträge)

Bartz, J. (Hrsg.): "Optische Strahlungsquellen". Lexika-Verlag, Grafenau,
    1977 (hier weitere Literaturangaben
Braunbek, W.: „Elektrolumineszenz". KOSMOS 8/1956
Destriau, G.: « Recherches sur les scintillations des sulfures de zinc aux
    rayons ». Journal de chimie physique , Band 33 (1936), p. 587–625
Hufnagle, N. P.: "EL Panel Driver". Popular Electronics, 5/1971
Jaekel, W.: „Beleuchtungstechnik". Orion-Buch 132, 1959
Kösel, H.-J.: „Die Elektrolumineszenz-Lichtquelle". Das junge Elektro-
    Handwerk, Datum unbekannt
Kummerfeld, G./Schiffel, R.: „Lumineszenz und Gasentladung". Funk-
    schau-Arbeitsblätter, Funkschau 9 + 10/1985
Limann, O.: „Ziffernanzeige nach dem Elektrolumineszenz-Prinzip".
    Elektronik, 2/1971
Martin, A. V. J.: "Electroluminescence – Light of the Future". Radio & TV
    News, 1/1958
Pugh, J. E.: "Electroluminescence". Popular Electronics, 11/1961
Pugh, J. E.: "Flea-power Glow-Light". Popular Electronics, 11/1961
Pugh, J. E.: "Nite Light Dimming", Popular Electronics 10/1962
Pusch, Dr. G.: „Elektrolumineszente Skalenbeleuchtung von Fernseh- und
    Rundfunkempfängern". Funkschau, 9/1962
Scarborough, T.: „Lumineszenz-Folien-Leuchte". Elektor 7/8 – 2002
Siebert, H.-P.: „Transparente Displays". Funkschau, 20/1982
Suntola, Dr. T.: „Digitalanzeigen aus Finnland". Funkschau, 23/1980

Zischka, A.: „Pioniere der Elektrizität". C. Bertelsmann, 1958, Seite 57

o. V.: „Anwendungen der Elektrolumineszenz". Elektromeister, 11/1962

o.V.: „Dias scannen mit EL-Folien-Beleuchtung". Elektor 7/8 – 2002

o. V.: „Elektrolumineszenz". Elektronik-Arbeitsblatt Nr. 61, Elektronik, 11/1971

o. V.: „IMP 803: EL-Lampentreiber". Elektor, 3/1999

o.V.: „Kaltes Licht aus der Steckdose". Funkschau, 2/1961

Zitat: „Elektrolumineszenzplatten aus Kunststoff". ETZ, 20/1962

Sachverzeichnis

Finger in die Luft strecken und Energieströme fließen lassen – Wunsch oder Realität? Zu dem uralten Menschheitstraum hat erstmals Nikola Tesla vor hundert Jahren naturwissenschaftliche Experimente angestellt. Dieses Buch entführt Sie in die faszinierende Welt der Tesla-Energie und lässt Sie Tesla-Versuche eigenhändig nachvollziehen. Sie lernen zunächst die Grundlagen kennen, die zum Bau eines Tesla-Generators nötig sind. Daran schließt sich der reale Aufbau eines leistungsfähigen Tesla-Generators an. Seine gewaltigen Entladungen mit 70 cm langen Blitzen vermitteln Ihnen ein eindrucksvolles Bild von den verborgenen Kräften der Natur.

Experimente mit Tesla-Energie

Wahl, Günter; 2001; 120 Seiten

ISBN 3-7723-**5694**-X   € **19,95**

Besuchen Sie uns im Internet – www.franzis.de